U0375707

全固态多光参量振荡激光器及其调控技术

刘 航 于永吉 金光勇 著

国防工业出版社

·北京·

内容简介

本书介绍了全固态多光参量振荡激光器及其调控技术的研究成果。全书共7章,主要涵盖了非周期铌酸锂晶体极化结构设计、多光参量振荡能量转换模型建立以及多光参量振荡线宽压窄理论,特别对多光参量振荡逆转换成因进行了阐述,并进一步介绍两种逆转换抑制方法:耦合透过率调控和电光偏振模态转换调控。

本书可作为高等院校相关专业的教学参考书,也可供本领域科技工作者阅读参考。

图书在版编目(CIP)数据

全固态多光参量振荡激光器及其调控技术/刘航,于永吉,金光勇著. --北京:国防工业出版社,2024.6. --ISBN 978-7-118-13384-4

Ⅰ.TN248.1

中国国家版本馆CIP数据核字第20249AL325号

※

国防工業出版社出版发行

(北京市海淀区紫竹院南路23号 邮政编码100048)

北京虎彩文化传播有限公司印刷

新华书店经售

*

开本 710×1000 1/16 **印张** 11¾ **字数** 206千字

2024年6月第1版第1次印刷 **印数** 1—1400册 **定价** 129.00元

国防书店:(010)88540777 书店传真:(010)88540776

发行业务:(010)88540717 发行传真:(010)88540762

前 言

光参量振荡利用光学晶体的非线性效应将输入的高频基频光子转换为两个低频参量光子的光学现象。光参量振荡扩宽了激光输出光谱范围,是近年来获得近、中红外可调谐激光的重要技术手段。多光参量振荡是在光参量振荡基础上发展而来的,将一对参量光子振荡扩展到多对参量光子同时在谐振腔内振荡,所生成的近、中红外多波长激光广泛应用于太赫兹、军事、环保与通信等领域。在多光参量振荡中,非周期极化铌酸锂晶体起到了重要的支撑作用。相较于传统的周期极化结构,非周期极化铌酸锂晶体内设置了多个倒格矢用于补偿基频光与多组参量光间的相位失配量,为多光参量振荡提供器件保障。随着晶体研究深入,相关非极化结构算法优化发展、晶畴制备工艺逐步成熟,非周期极化铌酸锂晶体制备难度显著降低。

晶体制备能力的提升促进了多光参量振荡技术的发展,相关问题也逐步显露出来,高泵浦下参量光输出功率降低、光束质量恶化、光谱变宽,逆转换是造成上述输出激光参数变差的主要原因。逆转换是指多波长光参量振荡过程中,由于参与多光参量振荡的波长多、能量转换路径复杂,能量通过光场耦合由参量光向基频光传导,因此通过光场调控主动约束能流传导路径,抑制逆转换现象的发生,是提高参量光转换效率、改善光束质量的重要技术手段。

结合近年来国内外多波长参量振荡的最新研究成果,本书对多光参量振荡原理、能量耦合机制以及能量调控技术进行了系统整理。全书分为7章:第1章介绍了多光参量振荡器的概念、研究现状以及光参量振荡逆转换调控技术;第2章介绍准相位匹配理论、铌酸锂晶体特性、非周期铌酸锂晶体极化结构设计方法;第3章介绍多光参量振荡能量耦合模型,以及双光、三光、四光参量振荡放大器的逆转换过程模拟结果;第4章介绍多光参量振荡器实验,包括内腔连续泵浦MgO:QPLN/APLN - MOPO 实验和外腔脉冲泵浦 MgO:QPLN/APLN - MOPO 实验;第5章介绍多光参量振荡线宽压窄技术,包括线宽压窄理论和实验效果;第

6、7 章分别从调控方法和调控实验的角度介绍多光参量逆转换调控方法，包括耦合透过率调控法和电光偏振模态转换调控法。

作者所在的吉林省固体激光技术与应用重点实验室长期从事固体激光器及其应用技术的研究，本书引用的研究成果大部分来自该实验室，同时吸收了国内外研究成果。相关研究得到国家自然科学基金、中国博士后科学基金、吉林省自然科学基金、吉林省教育厅产业化培育项目（编号：JJKH20230797CY）的资助。

刘航撰写第 1、2、3、6、7 章，于永吉撰写第 4、5 章。刘航统编全稿，金光勇审阅全书。博士研究生姚晓岱、赵锐，硕士研究生吴淼鑫、邢尔显、侯春雨、刘成凤、王美玉、徐晓华、吴丽婉参加了书稿编辑和插图绘制工作。

本书相关核心内容适用于物理学相关专业本硕博人才培养。本书基于吉林省教育科学“十四五”规划 2022 年度重点课题《国防特色科研实践与多学科交叉导引下的硕博人才培养模式创新研究》的支持（编号：ZD22002）。依托长春理工大学光学国防特色与优势，服务于国防科研与项目实践融合、知识综合与多学科交叉融合、基础学科教学与创新创业教育融合的“三融合”多维人才培养体系下的课程学习，对有效提升本硕博人才培养质量具有重要的参考价值。

由于作者水平有限，加之时间仓促，书中难免存在疏漏和不足之处，恳请读者见谅并批评指正，不胜感谢。

作者

2024 年 1 月

目录

第1章 绪论 >> 001

1.1 研究背景与意义 …… 001
1.1.1 多光参量振荡器概念 …… 001
1.1.2 多光参量振荡器应用 …… 003
1.1.3 多光参量振荡调控研究意义 …… 004
1.2 多光参量振荡器研究现状 …… 007
1.2.1 多晶体串接多光参量振荡器研究现状 …… 008
1.2.2 周期级联多光参量振荡器研究现状 …… 011
1.2.3 单周期二次泵浦多光参量振荡器研究现状 …… 013
1.2.4 非周期极化多光参量振荡器研究现状 …… 017
1.3 光参量振荡逆转换调控概况 …… 019
1.3.1 光参量振荡逆转换现象 …… 019
1.3.2 光参量振荡逆转换调控技术 …… 020
参考文献 …… 024

第2章 非周期极化铌酸锂晶体 >> 029

2.1 准相位匹配理论 …… 029
2.1.1 单重准相位匹配原理 …… 029
2.1.2 多重准相位匹配原理 …… 034
2.1.3 多重准相位匹配非周期极化结构 …… 036
2.2 铌酸锂晶体材料特性 …… 037

2.2.1 铌酸锂晶体结构…… 037
2.2.2 铌酸锂晶体物化特性…… 039
2.2.3 极化铌酸锂晶体制备…… 041
2.3 非周期铌酸锂晶体极化结构设计 …… 045
2.3.1 准周期极化结构设计…… 045
2.3.2 模拟退火极化结构设计…… 048
2.3.3 傅里叶逆变换极化结构设计…… 056
参考文献…… 065

第3章 多光参量振荡能量耦合 068

3.1 多光参量振荡能量转换模型 …… 068
3.1.1 多光参量振荡能量转换耦合方程…… 068
3.1.2 耦合方程的分步积分法…… 072
3.2 多光参量振荡逆转换过程模拟 …… 073
3.2.1 双光参量振荡放大器逆转换过程模拟…… 073
3.2.2 三光参量振荡放大器逆转换过程模拟…… 077
3.2.3 四光参量振荡放大器逆转换过程模拟…… 079
参考文献…… 083

第4章 多光参量振荡器实验研究 084

4.1 内腔连续泵浦 MgO:QPLN/APLN – MOPO 实验研究 …… 084
4.1.1 内腔 CW – MOPO 实验装置 …… 084
4.1.2 内腔 CW – MOPO 输出特性测量 …… 086
4.1.3 内腔 CW – MOPO 实验结果分析 …… 090
4.2 外腔脉冲泵浦 MgO:QPLN/APLN – MOPO 实验研究 …… 092
4.2.1 外腔脉冲泵浦 MOPO 实验装置 …… 092
4.2.2 高重频 1064nm 脉冲泵浦源实验研究 …… 094
4.2.3 外腔脉冲泵浦 MOPO 输出特性测量 …… 099
4.2.4 双晶体串接 MOPO 对比分析 …… 104
参考文献…… 104

第5章 多光参量振荡线宽压窄 >> 106

5.1 多光参量振荡线宽压窄理论 …… 106
5.1.1 参量光线宽压窄模型 …… 106
5.1.2 多光参量光线宽压仿真模拟 …… 108
5.2 多光参量振荡线宽压窄实验 …… 113
5.2.1 自由振荡3.30/3.84μm多光参量振荡实验 …… 113
5.2.2 单F-P标准具的3.30/3.84μm窄线宽MOPO实验 …… 117
5.2.3 双F-P标准具的3.30/3.84μm窄线宽MOPO实验 …… 120
参考文献 …… 124

第6章 多光参量振荡耦合透过率调控 >> 126

6.1 耦合透过率调控逆转换方法 …… 126
6.1.1 信号光与闲频光耦合透过率调控方法 …… 126
6.1.2 双闲频光耦合透过率调控方法 …… 130
6.2 多光参量振荡耦合透过率调控逆转换实验 …… 133
6.2.1 信号光与闲频光耦合透过率调控实验 …… 133
6.2.2 双闲频光耦合透过率调控实验 …… 138
参考文献 …… 142

第7章 多光参量振荡电光偏振模态转换调控 >> 144

7.1 电光偏振模态转换调控逆转换方法 …… 144
7.1.1 多光参量振荡电光偏振模态转换调控结构 …… 144
7.1.2 电光偏振模态转换器优化设计 …… 146
7.1.3 电光偏振模态转换调控方法输出模拟 …… 165
7.2 电光偏振模态转换调控逆转换实验 …… 168
7.2.1 电光偏振转换器偏振态转换实验 …… 168
7.2.2 电光偏振模态转换调控结构试验 …… 170
参考文献 …… 178

第1章

绪　论

1.1　研究背景与意义

1960年，美国物理学家西奥多·哈罗德·梅曼（Theodore Harold Maiman）发明了第一台激光器——红宝石激光器[1,2]。六十多年的发展历程中，各种类型的激光器不断涌现，整个激光行业持续飞快地发展。如今激光器已深入到生活、工业、军事等诸多领域，正潜移默化地改变着人们的生活。

全固态激光器（Diode Pump Solid State Laser，DPSSL）是以激光二极管（Laser Diode，LD）作为泵浦源的固体激光器，因其具备效率高、体积小、结构紧凑等特点，能提供高功率、高稳定性、高光束质量的激光输出。全固态激光器受工作介质荧光谱线的限制，输出波长多集中在可见光和近红外波段，且无法实现连续调谐[3]。随着非线性光学理论的不断完善，并伴随相关光学晶体制备技术的提升，以倍频、和频、光参量振荡、拉曼频移为代表的非线性频率变化技术实现了跨越式的发展，将全固态激光器的频谱范围扩展至中红外波段，并广泛地应用在工业、军事、科研等领域[4-10]。但是，在太赫兹、激光干扰对抗、差分吸收激光雷达、光学差频、密集波分复用等前沿科技领域需要多波长可调中红外同步激光光源，基于多光参量振荡技术[11,12]的激光器可以满足上述领域的多波长同步输出的要求。但受自身机制的限制，多光参量振荡过程中易发生逆转换现象，导致输出功率配比失衡、光束质量变差、光谱展宽。本书通过探究多光参量振荡逆转换成因、寻求有效逆转换抑制方法，进而对多光参量振荡进行更加深入的研究，为获得高效率、高功率多波长激光输出提供了技术支持。

1.1.1　多光参量振荡器概念

光参量振荡（Optical Parametric Oscillator，OPO）中，在二阶非线性晶体内三

波耦合电磁场相互作用,每湮灭一个高频率泵浦光子,同时产生两个低频段光子;通常将波长相对较短的定义为“信号光”;另一个长波定义为“闲频光”,统称为“参量光”。在此过程中,非线性晶体只作为“媒介”,本身并不参与能量的转换。光参量振荡过程必须遵守能量守恒和动量守恒,即 $\boldsymbol{\nu}_{\mathrm{p}}=\boldsymbol{\nu}_{\mathrm{s}}+\boldsymbol{\nu}_{\mathrm{i}}$;$\boldsymbol{k}_{\mathrm{p}}=\boldsymbol{k}_{\mathrm{s}}+\boldsymbol{k}_{\mathrm{i}}$。其中,受限于晶体本身的特性动量守恒很难实现。最早 Kleinman[13] 等提出的包含角度(临界)和温度(非临界)两种形式的双折射相位匹配技术,其原理是利用单轴或双轴光学晶体的双折射特性,通过选择特定偏振和波矢的光波实现相位匹配,达到能量守恒和动量守恒。基于此项技术的 BBO、KTP、ZGP 等双折射晶体相继被发明出来,将 DPSSL 激光波长范围扩展至远红外。后期,Armstrong[14] 等提出了准相位匹配(Quasi - Phase Matching,QPM)技术,即利用相位反转的方法周期调制非线性光学材料的极化率,运用“倒格矢”实现相位失配补偿,此技术充分利用晶体的非线性系数,显著地提高了非线性光学频率变换的转换效率,能够在光学材料透光波段范围内实现任意频率变换。

传统采用双折射相位匹配技术或准相位匹配技术的光参量振荡器所生成的信号光与闲频光存在一一对应、成对出现关系,往往闲频光与信号光处于不同的光谱区域。例如,利用 1064nm 激光泵浦采用准相位匹配技术的 MgO:PPLN 晶体时,不同温度和极化周期条件下模拟得到的参量光理论调谐曲线,如图 1.1 所示。根据对近红外(700 ~ 2526nm)与中红外(3000 ~ 6000nm)波段的定义,1064nm 泵浦光转换成的信号光处于近红外波段,闲频光处于中红外波段,所以,此种类型的光参量振荡在近红外波段与中红外波段各只有一个波长的激光输出[15-27]。

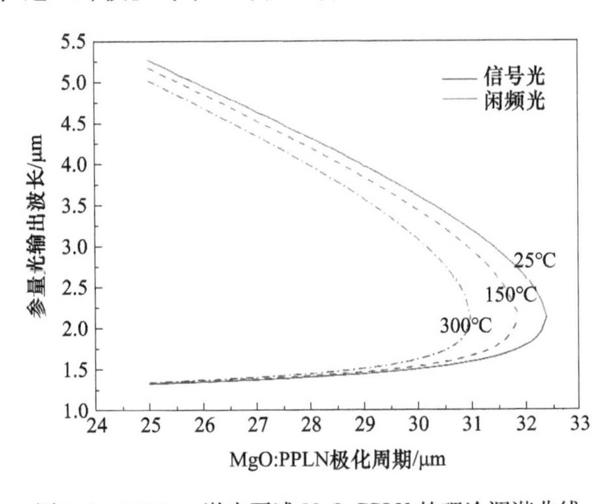

图 1.1 1064nm 激光泵浦 MgO:PPLN 的理论调谐曲线

由图 1.1 可以看出,室温 25℃下,极化周期为 29.5μm 的 MgO:PPLN 晶体内,1064nm 泵浦光转换为 1.47μm 信号光和对应的 3.84μm 闲频光,而极化周期调整为30.5μm时，则输出的信号光和闲频光的波长变为1.57μm和3.30μm。受晶体材料自身特性的限制，在准相位匹配晶体中无法获得同谱区1.47μm、1.57μm双波长信号光、3.30μm、3.8μm双波长闲频光输出，或者1.57μm、3.8μm这种跨周期参量光同时输出。为解决类似问题，需要对准相位匹配固有的参量光运转体制进行扩展，使得对应不同极化周期的多组参量光均能在腔内获得足够的增益。将传统单光参量振荡中单对参量光子振荡拓展到多对参量光子，使其在谐振腔内同时形成振荡，即成为多光参量振荡器（Multi Optical Parametric Oscillator，MOPO），就可实现同时建立起两对及以上的参量光振荡过程。如图1.2所示，传统单光参量振荡中，周期极化PPLN晶体仅能提供单一倒格矢，实现一组参量光输出。多光参量振荡在一块晶体内设置多个倒格矢，实现多组参量光同时输出。虽然倒格矢强度略有降低，但这种运转机制是获得同谱区以及跨周期多波长可调谐激光的主要途径。

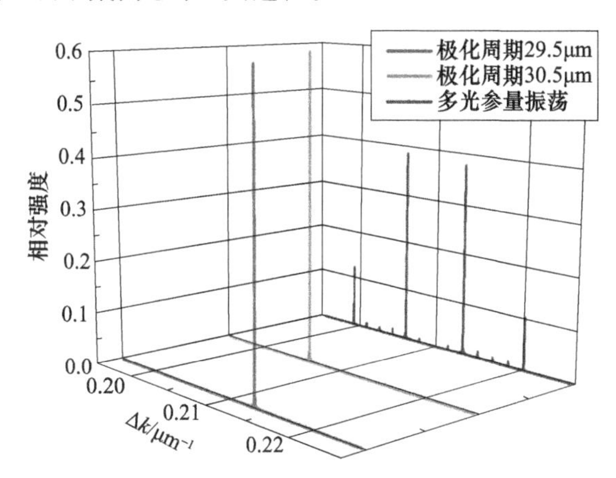

图1.2 传统QPM－OPO与MOPO倒格矢对比示意图

1.1.2 多光参量振荡器应用

太赫兹（THz）辐射波在电磁波谱内处于远红外与微波的过渡区间。太赫兹具有光子能量低、非金属材料穿透性好、定向性好等特点，且许多生物大分子的振动和转动能级、半导体的子带和微带能量和大量星际分子的声子振动能级均处于太赫兹范围，因此，太赫兹被广泛地应用在光谱检测、成像技术、安全保卫、无损检查等领域[28]。其中，太赫兹辐射波的生成是太赫兹研究的关键技术。目前，利用非线性光学的差频效应可产生宽谱带可调谐的太赫兹辐射波。但是，双波长差频产生的太赫兹波段过于单一，阻碍了太赫兹谱带下材料特性的研究，制约了太赫兹在光谱检测、无损检查等领域的应用。

军事领域方面，利用红外探测器捕获和跟踪目标自身热辐射的能量，从而实现寻的制导的红外制导技术随着各类局部战争得到飞速发展[29]。尤其是使用 1.06μm、1.57μm 等近红外激光作为目标指示,结合 3.7μm 以上中红外激光凝视成像的多波段复合制导武器。由于缺乏能输出包含近红外与中红外的多波段可调谐激光器,对抗该类多波段复合制导武器的激光干扰系统只能采用相应谱段多种激光器组合的方式,结构较为复杂、同步控制难度大,使得干扰对抗效能大打折扣。

民生领域,污染物质检测是支持环境保护的重要技术手段。差分吸收激光雷达(Differential Absorption Lidar, DIAL)[30-33]能对大气中有害气体成分及含量进行实时在线检测,具有探测灵敏度高、受大气目标干扰小等优点,其原理是利用多波长激光束与大气相互作用,其中某个波长激光会被大气中相应的分子吸收,且吸收的强弱程度与该分子的含量密切相关,此时接收到的回波激光能量将会发生明显变化,从而根据不同波长激光能量的损耗状况能精确推测出大气组成成分及含量。影响差分吸收激光雷达探测范畴和探测精度的两个主要因素:一是多波长激光频谱覆盖区域,频谱覆盖越广,所能够探测的环境中微观物质种类也就越多;二是多波长激光的波长间隔,较小的波长间隔使得一束激光处于被测气体分子吸收带中心,另一束激光刚好在吸收区边缘,这样可以更精准地确定对应气体分子和分子浓度比例。

以激光为信号源、光纤为通路的光纤通信技术已成为现代信息传递中最为重要的技术手段。几乎所有的通信,无论是电话、电视,还是互联网,其背后都依靠光纤通信的支持。有效抑制"电子瓶颈"的全光网络是光纤通信未来的必然发展方向。其中,密集波分复用(Dense Wavelength Division Multiplexing, DWDM)系统的性能优劣是实现全光网络的关键,这个系统将单根光纤的传输容量提高数倍。虽然采用多路单波长激光器是构建多信道 DWDM 系统最直接的光源方案,但是仅仅通过激光器数量的简单叠加来满足多信道需求,不单单会增加系统结构复杂性和成本,还将对系统整体稳定性造成很大影响,这些都不利于光纤网络器件大范围覆盖和高批量生产。因此,一种性能稳定、结构简单、波长选定方便快捷、与光纤能够很好兼容的多波长激光器的研发已成为全光网络体系建设中的重要环节,并且具有广阔的应用需求。

1.1.3 多光参量振荡调控研究意义

依据三波耦合原理,光参量振荡本质是在遵守能量守恒的前提下,初始泵浦光通过非线性晶体实现能量在泵浦光、信号光与闲频光三波之间相互转换。三波耦合过程如图所示 1.3 所示,其中 λ_p 表示泵浦光,λ_s、λ_i 分别表示信号光和闲频光。光参量振荡开始以后,随着三波相互作用的距离越来越大,光参量振荡也进行得彻底,泵浦光的功率密度越来越低,能量向信号光和闲频光流动。随着三波相互作用的距离逐渐加深,光参量振荡转换效率持续增长,剩余泵浦光的功率密度快速下降,表明能量由泵浦光向信号光和闲频光转换。当剩余的泵浦光功率密度为零时,即泵浦光的能量全部转换为参量光,参量光的功率密度便不再增加。三波耦合过程持续进行,信号光和闲频光的功率密度随着相互作用长度的加深反而显著下降,此时能量由参量光转换为泵浦光,即发生逆转换现象。三波的功率密度变换随晶体内的作用距离而呈周期性变化,即泵浦光向参量光转化,当泵浦光功率密度降为零后,参量光向泵浦光转换,周而复始往复发生。因此,在三波耦合过程中第一段逆转换发生前的耦合区域定义为最佳耦合区,此时晶体长度为最佳晶体长度。

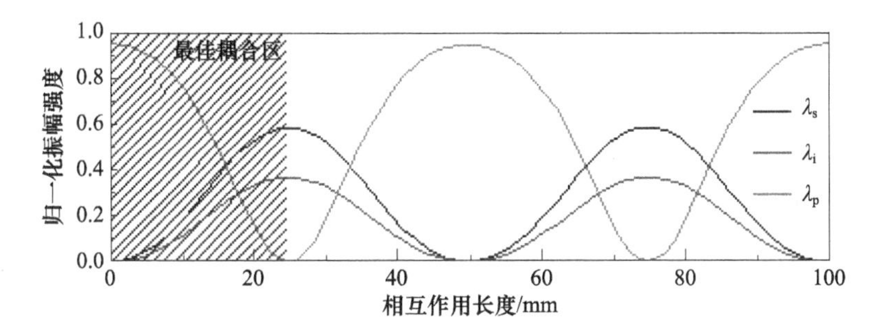

图1.3 OPO逆转换过程示意图

扩展至多光参量振荡后,参与振荡的波长数量显著增加。三波耦合已不再适用于多光参量振荡。以生成两组参量的多光参量振荡器为例,设定初始泵浦光功率密度按照两个OPO增益进行分配,模拟得出晶体内两个OPO过程各自的三波能量场,如图1.4所示。由图可知,多光参量振荡开始后,两个OPO过程按照单光参量振荡的规律发生能量耦合作用;由于OPO1过程的增益较高,率先将泵浦光消耗完全,发生逆转换,参量光向泵浦光回流,同时OPO2中泵浦光功率密度仍未降至最低值,依然处于正转换过程,因此OPO1回流的泵浦光有一部分转换为OPO2泵浦光,直至OPO2中泵浦功率密度达到增益饱和,即形成了“逆转换能量传导区”。之后,强增益的OPO1过程中由于泵浦光的传导消耗使得剩余泵浦光功率密度迅速增加至高点,形成第二次的能量转换过程;在较高泵浦光功率密度的作用下,弱增益OPO2中参量光会获得再次增强的效果。由此可知,相较于单光参量振荡,多光参量振荡过程中能量转换路径更为复杂,泵浦光与参量光间存在能量转换过程,同时多组参量光之间还发生了“增益竞争”现象,致使两个OPO过程能量转换方向在大部分时间下是不相同的,引起的逆转换发生时机与持续时间也不一致,因此导致多光参量振荡过程中逆转换机制复杂、概率较高、程度较深。

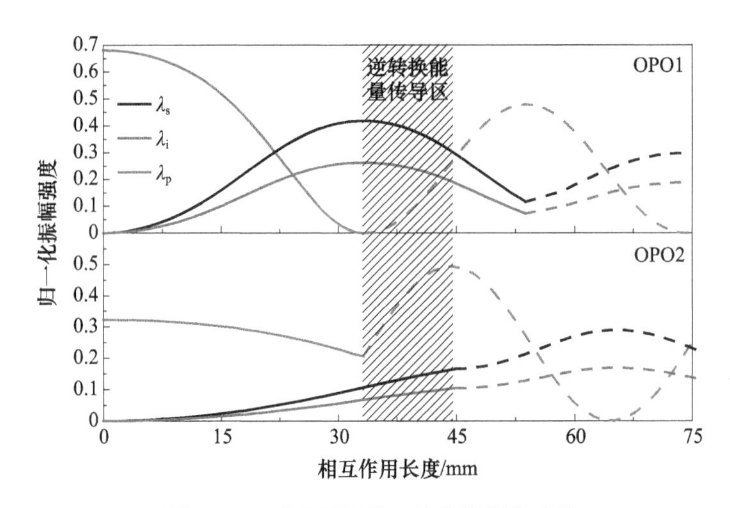

图 1.4　双光参量振荡五波能量耦合过程

逆转换问题始终伴随多光参量振荡过程，是造成转换效率降低、参量光光束质量变差以及光谱展宽的主要成因，尤其对大信号增益过程的影响更加显著。图 1.5 为基于 MgO:APLN 的外腔多光参量振荡器输出参量光能量场，其中，1064nm 泵浦光抽运 MgO:APLN 获得两组参量光 1.47μm、3.84μm；1.57μm、3.30μm。利用腔镜实现选择性输出 3.30μm 和 3.84μm 同谱区参量光。由图 1.5 可知，两个参量光振荡过程虽然起始时间不同，但输出能量场皆存在能量逆转换引起的凹陷现象。这表明逆转换现象是参量振荡的本质特征，存在于整个参量振荡过程之中。

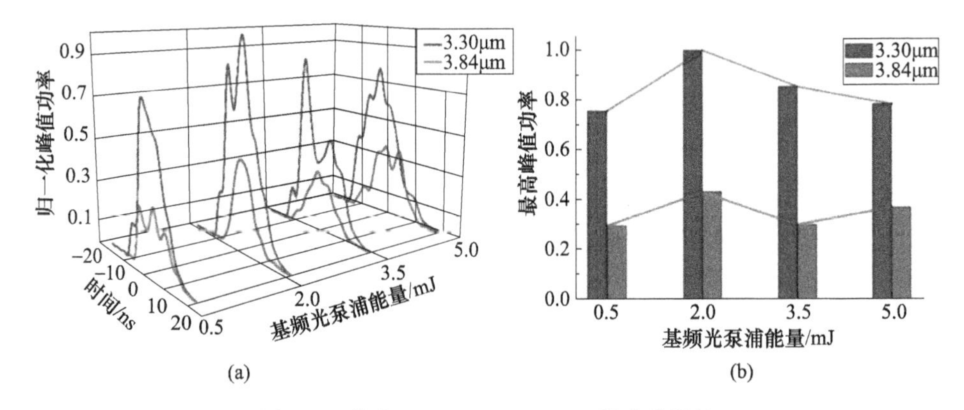

图 1.5　外腔 MgO:APLN - MOPO 输出能量场

(a)输出能量场；(b)最高峰值功率。

为获得高效率、高光束质量的参量光输出，普遍采用增加参量光损耗的方法来实现逆转换的抑制，常用的手段如降低腔镜对参量光的透过率、改善泵浦光光束质量、优化晶体长度等。采用降低参量光透过率的耦合透过率调控结构输出参量光能量场,如图1.6所示。能量场曲线更加平缓,逆转换现象得到有效抑制,但小泵浦光功率密度下,输出参量光功率较低;高泵浦光功率密度下抑制效果下降,说明此类手段也存在着诸多问题。逆转换是一个随五波功率密度、运转时间、作用长度变化的动态过程。针对某个特定条件设计的逆转换调控方法无法在整个光参量振荡过程中实现高效的逆转换抑制效果。另外,增加参量光损耗保证了能量正向流动(由泵浦光向参量光转换),实现了逆转换的抑制,但也降低了谐振腔内参量光功率密度,进而影响到了参量光转换效率。

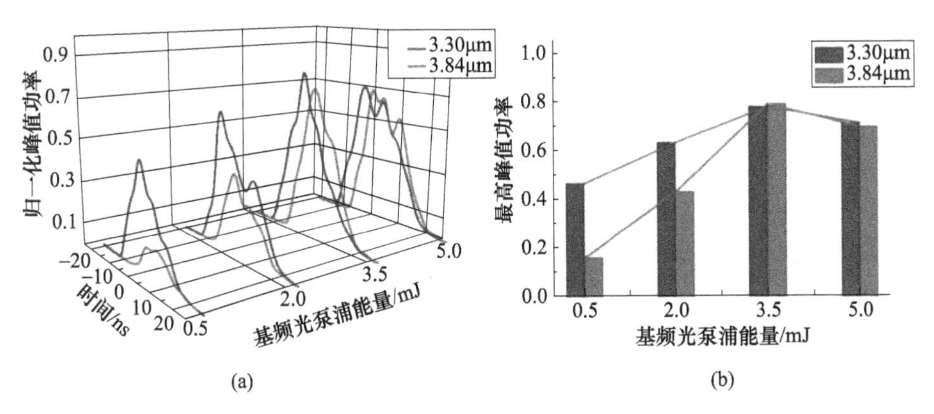

图1.6 多光参量振荡逆转换调控结构输出能量场
(a)输出能量场;(b)最高峰值功率。

综上所述,多光参量振荡器逆转换问题严重地影响了输出参量光的能量和质量,但已有的调控方法无法对逆转换进行主动且高效的抑制,进而限制了多光参量振荡器在科学研究、军事、生活等领域的应用。因此,开展多光参量振荡器逆转换调控研究对于探寻多光学参量振荡器工作机制、完善多光参量振荡器设计方法、推进多光参量振荡器的应用具有重要学术价值和科学意义。

1.2 多光参量振荡器研究现状

准相位匹配多光参量振荡器(QPM - MOPO)利用准相位匹配晶体将传统的单光参量振荡扩展到多光振荡领域,在参量振荡腔内同时建立起两对及以上的参量振荡过程,获得同谱区以及跨周期的多波长可调谐激光输出。研究人员常采用两种技术手段实现多光参量振荡:多次参量振荡,直接参量振荡。多次参量振荡是指单光参量振荡生成的信号光作为泵浦光,再次参与单光参量振荡,获得多波长激光输出。直接参量振荡则是泵浦光直接转换为多组参量光。前者主要包括多晶体串接方法、周期级联方法和单周期二次泵浦方法。后者则指非周期极化方法。

1.2.1 多晶体串接多光参量振荡器研究现状

多晶体串接 QPM - MOPO 是指在同一个光参量振荡腔内设置多个不同极化周期的准相位匹配晶体,通过调整晶体的极化周期、工作温度等参量,获得所需的多波长激光输出。早在 1995 年,美国科特兰空军基地 Karl Koch 等人理论上验证了环形 OPO 腔内双晶体串接实现多光参量振荡的可能性,并提出了 OPO - DFM(参量振荡 - 差频混频)结构,即在一个环形腔内串接两块非线性晶体分别实现参量振荡(OPO)和差频放大(DFM)过程[34]:1.064μm → 1.596μm + 3.192μm,1.596μm → 3.192μm + 3.192μm。1996 年,该团队利用上述结构将差频放大过程调整为参量振荡过程,装置结构如图 1.7 所示。借助 OPO_a 产生的强增益信号光(1.368μm)作为 OPO_b 的泵浦光,在 OPO_b 中进行二次参量振荡过程将产生新的参量光输出(2.128μm、3.830μm)。运用此技术手段首次实现了多波长参量光输出[35]。

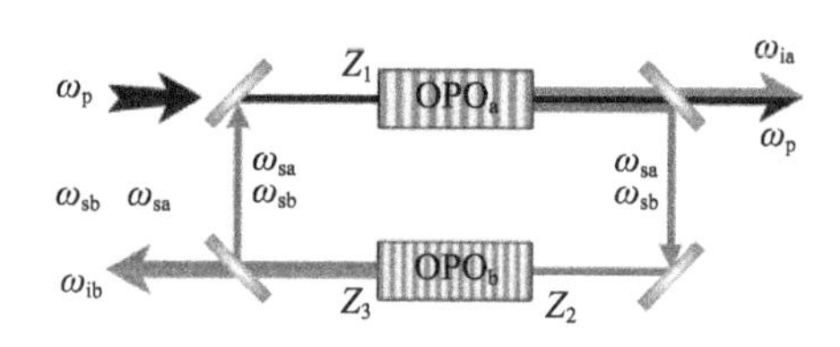

图 1.7 双晶体串接 QPM - MOPO 示意图

1998 年,该团队在理论研究基础上,设计了串接双 PPLN 晶体 8 字环形腔 MOPO 实验装置,如图 1.8 所示。一台 Nd:YAG 锁模激光器(波长 1064nm,脉宽 100ps,M2 ~ 1.1)作为泵浦源,两块 PPLN 晶体(极化周期 29.75μm 和 33.7μm)置于环形腔的同一条边上,工作温度设定为 72.5℃和 120℃。两次光参量振荡过程为 1.064μm→1.5μm + 3.66μm,1.5μm→2.8μm + 3.5μm。当 1064nm 泵浦功率为 16.5W 时,得到 3.5μm 闲频光输出功率约为 5.7W,转换效率达到了 35%[36]。

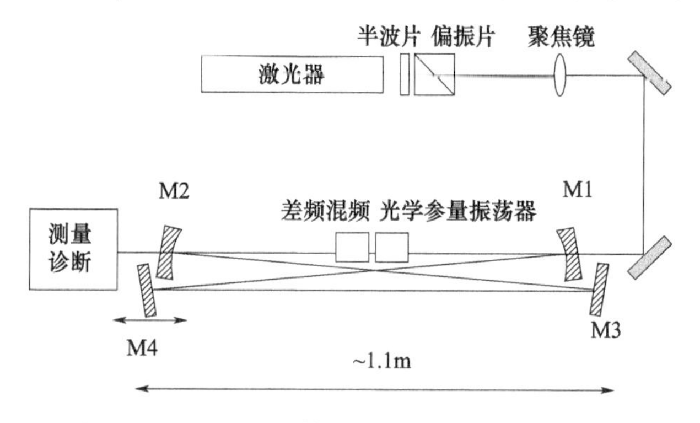

图 1.8 双 PPLN 晶体腔内 OPO - DFM 实验装置

2000 年,英国国防评估研究局 K. J. McEwan 等人采用一台锁模 $Nd:YVO_4$ 激光放大器作为泵浦源,泵浦含有两块 PPLN 晶体的环形 OPO 腔,实验装置如图 1.9 所示。两块 PPLN 晶体的极化周期分别为 28.2μm 和 27 ~ 35μm,温度设定在 150℃,实现了双光参量振荡过程,获得了 3.92μm 和 3.73μm 的双中红外闲频光输出。1064nm 泵浦功率达到 360mW 情况下泵浦光到参量光的转换效率达到 42%[37]。2001 年,该团队在不改变腔型的情况下,通过改变晶体的极化周期,进一步实现了多光参量振荡:1.064μm→1.48μm + 3.80μm;1.48μm→2.40μm + 3.80μm。其中 3.80μm 中红外闲频光得到了能量增强,输出信号光、闲频光对应的调谐范围为 2.16 ~ 2.36μm 和 3.98 ~ 4.74μm,总体转换效率达到 29%[38]。

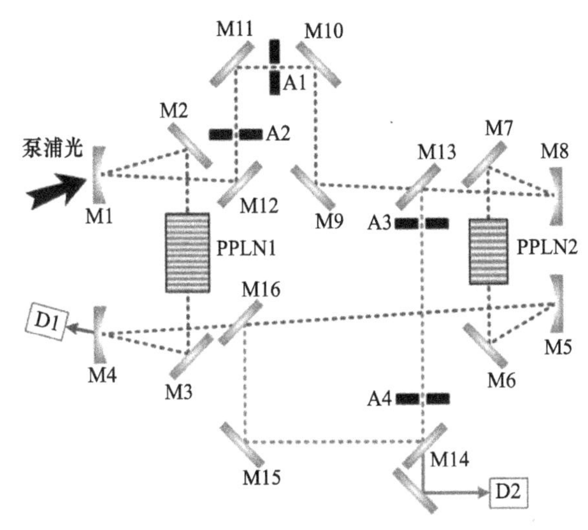

图 1.9 双 PPLN 晶体多光参量振荡实验装置

2007 年,法国 J. M. MELKONIAN 等人设计了直线串接双 KTA 晶体的多光参量振荡谐振腔,实现参量振荡 - 参量放大(OPO - OPA)过程:1.064μm→1.54μm + 3.45μm 和 1.54μm→3.45μm + 2.78μm。脉冲 1064nm 激光单向通过第一块 KTA 晶体,生成的信号光在双 KTA 晶体组成的谐振腔振荡,实验结构如图 1.10 所示。泵浦能量为 90mJ 时,3.45μm 和 2.78μm 输出光能量为 8mJ[39]。

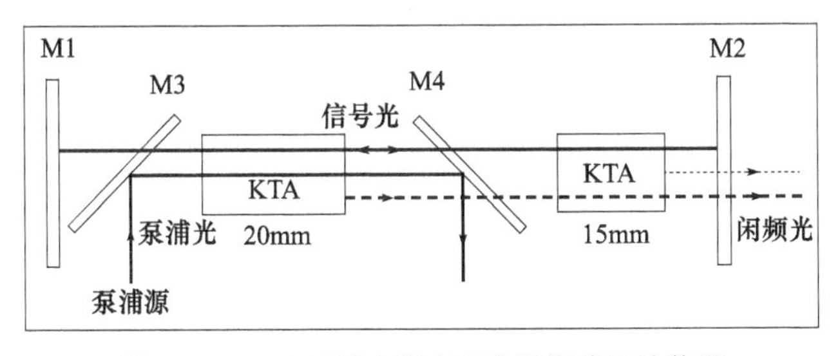

图 1.10 KTA 双棒串联多光参量振荡实验装置

2010 年,山东大学何京良课题组设计了内腔 OPO 中串联两块 KTA 和 GTR - KTP 晶体双光参量振荡结构,实验装置如图 1.11 所示。在脉宽 3.9ns、重频 5.5kHz,泵浦功率 7W 条件下,获得 1534nm 和 1572nm 双信号光 460mW 混合输出[40]。

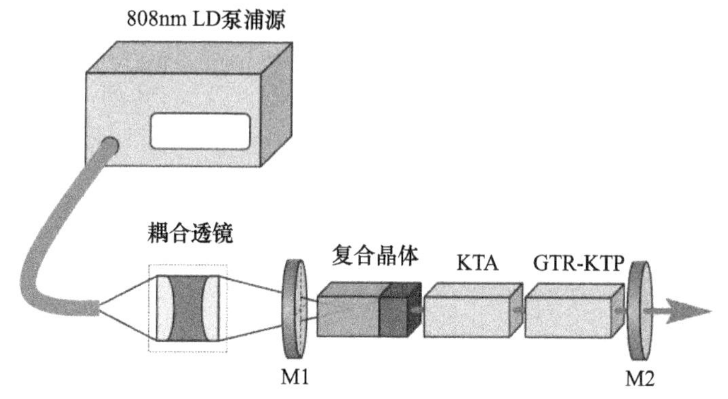

图 1.11　KTA + GTR - KTP 双光参量振荡器实验装置

2019 年,天津大学姚建铨课题组设计了中红外串接参量振荡器,实验装置如图 1.12 所示。1064nm 基频光经 KTP 发生二次谐波效应生成 532nm 激光,注入到双谐振腔结构。KTP 一级参量振荡生成的可调谐信号光(1052 ~ 1063nm)作为 $BaGa_4Se_7$(BGSe)二级参量振荡的泵浦光。配合角度调谐,串接参量振荡器可获得 4.1 ~ 4.5μm 的宽谱线中红外激光输出。波长为 4.26μm 时,最大输出能量为 1.92mJ,对应斜效率为 9.5%[41]。

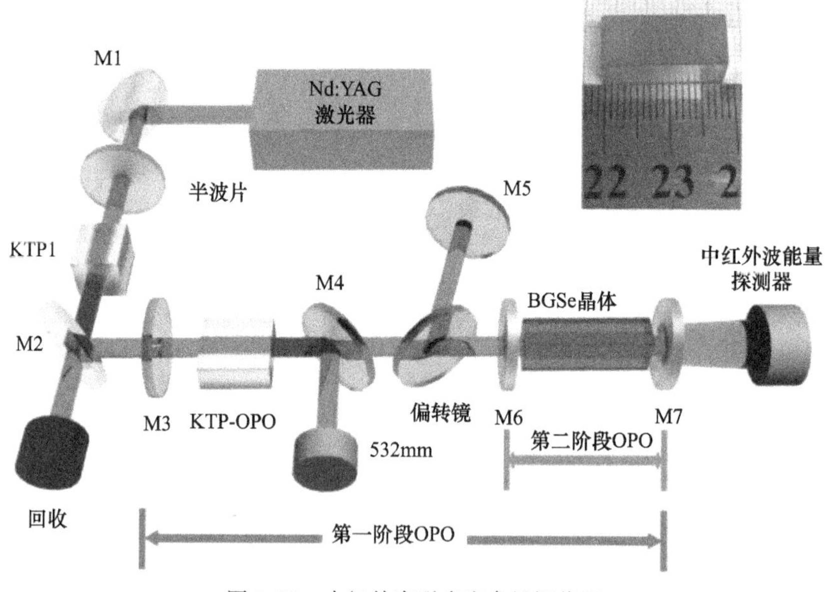

图 1.12　中红外串联多光参量振荡器

多晶体串接是一种结构简单、易于实现的多光参量振荡技术。但由于谐振腔内插入多块非线性晶体，增大了插入损耗，不利于提高参量光转换效率；谐振腔长度过大，不利于激光器的小型化，进而限制了多晶体串接技术的发展。

1.2.2 周期级联多光参量振荡器研究现状

周期级联 QPM - MOPO 是将多个具备单极化周期的超晶格材料键合在一起，每个极化周期补偿一个相位失配量，因此，键合超晶格材料的数量与输出参量光的组数相同，此方法也可以看成多晶体串接的简化，降低了插入损耗，缩短参量谐振腔长度，有利于器件的集成化[42-44]。1996 年，美国科特兰空军基地 Karl Koch 等人设计了三角环形 OPO 腔，如图 1.13 所示。在平面波近似条件下模拟了腔内周期级联 PPLN（极化长度为 12.6mm、9.6mm，极化周期为 26.83μm、32.98μm）运转及输出指标情况，获得的级联多光参量振荡过程为：1.064μm→1.368μm + 4.788μm、1.368μm→2.128μm + 3.83μm，计算出多光参量振荡阈值、量子效率、泵浦光完全消耗条件、输出光束质量等参数[45]。

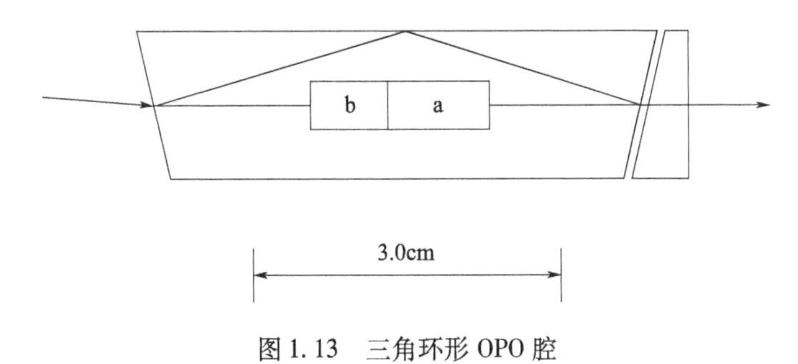

图 1.13 三角环形 OPO 腔

2003 年，英国国防评估研究局 K. J. McEwan 等人利用一块双极化周期级联 PPLN 晶体，两段极化长度为 30mm 和 20mm，对应的极化周期为 28.3μm +（30μm、32.3μm、32.4μm、32.8μm），开展了周期级联体制的多光参量振荡实验，实验装置如图 1.14 所示。通过调整 PPLN 晶体的工作温度，分别实现了闲频光差频放大和多波长闲频光输出。在闲频光差频放大方面，输出参量光的转换效率和功率相较于多晶体串接机制有所提升，1064nm 激光泵浦功率 25W 下获得了 4.3W 参量光输出，其中 2.35μm 信号光功率为 1.3W，3.9μm 中红外闲频光功率达到了 3W；对应的级联多光参量振荡过程为 1.064μm→1.46μm + 3.9μm、1.46μm→2.35μm + 3.9μm。在多波长闲频光输出方面，1064nm 激光泵浦功率 7W 下获得了双波长中红外闲频光输出：3.9μm 输出功率 850mW、4.48μm 输出功率 50mW，对应的级联多光参量振荡过程为 1.064μm→1.46μm + 3.9μm、1.46μm→2.17μm +4.48μm[46]。

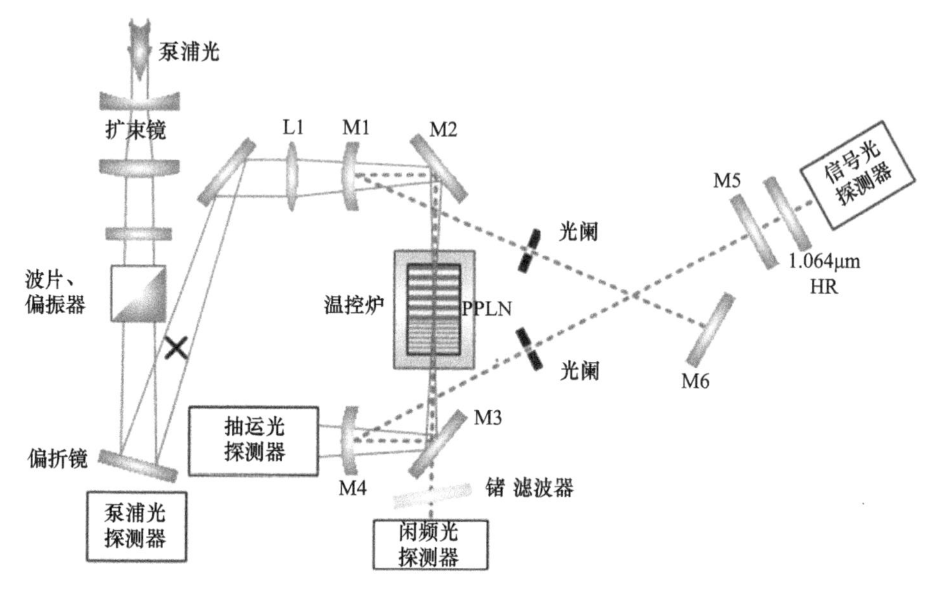

图 1.14　双周期级联 PPLN 实现多光参量振荡实验装置

2016 年,上海技术物理研究所舒嵘课题组开展基于串联铌酸锂晶体的可调谐级联光参量振荡器的模拟研究。串联铌酸锂晶体包括多个通道,每个通道由用于光参量振荡(1.064μm→1.47μm + 3.83μm)的周期极化部分和用于差频(1.47μm→2.39μm + 3.83μm)的线性啁啾极化部分组成,如图 1.15 所示。模拟采用泵浦源为重频 65kHz,功率 25W 的 1064nm 光纤激光器。泵浦光到闲频光转换效率最大模拟值为 32%,为同等条件下光参量振荡的 1.6 倍。模拟结果表明高泵浦能量和小泵浦光斑可有效提高泵浦光到信号光的转换效率,扩大闲频光调谐范围。2017 年,该小组进一步对放大辅助差频过程开展模拟研究,即在一块多通道超晶格铌酸锂晶体内先后实现差频(DFG)和光参量放大(OPA)过程,如图 1.16 所示。模拟实验结果表明方形泵浦脉冲和高主信号光功率有利于提高闲频光转换效率。更短的光束聚焦和更小的 DFG 长度可以减弱由于输入激光器的接收带宽变宽引起的转换效率下降现象[47-49]。

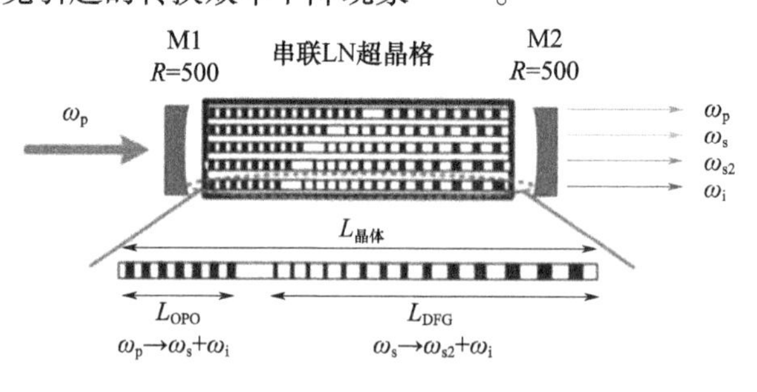

图 1.15　可调谐级联光参量振荡器

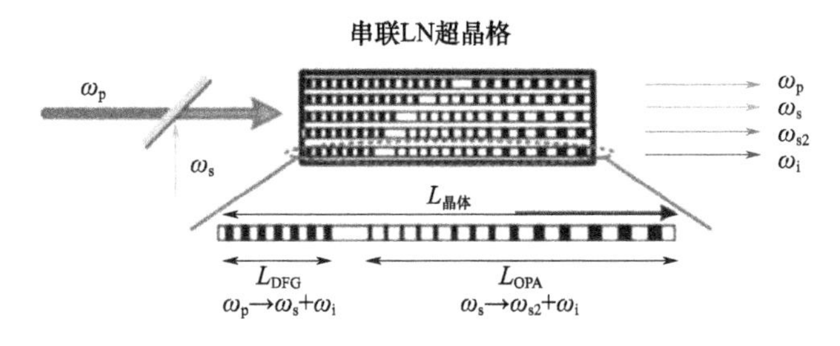

图 1. 16　放大辅助差频过程

2016 年,南京大学李世风等人设计了折叠腔内设置级联 MgO:sPPLT 晶体的多光参量振荡结构。两段晶体的长度为 24mm 和 19mm,对应的极化周期为 28. 83μm 和 31. 59μm,实现参量振荡 - 参量放大(OPO - OPA)过程:1. 064μm→1. 47μm + 3. 87μm 和 1. 47μm→3. 87μm + 2. 37μm,实验结构如图 1. 17 所示。3. 87μm 闲频光最大输出功率达 2. 2W,转换效率为 13%[50]。

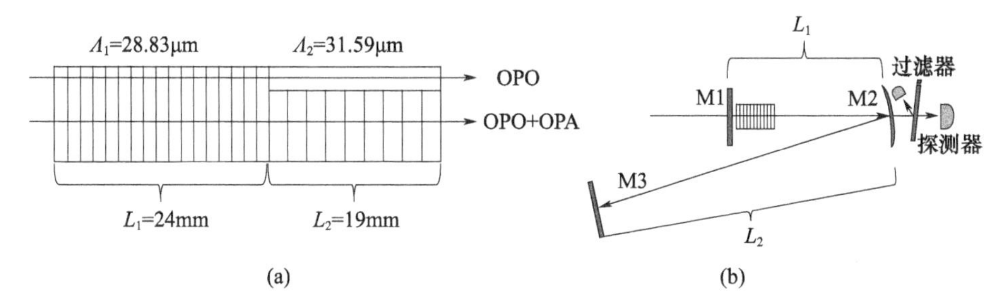

图 1. 17　折叠腔双光参量振荡器

(a)级联 MgO:sPPLT 晶体;(b)折叠腔示意图。

周期级联 QPM - MOPO 在器件集成度方向相较于多晶体串接机制有大幅提升,但级联状态的多极化周期晶体无法灵活调整每组参量光的增益,同时由于无法针对每段极化周期设定腔型,泵浦光与参量光之间的光斑模式匹配也受到限制,且极化结构制备工艺复杂,这些因素限制了周期级联机制的发展与应用。

1. 2. 3　单周期二次泵浦多光参量振荡器研究现状

单周期二次泵浦是指泵浦光经单周期极化材料转换成的信号光在光参量振荡腔内振荡,再次通过该极化晶体后,生成满足能量守恒和相位匹配的新波段的信号光和闲频光,如图 1. 18 所示。与传统光参量振荡的转换过程对比,单周期二次泵浦体制下,初始泵浦光光子 ω_p 经过单周期超晶格材料同时产生一个信号光子 ω_s 和一个闲频光子 ω_i,信号光子 ω_s 在变频晶体的再次作用下产生新的信号光子 ω_s'和闲频光子 ω_i',形成多光参量振荡。此种体制在于充分利用了极化晶体的单周期极化结构,仅通过一个倒格矢实现了两次相位补偿,将光参量振荡中占能量主要部分的近红外信号光转换到更长的波段,同时能够实现多波长中红外激光输出。若二次泵浦产生的信号光与一次泵浦的闲频光波长恰好相同,即出现简并点,此时该波长的参量光能量将因为两次产生过程得到进一步提升。根据 OPO 能量守恒与动量守恒方程,1064nm 激光泵浦单周期 MgO:PPLN 晶体条件下,模拟得到不同温度和极化周期条件下的 MgO:PPLN 单周期二次泵浦理论调谐曲线,如图 1.19 所示。由于 MgO:PPLN 晶体的控温基本维持在 300℃以内,因此若要获得简并点参量光放大,MgO:PPLN 极化周期只能工作在 31 ~ 32μm 之间。

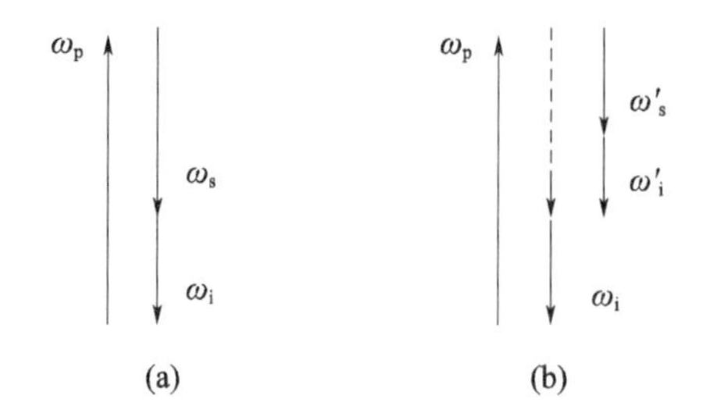

图 1.18　单周期 OPO 与单周期二次泵浦 MOPO 物理过程对比示意图
(a)单周期 OPO;(b)单周期二次泵浦 MOPO。

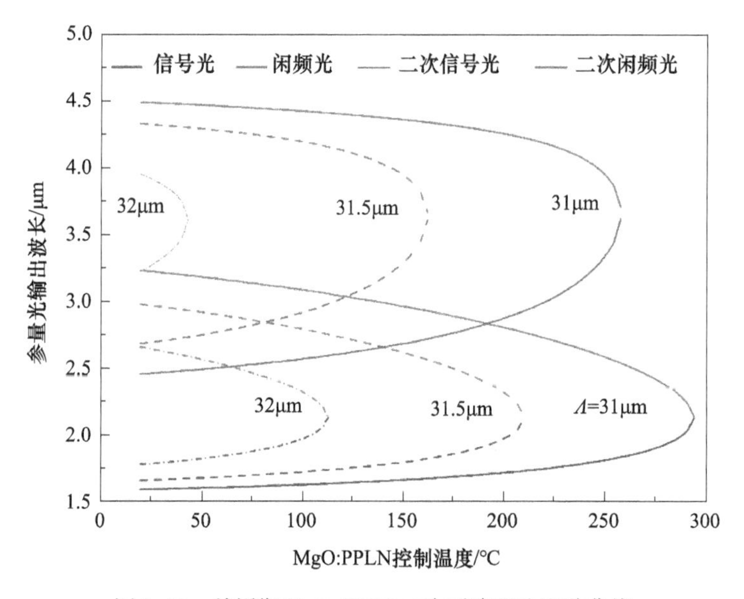

图 1.19　单周期 MgO:PPLN 二次泵浦理论调谐曲线

1997 年,美国空军赖特实验室 M. Vaidyanathan 等人理论模拟得到了 PPLN 晶体不同极化周期对应的二次泵浦调谐曲线,设计了 SRO 直腔中放置一块多通道 PPLN(极化周期 26 ~ 31μm,周期间隔 1μm)的实验装置,通过实验验证了理论模拟[51]。次年,美国科特兰空军基地的 Gerald T. Moore 在环形 OPO 腔内单周期极化晶体二次泵浦结构的泵浦光完全消耗条件及量子效率进行了理论推导和数值模拟,得出该种运转方式在大动态范围泵浦条件下均能够获得高量子转换效率的结论[52]。

2008 年,中国工程物理研究院彭跃峰课题组设计了利用 PPLN 晶体的直线 OPO 谐振腔双光参量振荡结构,如图 1.20 所示。PPLN 晶体尺寸为 50mm × 10mm × 1mm,极化周期为 31.4μm,通过调节晶体温度,实现了调谐双光参量振荡过程。

晶体温度为 80℃时:1.064μm→1.68μm + 2.88μm、1.68μm→2.76μm + 4.32μm;

晶体温度为 107℃时:1.064μm→1.7μm + 2.835μm、1.70μm→2.835μm + 4.25μm;

晶体温度为 160℃时:1.064μm→1.78μm + 2.63μm、1.78μm→3.18μm + 4.06μm;

晶体温度为 182℃时:1.064μm→1.82μm + 2.54μm、1.82μm→3.64μm + 3.64μm。

当 PPLN 温度控制在 107℃条件下,实现了信号光简并,2.835μm 参量光得到了放大。总的参量光波长调谐范围达到 1.6 ~ 4.4μm[53]。

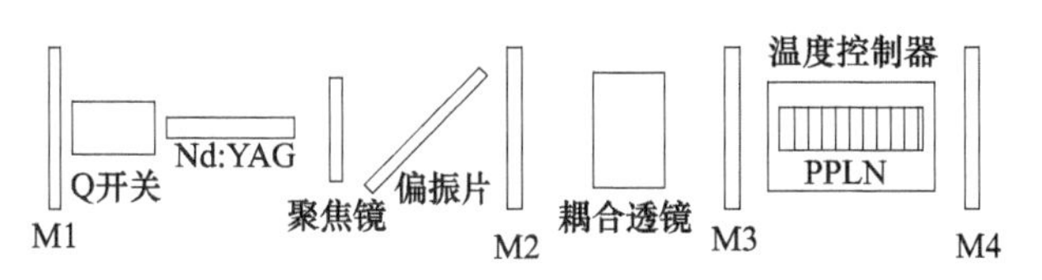

图 1.20 PPLN - OPO 双光参量振荡器实验装置

2011 年,该课题组采用类似结构,将 PPLN 晶体换为 MgO:PPLN 晶体。晶体的尺寸为 50mm × 10mm × 1mm,极化周期为 31.2μm,通过调节晶体温度,实现了调谐双光参量振荡过程。

晶体温度为 90℃时:1.064μm→1.65μm + 2.98μm、1.65μm→2.66μm + 4.35μm;

晶体温度为 148℃时:1.064μm→1.70μm + 2.83μm、1.70μm→2.83μm + 4.28μm;

晶体温度为 190℃时:1.064μm→1.77μm + 2.67μm、1.77μm→3.09μm + 4.13μm。

当 MgO:PPLN 温度控制在 148℃条件下,所输出的 2.83μm 参量光平均输出功率达到 7.68W,光 - 光转换效率为 30.7%[54]。

2012 年,国防科技大学 T. Liu 等人设计了锁模光纤激光器泵浦环型 OPO 腔参量振荡器,如图 1.21 所示。其中,变频晶体为 MgO:PPLN,极化周期为 29.5μm。注入泵浦功率为 4.5W 时,获得 447mW 的闲频光,对应转换效率为 10%,并发现了多次泵浦现象。初始信号光波长为 1476nm,随着腔内信号光功率的增加,多次泵浦现象越明显,信号光波长依次发生了 48cm^{-1}、96cm^{-1} 和 106cm^{-1}的频移[55]。

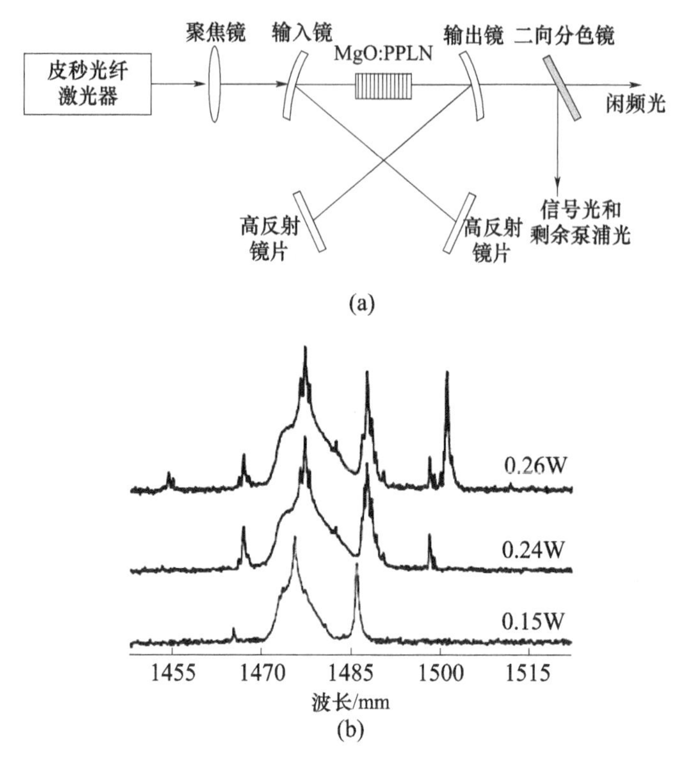

图 1.21 环型 MgO:PPLN 腔参量振荡器
(a)实验装置图;(b)信号光光谱图。

2013 年,英国圣安德鲁斯大学 C. L. Thomson 等人设计了非同轴内腔参量振荡器结构,如图 1.22 所示。基频光腔为直腔,一次振荡腔为倾斜的 L 型腔,二次振荡无谐振腔结构。变频晶体为 MgO:PPLN,晶体尺寸为 $70\times5\times5\mathrm{mm}^3$。通过调整腔镜 M3 和 M5 的角度,获得 1068nm 的 1 级信号光和 1072nm 的 2 级信号光。当注入 LD 能量达到 12mJ 时,1 级信号光能量为 0.8mJ,2 级信号光能量为 0.02mJ[56]。

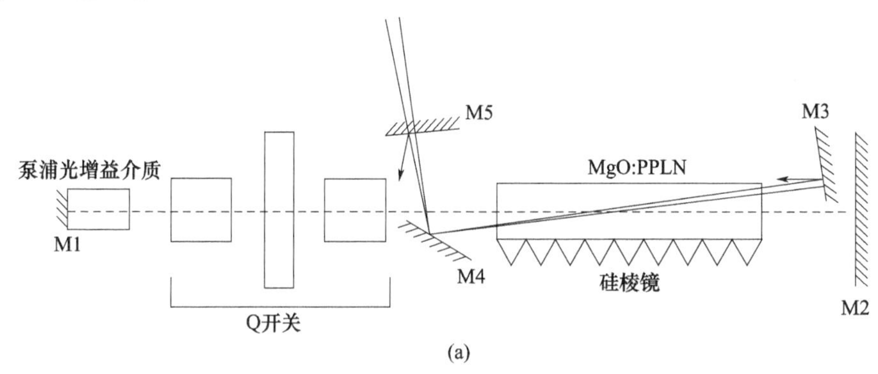

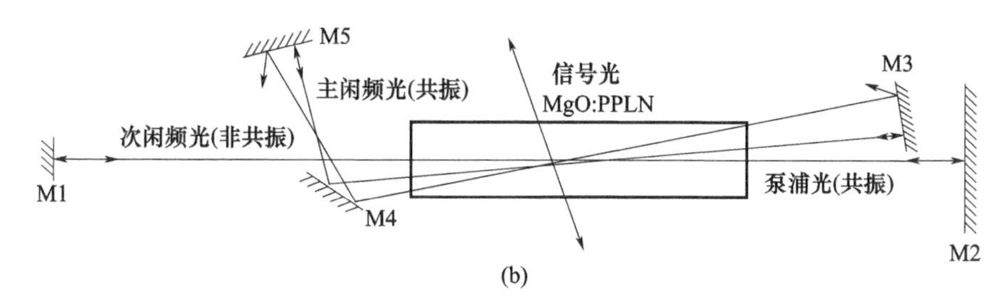

图1.22 非同轴内腔参量振荡实验装置
(a)实验装置图;(b)信号光光谱图。

从上述研究可以看出,只要满足单周期二次泵浦 QPM - MOPO 条件就能实现信号光二次泵浦,最大限度发挥振荡光子效能,获得多组参量光输出。这种运行体制相比多晶体串接、周期级联方法,具有结构简单、集成度高、易于运行等特点。但是这种运行机制也存在下列问题:首先,输出参量光波长任意性上受到限制,在极化周期确定情况下,二次泵浦产生的参量光始终受一次泵浦信号光的影响,因此不能任意设置输出参量光的波长;其次,如果要实现参量光的二次泵浦增强效果,必须确保极化周期所对应的两次泵浦参量光波长调谐区间内存在简并点。

1.2.4 非周期极化多光参量振荡器研究现状

非周期极化方法是在单一晶体内设置多个“倒格矢”,能补偿多个相位失配量,实现多组参量光同时振荡,配合输出镜透过率优化实现同谱区或跨周期激光输出。2013 年,浙江大学吴波课题组设计了双波长中红外光参量振荡器,如图1.23 所示。1.064μm 的 Yb 光纤激光激光器作为泵浦源,抽运谐振腔内非周期极化 MgO 掺杂铌酸锂(APMgLN)晶体。APMgLN 晶体内设置两个倒格矢:0.205μm^{-1}和 0.213μm^{-1}。多光参量振荡器可同时获得 3.3μm 和 3.8μm 双波长中红外激光输出。泵浦功率为 27W 时,获得 3.07W 中红外激光输出。泵浦光到闲频光的转换效率为 11.4%,3.3μm 与 3.8μm 功率比值为 1.2 : 1[57]。

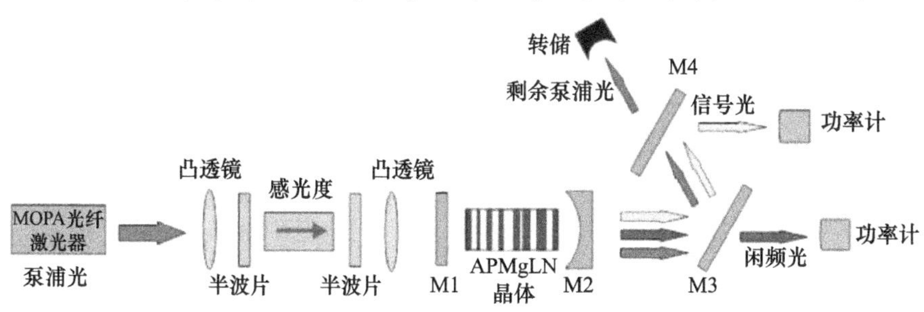

图1.23 双波长中红外光参量振荡器

同年，该课题组设计了基于 APMgLN 晶体的级联光参量振荡器，如图 1.24 所示。APMgLN 晶体提供两个倒格矢 0.1876μm^{-1} 和 0.2133μm^{-1}，分别实现光参量振荡（1063.5nm→1475.3nm + 3.81μm）和差频效应（1475.3 nm→2407.5nm + 3.81μm）。外腔泵浦结构下，当 1063.5nm 泵浦光功率为 24.8W 时，3.81μm 闲频光最大输出功率为 4.35W，泵浦光到闲频光转换效率为 17.5%，斜效率为 21.3%[58]。

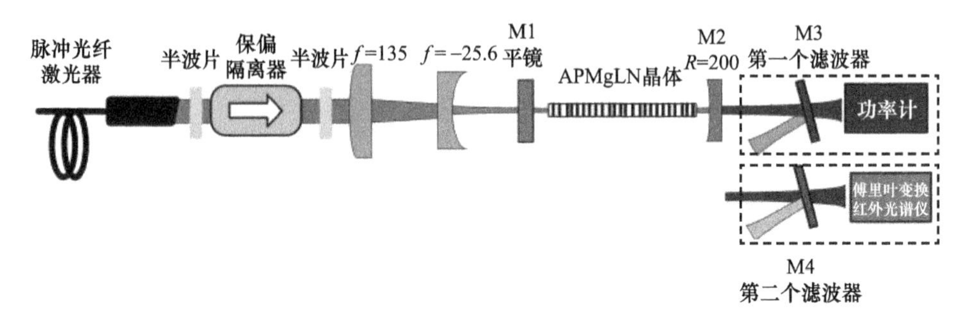

图 1.24 外腔级联光参量振荡器

2019 年，墨西哥恩塞纳达科学研究与高等教育中心 Roger 等设计了基于非周期极化铌酸锂（APLN）双波参量振荡器，如图 1.25 所示。相较于周期极化铌酸锂（PPLN），APLN 可以获得更窄的输出光谱和更高的有效非线性系数。脉宽 12ns，重频 5Hz 的 1064nm 调 Q Nd:YAG 激光器作为泵浦源，抽运外腔内 APLN 晶体，获得 1.454μm 和 1.469μm 双信号光输出，最大输出能量为 740μJ，峰值功率为 150kW，斜效率为 10%，谱线宽度为 0.75nm[59]。

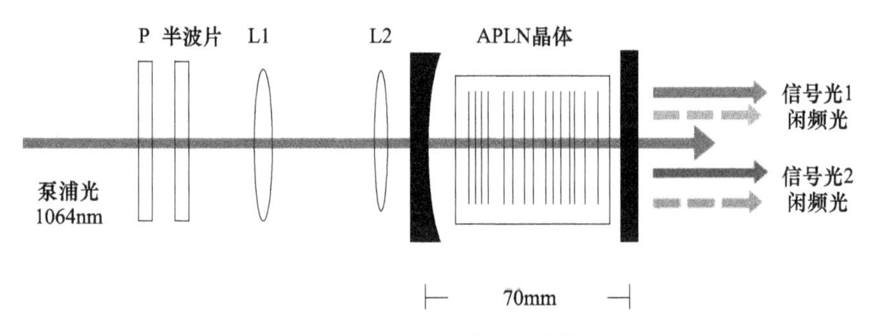

图 1.25 双波光参量振荡器

非周期极化 QPM－MOPO 技术仅需一块非线性晶体即可获得多波长参量光同时输出。此类技术符合激光器小型化、集成化的发展趋势。但非周期极化晶体自身存在有效非线性系数低、极化结构复杂等问题，导致其设计运算量大、加工难度高。多组参量光振荡过程中，存在显著的增益竞争现象。上述因素导致非周期极化 QPM－MOPO 极易发生逆转换现象，并伴随转换效率降低、输出光束质量恶化等缺陷。

1.3 光参量振荡逆转换调控概况

光参量振荡过程中，逆转换是造成参量振荡转换效率降低、参量光光束质量恶化、谱线展宽的重要诱因。人们通过对逆转换能量耦合过程开展理论研究，探究逆转换影响因素，并据此提出逆转换抑制方法，以期获得高效率、高质量的单光参量振荡。

1.3.1 光参量振荡逆转换现象

简单说逆转换过程即是一个能量回流的过程，该过程是诸多因素相互作用所产生，无法具体的定义，因此，首先需要明确逆转换的成因及其具体的影响因素，才能够提出相对应的优化方案。本节主要以单OPO过程为参考，分别从参量光产生及输出的时域与空域讨论逆转换的由来及其影响因素。

光参量振荡过程中，小信号参量光在参量变频介质中通过参量放大过程汲取增益并同时被放大，此时能量通过光场耦合过程由泵浦光流向参量光，泵浦光能量发生明显衰减。当泵浦光能量完全流入参量光后，参量光便不能再得到增益，为维持能量守恒，能量开始反向流回泵浦光，泵浦光反而得到放大，这时即发生了逆转换。

单OPO过程逆转换的原理为：在参量变频介质中，一束基频光转换成两束波长较长的参量光，每经过一段相互作用长度后，基频光与参量光的能量转换方向将发生逆转，当能量反向流回基频光的时候，即发生了逆转换。如图1.26所示，u_p 表示泵浦光归一化功率密度，u_s、u_i 分别表示信号光和闲频光归一化功率密度。泵浦光功率密度最大时刻可以看成是光参量振荡过程的初始时刻。光参量振荡开始以后，随着三波相互作用的距离越来越大，光参量频率变换进行的越来越彻底，泵浦光的功率密度越来越低，能量向信号光和闲频光流动。当泵浦光的能量全部流向参量光以后，参量光的功率密度便不再增加。随着相互作用长度继续增大，三波耦合过程继续深入，信号光和闲频光的功率密度开始下降，能量开始由参量光逆向流至泵浦光，这就是逆转换现象。泵浦光从最高功率密度第一次降低到最低功率密度所对应的相互作用长度称为最佳作用长度，OPO的光参量变频过程发生在非线性晶体中，这个长度也可以称为最佳晶体长度。

三波耦合过程中，归一化的功率密度函数表现为椭圆函数形式，泵浦光功率密度在晶体中经过一个最佳晶体长度距离后降至最低，之后由于逆转换作用又开始增加，在理想情况下，经过两个最佳晶体长度的距离之后泵浦光又回到初始状态。实际的光参量变频过程中,由于泵浦光存在一定的发散角,经过参量变频后,得到的参量光的发散角不会优于泵浦光。存在一定发散角的参量光在逆转换作用后,得到的泵浦光的光束质量要差于初始的泵浦光。如果泵浦光是非平面波,功率密度分布不均匀,一些位置的泵浦光完全消耗之后被逆转换作用放大,还有一些位置的泵浦光没有被耗尽,参量光的能量分布便与泵浦光不再相似,甚至差异很大,这时参量光的光束质量会非常差。或者晶体内部存在缺陷,由逆转换得到的泵浦光的光束质量会更差,特别是在高增益的情况下,这种差异非常明显。可见逆转换作用在光参量变换过程中即会会影响泵浦光的转换效率,同时也会影响泵浦光和参量光的光束质量。

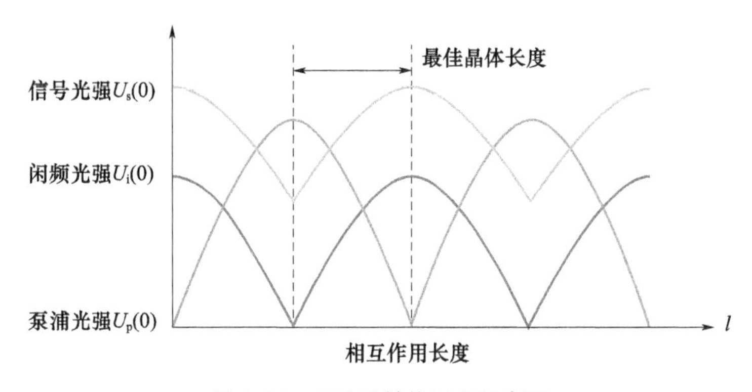

图 1.26　OPO 逆转换过程示意图

随着泵浦功率密度不断增大,最佳晶体长度也在不断变化,最初的最佳晶体长度大于实际晶体长度,逆转换现象不发生;当最佳晶体长度小于实际晶体长度时,逆转换现象发生,泵浦光转换效率降低。逆转换直接影响泵浦光的转换效率,要获得尽量高的参量变换效率,必须控制逆转换。

1.3.2　光参量振荡逆转换调控技术

人们通过特定的技术手段改变光参量振荡器的工作条件,抑制逆转换的发生,获得高转换效率、高光束质量的参量光输出。

1998 年,美国 Aculight Corporation 的 Deninis D. Lowenthal 通过理论模型发现闲频光增益与晶体长度的乘积大于 2、并且小于 3 的时候,信号光增益显著增大。优化晶体长度和腔镜透过率能实现抑制逆转换现象、提高闲频光转换效率的效果[60]。

2000 年,美国 Sandia Corporation 的 William J. Alford 等人设计了具备抑制逆转换能力的光参量振荡器。变频晶体中信号光光子数量与闲频光光子数量接近时,易发生逆转换现象。通过限制 OPO 谐振腔内闲频光光子数量实现抑制逆转换、提高参量光转换效率的效果,具体采用 OPO 腔镜镀闲频光高透膜,OPO 腔内插入滤光片、闲频光反射镜、色散棱镜、衍射光栅,增加信号光光源等手段达到降低闲频光光子数量的目的,如图1.27所示[61]。

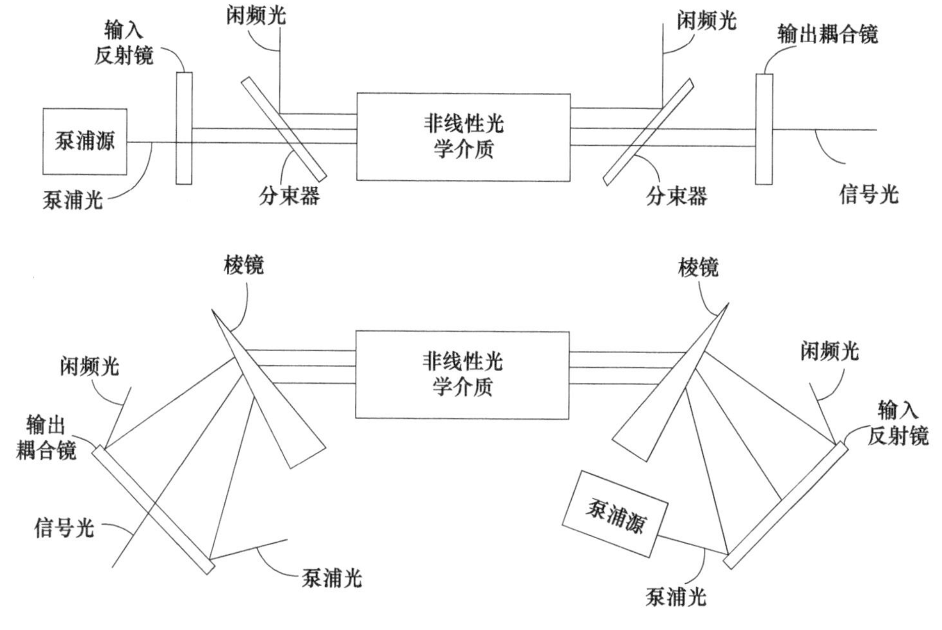

图1.27 具备抑制逆转换能力的光参量振荡器

2001年,挪威防务研究中心G Arisholm通过参量振荡能量场模拟发现泵浦光群速度是引起信号光展宽和逆转换的重要因素。如图1.28所示,群速度失配量(泵浦光与参量光的群速度差值)较大时,信号光光谱变宽,逆转换得到抑制,转换效率得到显著提升;群速度失配量较小时,抑制信号光的调制有利于压窄信号光线宽,增强了逆转换现象[62]。

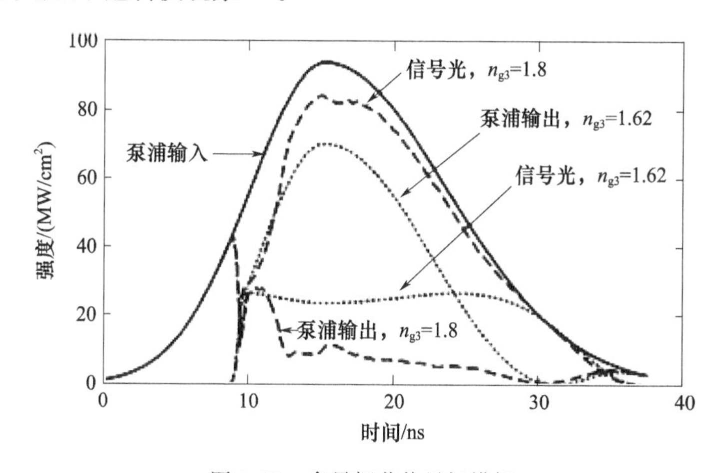

图1.28 参量振荡能量场模拟

2007 年，美国戴顿大学 J. W. Haus 等人设计了基于两块 $ZnGeP_2$ 晶体串接的参量振荡 - 差频放大（OPO - DFG）多光参量振荡器（图 1.29），并理论模拟了其能量转换过程。模拟结果证实该参量振荡 - 差频放大结构能大幅提升转换过程的量子效率，输出闲频光能量达光参量振荡的 3 倍，并有效抑制逆转换，提高输出闲频光光束质量（$M^2 = \sim 1.1$）[63]。

2007 年，德国凯泽斯劳滕大学 X. Liang 等人利用 1064nm 重频 10kHz 的调 Q $Nd:YVO_4$ 激光器作为泵浦源，采用非共线相位匹配技术泵浦 OPO 腔内 PPLN 晶体，晶体长度为 13mm。非共线相位匹配技术是指泵浦光传播方向与倒格矢方向呈 60°设置，如图 1.30 所示。此技术抑制了逆转换效应，提高了参量光光束质量。泵浦光功率为 5.5W 时，输出参量光功率为 1.85W，光束质量 M^2 因子为 1.1，转换效率为 34%。泵浦光为 2 ~ 5W，光束质量不变化[64]。

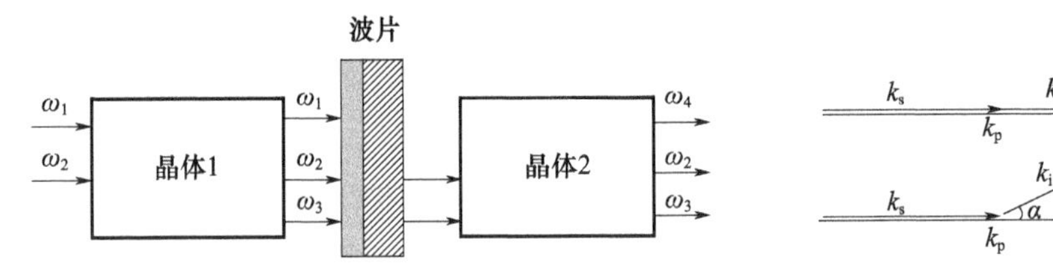

图 1.29　两块 $ZnGeP_2$ 晶体串接

图 1.30　倾斜入射参量振荡器示意图

2010 年，以色列特拉维夫大学 Zachary Sacks 小组提出了一种控制泵浦光时域波形提高参量转换效率的新方法：通过调整泵浦光脉冲波形可降低光参量振荡建立时间、抑制逆转换效应，实现转换效率的提升。在 1064nm 泵浦光向 4000nm 闲频光转换过程中，相较于高斯形的泵浦脉冲，理论上双矩形泵浦脉冲的转换效率提升 34%，实验证实转换效率提升达 20%，如图 1.31 所示[65]。

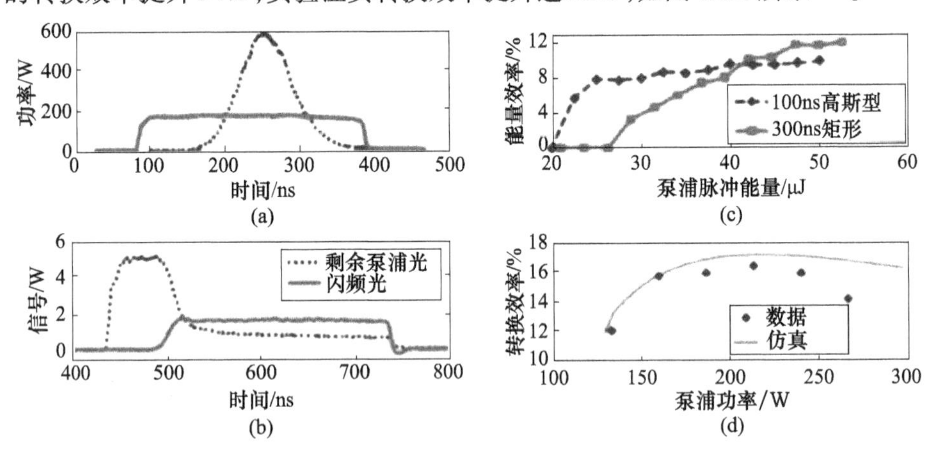

图 1.31　控制泵浦光时域波形

2011 年,清华大学刘建辉等分析了光参量变换过程中的逆转换问题,研究了影响逆转换的关键因素。通过分析得出,适当的晶体长度、优化的抽运光斑截面类型、合适的谐振腔参数(对于振荡器)有利于降低逆转换,提高参量转换效率,改善参量光光束质量。根据理论分析结果,设计了脉冲砷酸钛氧钾(KTA)光参量振荡器,实验获得了 270mJ 信号光和 150mJ 闲频光输出,有效地抑制了逆转换的影响,参量光转化效率达到了 43%[66]。

2013 年,天津大学丁欣等报道了 880nm 激光二极管(LD)共振抽运连续(CW)$Nd:YVO_4$ – PPLN 内腔单谐振光学参量振荡器(ICSRO),实验装置如图 1.32 所示。实验研究了信号光的输出透射率对 ICSRO 阈值和下转换效率的影响,通过适当提高信号光输出透射率,优化 SRO 阈值,确保 SRO 阈值处于较低水平(2.46W)的同时,基本消除了逆转换过程对 SRO 逆转换效率的影响。泵浦光功率在 7 ~ 21.4W 之间时,SRO 下转换效率均超过 70%。最高泵浦光功率为 21.4W 情况下,同时获得了 1.54W 的 3.66μm 闲频光输出和 5.03W 的 1.5μm 信号光输出,总转换效率为 30.2%[67]。

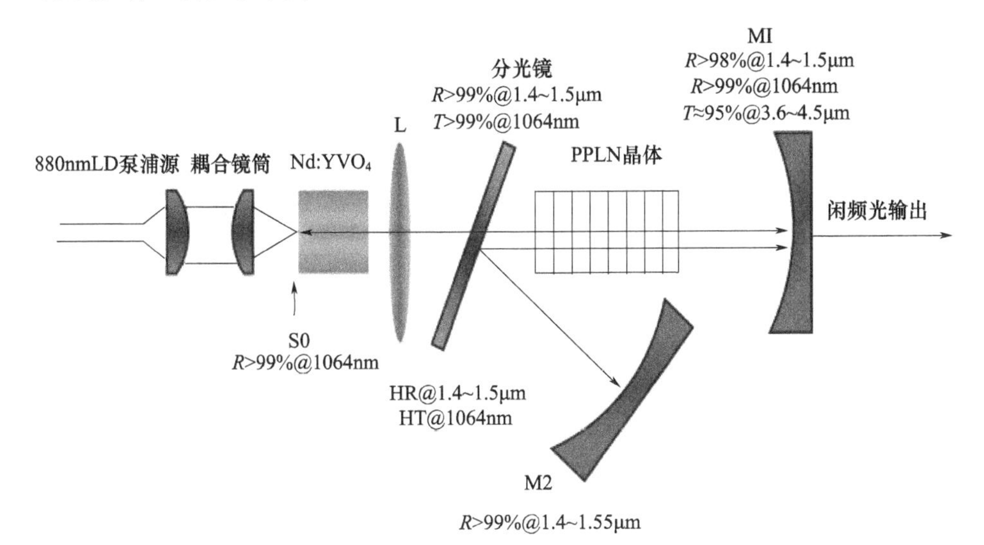

图 1.32 内腔单谐振光学参量振荡器

2020 年,温州医科大学姜培培等设计了准连续泵浦外腔光参量振荡器,如图 1.33 所示。脉冲光纤激光器生成 1.06μm 激光作为泵浦光。在时域上,泵浦光是由超短子脉冲组成的方形波。这种方法缩短了参量振荡建立时间,且高泵浦峰值下无逆转换现象。当方波包含 480 个子脉冲,泵浦功率为 45.3W 时,3.8μm 最大输出功率为 7.9W,泵浦光到闲频光转换效率为 17.5%。相较于传统光参量振荡,转换效率提升 40%[68]。

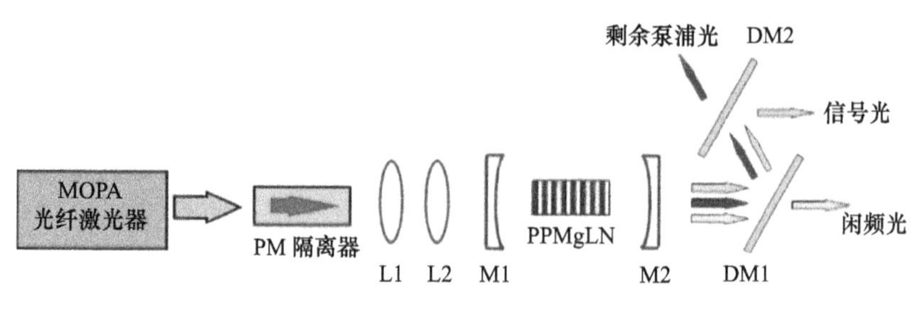

图 1.33 准连续泵浦外腔光参量振荡器

光参量振荡器中,逆转换抑制存在两条技术路径:增大腔内参量光损耗,降低腔内参量光能量;优化光参量振荡器结构。前者,参量光损耗过大,不利于参量光振荡,间接降低参量振荡转换效率;后者,通过采取优化谐振腔结构、变频晶体长度、泵浦光功率密度与波形等手段,使光参量振荡器在最佳工作区内运转。超出最佳工作区后,逆转换抑制效果迅速降低。上述方法皆为先确定参数,后进行运转。一旦光参量振荡器运转开始后,其工作状态无法根据逆转换现象做出主动更改与调控。

参考文献

[1] Maiman T H. Stimulated optical emission in fluorescent solids I:theoretical considerations[J]. Physical Review,1961,123(4):1145.

[2] Maiman T H,Hoskins R H,D'Haenens I J,et al. Stimulated optical emission in fluorescent solids. II. Spectroscopy and stimulated emission in ruby[J]. Physical Review,1961,123(4):1151.

[3] Keller U,Hibst R. Experimental studies of the application of the Er:YAG laser on dental hard substances II:Light microscopic and SEM investigations[J]. Lasers in Surgery and Medicine,1989,9(4):345 - 351.

[4] Umeki T,Tadanaga O,Asobe M,et al. First demonstration of high - order QAM signal amplification in PPLN - based phase sensitive amplifier[J]. Optics Express,2014,22(3):2473 - 82.

[5] 张永昶,朱海永,张静,等. 紧凑型 MgO:PPLN 宽波段可调谐连续光参量振荡器[J]. 红外与激光工程,2018,47(11):145 - 149.

[6] 白翔,何洋,于德洋,等. 小型化高光束质量 MgO:PPLN 中红外光参量振荡器[J]. 红外与激光工程,2020,49(7):127 - 132.

[7] Zhang T L,Yao J Q,Zhu X Y,et al. Widely tunable,high - repetition - rate,dual signal - wave optical parametric oscillator by using two periodically poled crystals[J]. Optics Communications,2007,272(1):111 - 115.

[8] Breunig I, Sowade R, Buse K. Limitations of the tunability of dual - crystal optical parametric oscillators[J]. Optics Letters, 2007, 32(11): 1450 - 1452.

[9] Wang P, Shang Y P, Li X, et al. Multiwavelength mid - infrared laser generation based on optical parametric oscillation and intracavity difference frequency generation[J]. IEEE Photonics Journal, 2017, 9(1): 1500107.

[10] 常建华,杨镇博,陆洲,等. 一种新型的基于 PPLN 的多波长中红外激光光源[J]. 中国激光,2013,40(10):1002009.

[11] Wei X, Peng Y, Wang W, et al. High - efficiency mid - infrared laser from synchronous optical parametric oscillation and amplification based on a single MgO: PPLN crystal[J]. Applied Physics B, 2011, 104: 597 - 601.

[12] Chou M H, Parameswaran K R, Fejer M M, et al. Multiple - channel wavelength conversion by use of engineered quasi - phase - matching structures in $LiNbO_3$ waveguides[J]. Optics Letters, 1999, 24(16): 1157 - 1159.

[13] Kleinman D A. Nonlinear dielectric polarization in optical media[J]. Physics Review, 1962, 126(6): 1977 - 1979.

[14] Armstrong J A, Bloembergen N, Ducuing J, et al. Interactions between light waves in a nonlinear dielectric[J]. Physics Review, 1962, 127(6): 1918 - 1939.

[15] 刘磊,李霄,肖虎,等. 单频光纤激光器抽运的中红外连续单谐振光学参变振荡器[J]. 中国激光,2012,39(1):0102001.

[16] 刘通,汪晓波,刘磊,等. 基于周期极化掺镁铌酸锂晶体的中红外同步抽运皮秒光参量振荡器[J]. 中国激光,2011,38(12):1202003.

[17] Ruebel F, Anstett G, L'huillier J A. Synchronously pumped mid - infrared optical parametric oscillator with an output power exceeding 1W at 4.5μm[J]. Applied Physics B, 2011, 102(4): 751 - 755.

[18] Dixit N, Mahendra R, Naraniya O P, et al. High repetition rate mid - infrared generation with singly resonant optical parametric oscillator using multi - grating periodically poled MgO: $LiNbO_3$[J]. Optics & Laser Technology, 2010, 42(1): 18 - 22.

[19] Peng Y, Wang W, Wei X, et al. High - efficiency mid - infrared optical parametric oscillator based on PPMgO: CLN[J]. Optics Letters, 2009, 34(19): 2897 - 2899.

[20] 魏星斌,彭跃峰,王卫民,等. 高功率 MgO:PPLN 光参变振荡器[J]. 光学学报,2010,30(5):1447 - 1450.

[21] 彭跃峰,鲁燕华,谢刚,等. 准相位匹配 PPMgLN 光参量振荡技术[J]. 中国激光,2008,35(5):670 - 674.

[22] Xiong B, Ma J, Chen R, et al. High - power, high - repetition - rate mid - infrared generation with PE - SRO based on a fan - out periodically poled MgO - doped lithium niobite[J]. Optics Communication, 2011, 284(5): 1391 - 1394.

[23] 杨剑,李晓芹,姚建铨,等. 基于周期极化铌酸锂晶体的高功率可调谐光参量振荡器[J]. 中国激光,2008,35(10):1459 - 1462.

[24] Chiang A, Lin Y. Line – narrowed electro – optic periodically – poled – lithium – niobate Q – switched laser with intra – cavity optical parametric oscillation using a grazing – incidence grating[J]. Chinese Optics Letters,2014,12(4):041401.

[25] 张百钢,姚建铨,丁欣,等. 连续调谐输出的多周期极化铌酸锂晶体光学参量振荡器[J]. 中国激光,2004,31(8):897 – 902.

[26] Liu S,Wang Z,Zhang B,et al. Wildly tunable,high – efficiency MgO:PPLN mid – IR optical parametric oscillator pumped by a Yb – Fiber laser[J]. Chinese Physics Letters,2014,31(2):024204.

[27] Yu Y,Chen X,Wang C,et al. High – repetition – rate tunable mid – infrared optical parametric oscillator based on MgO:periodically poled lithium niobite[J]. Optical Engineering,2014,53(6):061604.

[28] Kawase K, Hatanaka T, Takahashi H, et al. Tunable terahertz – wave generation from DAST crystal by dual signal – wave parametric oscillation of periodically poled lithium niobite[J]. Optics Letters,2000,25(23):1714 – 1716.

[29] Klingbeil A E,Jeffries J B,Davidson D F,et al. Two – wavelength mid – IR diagnostic for temperature and n – dodecane concentration in an aerosol shock tube[J]. Applied Physics B,2008,93:627 – 638.

[30] Robinson R A,Woods P T,Milton M,et al. DIAL measurements for air pollution and fugitive – loss monitoring[C]. Proc. of SPIE,1995,2506:140 – 149.

[31] Ashizawa H,Takahashi M,Ohara O,et al. Trace NO_2 detection with Yb fiber laser pump Mid – IR difference frequency generation[C]. CLEO,2002,524 – 525.

[32] Walsh B M,Lee H R,Barnes N P. Mid infrared lasers for remote sensing applications[J]. Journal of Luminescence,2016,169:400 – 405.

[33] 张寅超,胡欢陵,谭锟,等. AML – 1 车载式大气污染监测激光雷达样机研制[J]. 光学学报,2004,24(8):1025 – 1031.

[34] Koch K,Moore G T,Cheung E C. Optical parametric oscillation with intracavity difference – frequency mixing[J]. Journal of the Optical Society of America B,1995,12(11):2268 – 2273.

[35] Moore G T,Koch K. The tandem optical parametric oscillator[J]. IEEE Journal of Quantum Electronics,1996,32(12):2085 – 2094.

[36] Dearborn M E,Koch K,Moore G T. Greater than 100% photon – conversion efficiency from an optical parametric oscillator with intracavity difference – frequency mixing[J]. Optics Letters,1998,23(10):759 – 761.

[37] McEwan K J,Terry J A C. A tandem periodically – poled lithium niobate(PPLN) optical parametric oscillator(OPO)[J]. Optics Communications,2000,182(4 – 6):423 – 432.

[38] McEwan K J,Terry J A C. Synchronously pumped OPO – OPO and OPO – DFM devices[C]. LEOS 2001,2001:667 – 668.

[39] Melkonian J,Godard A,Lefebvre M,et al. Pulsed optical parametric oscillators with intracavity optical parametric amplification:a critical study[J]. Applied Physics B,2007,86(4):633 – 642.

[40] Huang H T, He J L, Liu S D, et al. Synchronized generation of 1534 and 1572nm by the mixed optical parameter oscillation[J]. Laser Physics Letters, 2011, 8(5): 358 - 362.

[41] He Y, Xu D, Yao J, et al. Intracavity - pumped, mid - infrared tandem optical parametric oscillator based on $BaGa_4Se_7$ Crystal[J]. IEEE Photonics Journal, 2019, 11(6): 1300109.

[42] Zhang T, Yao J, Zhu X, et al. Widely tunable, high - repetition - rate, dual single - wave optical parametric oscillator by using two periodically poled crystals[J]. Optics Communication, 2007, 272(1): 111 - 115.

[43] Kemlin V, Jegouso D, Debray J, et al. Dual - wavelength source from 5% MgO: PPLN cylinders for the characterization of nonlinear infrared crystals[J]. Optics Express, 2013, 21(23): 28886 - 28891.

[44] Samanta G K, Aadhi A, Ebrahim - Zadeh M. Continuous - wave, two - crystal, singly - resonant optical parametric oscillator: theory and experiment[J]. Optics Express., 2013, 21(8): 9520 - 9540.

[45] Moore G T, Koch K. The tandem optical parametric oscillator[J]. IEEE Journal of Quantum Electronics, 1996, 32(12): 2085 - 2094.

[46] McEwan K J. Synchronously pumped tandem OPO and OPO/DFM devices based on a single PPLN crystal[C]. Proc. of SPIE, 2003, 4972: 1 - 12.

[47] Chen T, Liu H, Wei K, et al. Amplification assisted difference frequency generation for efficient mid - infrared conversion based on monolithic tandem lithium niobate superlattice[J]. Photonics Research, 2017, 5(4): 355 - 361.

[48] Chen T, Shu R, Ge Y, et al. Optimization of the idler wavelength tunable cascaded optical parametric oscillator based on chirp - assisted aperiodically poled lithium niobate crystal[J]. Chinese Physics B, 2016, 25(1): 01429

[49] Chen T, Liu H, Wei K, et al. Optimization of the tunable nanosecond cascaded optical parametric oscillators based on monolithic tandem lithium niobate superlattices[J]. IEEE Photonics Journal, 2016, 8(3): 1400209.

[50] Li S, Ju P, Liu Y, et al. Efficiency - enhanced picosecond mid - infrared optical parametric down conversion based on a cascaded optical superlattice[J]. Chinese Optics Letters, 2016, 14(4): 041402.

[51] Vaidyanathan M, Eckardt, Dominic V, et al. Cascaded optical parametric oscillations[J]. Optics Express, 1997, 1(2): 49 - 53.

[52] Moore G T, Koch K, Derborn M E, et al. A simultaneously phase - matched tandem optical parametric oscillator[J]. IEEE Journal of Quantum Electronics, 1998, 34(5): 803 - 810.

[53] Wei X, Peng Y, Wang W, et al. Wavelength tenability of tandem optical parametric oscillator based on single PPMgOLN crystal[J]. Chinese Optics Letters, 2010, 8(11): 1061 - 1063.

[54] Wei X, Peng Y, Wang W, et al. High - efficiency mid - infrared laser from synchronous optical parametric oscillation and amplification based on asingle MgO: PPLN crystal[J]. Applied Physics B, 2011, 104(3): 597 - 601.

[55] Liu T, Liu L, Li X B, et al. Cascaded synchronous terahertz optical parametric oscillations in a

single MgO:PPLN crystal[J]. Laser Physics,2012,22(4):678 – 683.

[56] Thomson C L,Dunn M H. Observation of a cascaded process in intracavity terahertz optical parametric oscillators based on lithium niobate[J]. Optics Express,2013,21(15):17647 – 17658.

[57] Jiang P,Chen T,Yang D,et al. A fiber laser pumped dual – wavelength mid – infrared optical parametric oscillator based on aperiodically poled magnesium oxide doped lithium niobate[J]. Laser Physics Letters,2013,10(11):115405

[58] Chen T,Wu B,Jiang P,et al. High power efficient 3. 81 μm emission from a fiber laser pumped aperiodically poled cascaded lithium niobate[J]. IEEE Photonics Technology Letters,2013,25(20):2000 – 2002.

[59] Carrillo – Fuentes M,Cudney R S. Production of pairs of synchronized pulses by optical parametric generation and oscillation using aperiodically poled lithium niobate[J]. Applied Optics,2019,58(21):5764 – 5769.

[60] Lowenthal D D. CW periodically poled LiNbO3 optical parametric oscillator model with strong idler absorption[J]. IEEE Journal of Quantum Electronics,1998,34(8):1356 – 1366.

[61] Alford W J,Smith A V. Backconversion – limited optical parametric oscillators[P]. US Patent,2000,US6147793 A.

[62] Arisholm G,Rustad G,Stenersen K. Importance of pump – beam group velocity for backconversion in optical parametric oscillators[J]. Journal of Optical Society of America B,2001,18(12):1882 – 1890.

[63] Haus J W,Pandey A,Powers P E. Boosting quantum efficiency using multi – stage parametric amplification[J]. Optics Communications,2007,269(2):378 – 384.

[64] Liang X,Bartschke J,Peltz M,et al. Non – collinear nanosecond optical parametric oscillator based on periodically poled LN with tilted domain walls[J]. Applied Physics B,2007,87(4):649 – 653.

[65] Zachary S,Ofer G,Eran T,et al. Improving the efficiency of an optical parametric oscillator by tailoring the pump pulse shape[J]. Optics Express,2010,18(12):12669 – 12674.

[66] 刘建辉,柳强,巩马理. 光参量过程中的逆转换问题[J]. 物理学报,2011,60(2):024215.

[67] 丁欣,尚策,盛泉,等. 880nm 共振抽运连续波内腔单谐振光学参量振荡器及其逆转换[J]. 中国激光,2013,40(6):82 – 87.

[68] Cai S,Ruan M,Wu B,et al. High conversion efficiency,mid – infrared pulses generated via burst – mode fiber laser pumped optical parametric oscillator[J]. IEEE Access,2020,8:64725 – 64729.

第 2 章

非周期极化铌酸锂晶体

2.1 准相位匹配理论

准相位匹配理论是实现光参量振荡相位匹配的重要手段之一。相较于双折射匹配,准相位匹配技术能够有效地利用晶体的最大非线性系数,避免振荡过程中光束的走离效应。利用准相位匹配理论设计的超晶格晶体被广泛应用在光参量振荡器中,因具备转换效率高、光束质量好、调谐方式灵活的等特点,成为获得高输出功率、宽调谐范围激光的重要手段。本节从相位匹配原理出发,介绍了单重准相位匹配和多重准相位匹配。

2.1.1 单重准相位匹配原理

光参量振荡过程中,在二阶非线性晶体内发生三波耦合作用,使得一个泵浦光光子转换成为两个低频段光子的组合:一个信号光光子和一个闲频光光子。在整个转换过程当中,非线性晶体只提供“场地”而不参与能量转换,能量只在三波之间转换。为满足能量守恒定律,则[1]

$$\hbar\omega_1 + \hbar\omega_2 = \hbar\omega_3 \tag{2-1}$$

式中:ω_1、ω_2 和 ω_3 分别为三波对应的圆频率;$\hbar = h/2\pi$,h 为普朗克常数。

为实现有效的能量转换,光参量振荡不仅要满足能量守恒,还必须遵守动量守恒。这就要求三波在晶体中的相速度也必须处于匹配状态:

$$\boldsymbol{k}_1 + \boldsymbol{k}_2 = \boldsymbol{k}_3 \tag{2-2}$$

式中:k_1、k_2 和 k_3 分别为三波波矢。

定义 $\Delta\boldsymbol{k} = \boldsymbol{k}_3 - \boldsymbol{k}_2 - \boldsymbol{k}_1$ 为相位失配因子,该物理量是影响参量光增益与转换效率的重要参量。唯有 $\Delta\boldsymbol{k} = 0$ 时,三波的相速度完全匹配的状态,三波动量实现守恒,所以称此条件为相位匹配条件。

单重准相位匹配是针对单光参量振荡而言的，其要求非周期极化晶体只提供一个倒格矢实现泵浦光向一组信号光和闲频光转换。要实现高效的光参量振荡必须保证参与振荡的三波满足相位匹配条件。由于非线性晶体的色散效应，晶体中泵浦光、信号光和闲频光的相速度是频率的函数，因此三波间存在相位失配现象，导致转换效率无法达到最佳状态。科研人员一直在不断寻找高效、稳定的相位补偿方式以提高参量振荡转换效率。双折射相位匹配虽然能补偿相位失配，实现光参量振荡，但其存在着固有的劣势：匹配精度高、存在走离效应、转换效率低下等。1962 年，J. A. Armstrong 和 N. Bloembergen 等提出通过周期性改变晶体的非线性极化方向，重新设置泵浦光与参量光之间的相位实现相位匹配、转换效率提升，这一方法称为准相位匹配。准相位匹配技术原理是通过周期性改变晶体材料极化方向，在波的传播方向上允许存在周期性的相位失配量用于补偿因色散造成的相位失配，从而获得较强的非线性增益效果[2,3]。

如图 2.1 所示，在相位失配情况下，以相干长度为界，能量转换方向依次经历泵浦光流向参量光，参量光流向泵浦光，如此往复。而当非线性晶体长度为 $2l_c$ 的奇数倍（l_c 为相干长度）时，能量转换趋势始终为泵浦光转换为参量光[4-6]。也就是说，在波的传播方向上，允许一定的相位失配，并通过周期调制的非线性晶体的倒格矢对其进行补偿，使得相位失配没有产生扩大的趋势，从而使之满足经典波的波矢守恒[7-9]。

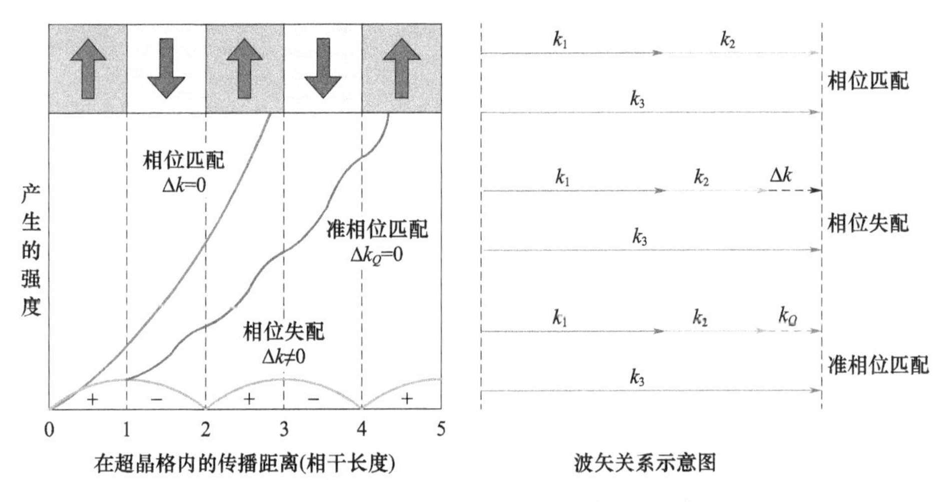

图 2.1　相位匹配、相位失配及准相位匹配示意图

由麦克斯韦方程组和物质约束方程可以得到电磁场在非磁性、各向同性均匀且无自由电荷（$\rho=0$）的截止中的波动方程[10]：

$$\nabla^2 \boldsymbol{E} - \mu_0 \sigma \frac{\partial \boldsymbol{E}}{\partial t} - \mu_0 \varepsilon_0 \frac{\partial^2 \boldsymbol{E}}{\partial t^2} = \mu_0 \frac{\partial^2 \boldsymbol{P}}{\partial t^2} \tag{2-3}$$

式中：ε_0为增益介质在真空环境下的磁导率；μ_0为增益介质在真空环境下的磁导率，$\boldsymbol{P}$为增益介质的极化强度；σ为增益介质本身的电导率。

将电场强度$\boldsymbol{E}$和电极化强度$\boldsymbol{P}$用傅里叶分量表示为

$$\boldsymbol{E}(r,t) = \Sigma \boldsymbol{E}(\omega_n, r)\exp(-\mathrm{i}\omega_n t) \tag{2-4}$$

$$\boldsymbol{P}(r,t) = \Sigma \boldsymbol{P}(\omega_n, r)\exp(-\mathrm{i}\omega_n t) \tag{2-5}$$

假设电场是沿z方向传播的单色平面波，则式(2-5)变为

$$\begin{aligned} E(r,t) &= \Sigma E(\omega_n, r)\exp(-\mathrm{i}\omega_n t) \\ &= \Sigma E(z,\omega_n)\exp(-\mathrm{i}\omega_n t) \\ &= \Sigma E(z)\exp(\mathrm{i}kz)\exp(-\mathrm{i}\omega_n t) \end{aligned} \tag{2-6}$$

$$\begin{aligned} P(r,t) &= \Sigma P(\omega_n, r)\exp(-\mathrm{i}\omega_n t) \\ &= \Sigma P(z,\omega_n)\exp(-\mathrm{i}\omega_n t) \\ &= \Sigma P(z)\exp(\mathrm{i}kz)\exp(-\mathrm{i}\omega_n t) \end{aligned} \tag{2-7}$$

为满足慢变化的近似前提，要假设具有足够小的光电场复振幅变化情况：

$$\left|\frac{\partial^2 E_n}{\partial z^2}\right| \ll \left|k_n \cdot \frac{\partial E_n}{\partial z}\right| \tag{2-8}$$

在非线性过程中，电极化强度$\boldsymbol{P}$可分为线性部分$\boldsymbol{P}_{\mathrm{L}}$和非线性部分$\boldsymbol{P}_{\mathrm{NL}}$，即

$$\boldsymbol{P} = \boldsymbol{P}_{\mathrm{L}} + \boldsymbol{P}_{\mathrm{NL}} \tag{2-9}$$

式中：$\boldsymbol{P}_{\mathrm{L}} = \varepsilon_0 \boldsymbol{\chi}_{\mathrm{L}} \boldsymbol{E}$；$\boldsymbol{\chi}_{\mathrm{L}}$为线性极化率；$\boldsymbol{P}_{\mathrm{NL}} = 2\varepsilon_0 \boldsymbol{\chi}_{\mathrm{eff}} \boldsymbol{E}\boldsymbol{E}$，$\boldsymbol{\chi}_{\mathrm{eff}}$为二阶非线性极化率，用二阶张量表示，则波动方程式(2-3)变为

$$\frac{\partial E(z)}{\partial z} + \alpha E(z) = \frac{\mathrm{i}\omega}{2\varepsilon_0 cn} P_{\mathrm{NL}}(z) \tag{2-10}$$

式中：$\alpha = \mu_0 \sigma c/2n$为电场损失系数。式(2-10)实际上是非线性极化的麦克斯韦方程。

对三波耦合的情况，参与互作用的三波频率分别为ω_1、ω_2、ω_3。频率ω_1、ω_2和ω_3必须满足能量守恒定律，即$\omega_3 = \omega_1 + \omega_2$，则对应各个频率的二阶电极化强度可分别表示为

$$\begin{cases} P_{\mathrm{NL}}(\omega_1, \mathrm{z}) = 2\varepsilon_0 \chi(-\omega_1; -\omega_2, \omega_3) e_3 e_2 \times E_2(\omega_2, \mathrm{z}) E_2^*(\omega_2, \mathrm{z}) \exp[t(k_3 - k_1)z] \\ P_{\mathrm{NL}}(\omega_2, \mathrm{z}) = 2\varepsilon_0 \chi(-\omega_2; -\omega_1, \omega_3) e_3 e_1 \times E_3(\omega_3, \mathrm{z}) E_1^*(\omega_1, \mathrm{z}) \exp[t(k_3 - k_2)z] \\ P_{\mathrm{NL}}(\omega_3, \mathrm{z}) = 2\varepsilon_0 \chi(-\omega_3; -\omega_1, \omega_t) e_1 e_2 \times E_1(\omega_1, \mathrm{z}) E_2^*(\omega_2, \mathrm{z}) \exp[t(k_1 - k_2)z] \end{cases} \tag{2-11}$$

将式(2-11)代入式(2-10)，获得了稳态下的三波互作用耦合波方程：

$$\begin{cases} \dfrac{\partial E_1}{\partial z} = \dfrac{\mathrm{i}\omega_1 d_{\mathrm{eff}}}{2cn_1} E_2^* E_3 \exp(\mathrm{i}\Delta kz) \\ \dfrac{\partial E_2}{\partial z} = \dfrac{\mathrm{i}\omega_2 d_{\mathrm{eff}}}{2cn_2} E_1^* E_3 \exp(\mathrm{i}\Delta kz) \\ \dfrac{\partial E_3}{\partial z} = \dfrac{\mathrm{i}\omega_3 d_{\mathrm{eff}}}{2cn_3} E_1 E_2 \exp(-\mathrm{i}\Delta kz) \end{cases} \tag{2-12}$$

式中:d_{eff}为有效非线性系数,它与匹配方式和介质的性质有关。

由于色散,相位关系随频率变化,单位长度的相位变化量用相位失配量 $\Delta \boldsymbol{k} = \boldsymbol{k}_3 - \boldsymbol{k}_2 - \boldsymbol{k}_1$ 表示,$k_j = \omega_j n_j / c(j=1,2,3)$是对应折射率为 n_j 的光波波矢量,$n_j(j=1,2,3)$为介质中各光波的折射率。如图 2.2 所示,由于对晶体的极化方向进行了周期性调制,式(2-12)中的有效非线性系数可被一个周期性的空间调制函数所替代。

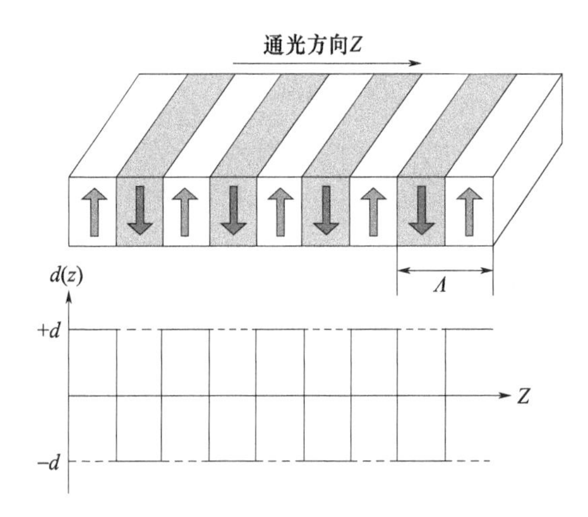

图 2.2 周期极化晶体结构及准相位匹配原理示意图

有效非线性系数用傅里叶级数表示为(z 为通光方向)

$$d_{\mathrm{eff}}(z) = d_{\mathrm{eff}} \cdot \sum_{m=-\infty}^{+\infty} G_m \exp(-\mathrm{i}k_m z) \tag{2-13}$$

式中:$m=1,3,5,\cdots$为准相位匹配阶数;k_m为极化周期引入的参数,称为“周期波矢”,即“倒格矢”,满足

$$k_m = \frac{2\pi \cdot m}{\Lambda} \tag{2-14}$$

式中:Λ 为极化周期。

如果只考虑某一阶准相位匹配,则式(2-13)可简化为

$$d_{\mathrm{eff}}(z) = d_{\mathrm{eff}} \cdot G_m \exp(-\mathrm{i}k_m z) \tag{2-15}$$

由周期方波信号的傅里叶变换可知

$$G_m = \frac{2}{m\pi}\sin(m\pi D) \tag{2-16}$$

式中:D 为反转畴的占空比系数,一般情况下 $D=0.5$,所以

$$d_{\text{eff}}(z) = d_{\text{eff}} \cdot \frac{2}{m\pi}\exp(-\mathrm{i}k_m z) \tag{2-17}$$

用 $d_{\text{eff}}(z)$ 代替式(2-12)中的 d_{eff},可得

$$\frac{\partial E_1}{\partial z} = \frac{\mathrm{i}\omega_1 d_Q}{2cn_1}E_2^* E_3 \exp[\mathrm{i}\cdot(k_3 - k_1 - k_2 - k_m)\cdot z] \tag{2-18}$$

$$\frac{\partial E_2}{\partial z} = \frac{\mathrm{i}\omega_2 d_Q}{2cn_2}E_1^* E_3 \exp[\mathrm{i}\cdot(k_3 - k_1 - k_2 - k_m)\cdot z] \tag{2-19}$$

$$\frac{\partial E_3}{\partial z} = \frac{\mathrm{i}\omega_3 d_Q}{2cn_3}E_1 E_2 \exp[\mathrm{i}\cdot(k_3 - k_1 - k_2 - k_m)\cdot z] \tag{2-20}$$

式中:$d_Q = \frac{2}{m\pi}d_{\text{eff}}$ 为“准相位匹配有效非线性系数”,对准相位匹配而言,相位失配量为

$$\Delta k = k_3 - k_2 - k_1 - k_m \tag{2-21}$$

相位失配量 Δk 的波长表达式为

$$\Delta k = 2\pi\left(\frac{n_3}{\lambda_3} - \frac{n_2}{\lambda_2} - \frac{n_1}{\lambda_1} - \frac{m}{\Lambda}\right) \tag{2-22}$$

相位失配量 Δk 的频率表达式为

$$\Delta k = \frac{1}{c}(n_3\omega_3 - n_2\omega_2 - n_1\omega_1 - m\omega_\Lambda) \tag{2-23}$$

式中:$\omega_\Lambda = \frac{2\pi \cdot c}{\Lambda}$。

因此,对准相位匹配来说,欲使相位失配量 $\Delta k = 0$,只需使得极化周期满足

$$\Lambda = \frac{2\pi \cdot m}{k_3 - k_2 - k_1}\ (m\ 为奇数) \tag{2-24}$$

相干长度为

$$l_c = \frac{\pi}{k_3 - k_2 - k_1} \tag{2-25}$$

则

$$\Lambda = 2ml_c\ (m\ 为奇数)$$

综上所述,准相位匹配就是利用周期为 $2l_c$ 的奇数倍的极化晶体补偿由于色散引起的泵浦光与参量光之间的相位失配,从而确保在整个周期极化晶体长度内能量由泵浦光流向参量光。

与传统的双折射相位匹配相比,单重准相位匹配技术具有许多优点。双折射相位匹配需要利用单轴或双轴非线性晶体的双折射效应和色散特性,通过选择光波的偏振方向和波矢方向来实现相位匹配的;而准相位匹配则是通过周期极化结构来补偿频率变换中相互作用三波因色散引起的相位失配从而实现参量光输出功率持续增强。对比这两种相位匹配方式,可知准相位匹配具有如下优点。

(1)准相位匹配与晶体的内在特性无关,几乎所有的非线性晶体都可以通过极化方向的周期反转来实现二阶非线性频率变换,因此,没有双折射效应或双折射效应很小的晶体也可以实现准相位匹配,这就极大地拓宽了非线性晶体的应用范围。

(2)准相位匹配对非线性晶体透光波段内任意波长的光波都不存在匹配的限制。理论上能够利用晶体的整个透光范围,只要计算出三波互作用的相干长度 l_c,并以 $2l_c$ 为周期来极化非线性晶体,就可以实现整个晶体长度上的相位匹配;而双折射相位匹配受到光波矢方向和偏振方向的限制,只能在特定的晶体上实现固定波长的相位匹配。

(3)准相位匹配中相互作用三波一般沿同一主轴方向传播,因而不存在走离效应,降低了对光束发散角、光束入射角和晶体调整角的要求,而且相互作用光束能够严格限制在晶体中,同时可以通过使用较长的晶体,来获得较高的转换效率。

(4)虽然准相位匹配的有效非线性系数比双折射相位匹配有一个 $2/\pi$ 的减弱,但准相位匹配可以通过选择适当的三波偏振态,以利用双折射相位匹配过程无法用到的晶体最大非线性极化率张量元素,使非线性转换效率得到显著提高。在 MgO:PPLN 晶体中,如果三波的偏振方向均沿晶体的 z 轴,则能够利用 MgO:PPLN 的最大有效非线性系数 $d_{33} \approx 27.4\text{pm/V}$,是双折射相位匹配时有效非线性系数($d_{31} \approx 4.35\text{pm/V}$)的 6 倍。

(5)准相位匹配优势在于可人为设置周期结构,除了最简单的单周期极化晶体外,还可以设计各种各样的复杂结构,能够在一块晶体上实现任意的两个或者多个二阶非线性频率变换过程。

(6)在准相位匹配过程中,除了改变晶体温度、角度和泵浦波长来获得输出波长的调谐外,还可以利用多周期极化晶体实现输出波长在大范围内的调谐,丰富了调谐方式。

2.1.2 多重准相位匹配原理

相对于单一倒格矢的单重准相位匹配技术,多重准相位匹配是指在一块超晶格材料内通过特定的畴反转结构设置多个倒格矢，使之能够同时补偿多组参量振荡过程所形成的相位失配量，达到多对参量光在晶体内同时振荡的效果。超晶格晶体的极化结构可以用归一化的 $d(z)$ 函数表征，则式(2-13)可以简化为

$$d_{\mathrm{eff}}(z) = d_{\mathrm{eff}} \cdot d(z) \tag{2-26}$$

在周期极化超晶格中，假设每个正畴单元长度为 L_1，负畴单元长度为 L_2，则极化周期 $\Lambda = L_1 + L_2$，N 个周期的超晶格总长 $L = N\Lambda = N(L_1 + L_2)$。

沿通光方向变化的有效非线性系数 $d_{33} \cdot d(z)$ 可表示为

$$d_{33}d(z) = \begin{cases} d_{33} & n(L_1 + L_2) \leqslant z < n(L_1 + L_2) + L_1 \\ -d_{33} & n(L_1 + L_2) + L_1 \leqslant z < (n+1)(L_1 + L_2) \end{cases} \tag{2-27}$$

式中：$n = 0, 1, 2, \cdots, N-1$。

归一化的 $d(z)$ 表示为

$$d(z) = \mathrm{sign}\left[\sin\left(\frac{2\pi}{\Lambda}z + \frac{\pi}{\Lambda}L_2\right) - \sin\left(\frac{\pi}{\Lambda}L_2\right)\right] \tag{2-28}$$

其中

$$\mathrm{sign}(z) = \begin{cases} 1 & z \geqslant 0 \\ -1 & z < 0 \end{cases}$$

依据三波稳态耦合方程，在小信号近似条件下，相互作用距离 L 处的参量光光场强度为

$$E_j(L) = \Gamma L \cdot \frac{1}{L}\int_0^L d_{33} \sum_m g_m \exp(\mathrm{i}\Delta k z)\,\mathrm{d}z \tag{2-29}$$

式中：$j=1$ 或 2，分别代表信号光和闲频光；$\Gamma = \dfrac{\mathrm{i}\omega E_3 E_3^*}{n_j c}$，$n$ 为参量光折射率，c 为光速。

针对多光参量振荡，式(2-29)可化简为

$$E_{\mathrm{MOPO}}(\lambda) = \mathrm{i}L\frac{\omega_3}{n_\lambda c}E_3 E_3^* d_{33} G(\lambda) \tag{2-30}$$

式中：$G(\lambda)$ 为超晶格材料非线性频率变换的特性函数，即

$$G(\lambda) = \frac{1}{L}\int_0^L d(z)\exp[\mathrm{i}\Delta k(\lambda) z]\,\mathrm{d}z \tag{2-31}$$

在一阶准相位匹配条件下，$d(z)$ 为正负畴结构函数，取值为 +1 或 -1，如图 2.3 所示。多重准相位匹配的有效非线性系数 $d_{\mathrm{eff}} = d_{33} \cdot G(\lambda)$，是与波长 λ 相关的函数。因此，优化设计后的结构函数 $d(z)$ 能确保补偿所需参量光的不同相位失配量 $\Delta k(\lambda)$，并获得较高的 d_{eff}，形成多个倒格矢。

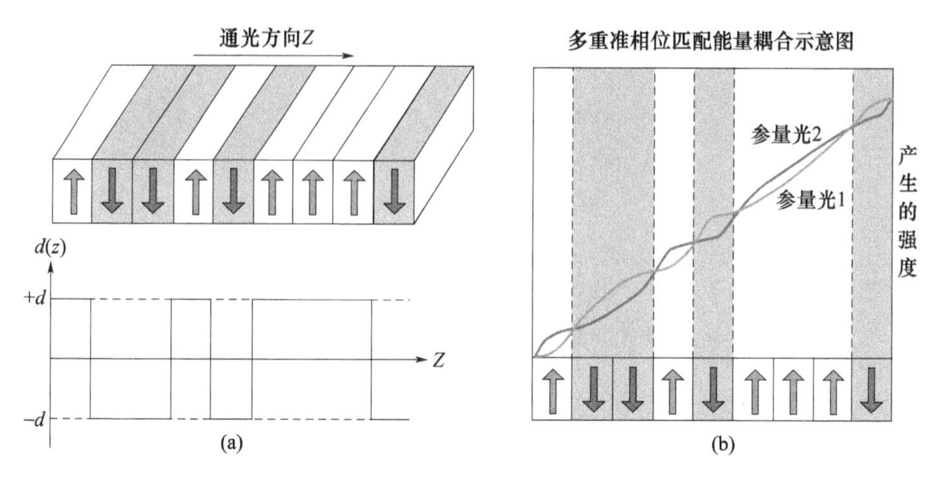

图 2.3 多重准相位匹配超晶格极化结构及能量耦合原理示意图

2.1.3 多重准相位匹配非周期极化结构

由上述多重准相位匹配的理论分析可知，超晶格极化结构的设计目的是获得结构函数 $d(z)$ 所代表的极化方向分布状况，为获得高效率、高功率的多光参量振荡输出提供技术保证。

在非周期极化结构设计过程中，参量光转换效率和有效非线性系数是衡量设计效果的重要因数。由于正负晶畴的非周期性排布，无法利用周期极化结构的方法求解参量光转换效率（或有效非线性系数），因此，结合非周期极化结构特征采用迭代法对多光参量振荡过程转换效率进行计算，即依次计算每个单元畴的转换效率，再通过相互迭代确定最终的转换效率。具体方法为，以经过第 $n-1$ 个晶畴区域后求解出的转换效率计算值作为第 n 个晶畴的初始值，在第 n 个晶畴内计算转换效率，并以此作为第 $n+1$ 个晶畴的初始值，以此类推，直至经过整块晶体，如图 2.4 所示，Δz 为单元晶畴宽度。

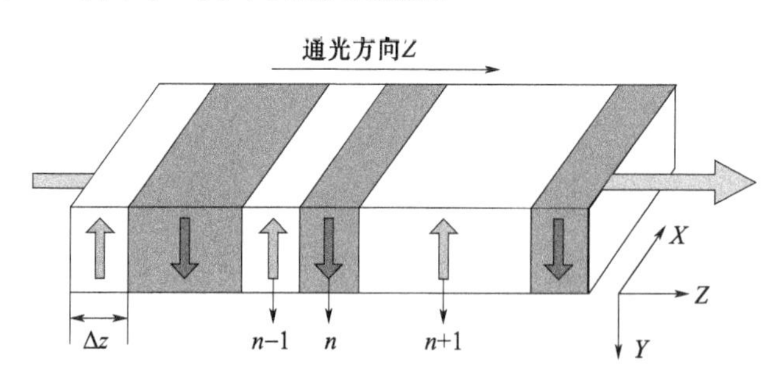

图 2.4 非周期极化结构示意图

在小信号近似下，泵浦光的能量不随作用距离发生变化，从泵浦光到参量光的转换效率公式为[11]

$$\eta = \frac{8\pi^2 \ |d_{33}|^2 I p L^2}{c\varepsilon_0 \lambda_s \lambda_i n_i n_s n_p} \left| \frac{1}{L} \int_0^L \mathrm{d}z \mathrm{e}^{\mathrm{i}\Delta k} d(z) \right| \tag{2-32}$$

式中：ε_0为真空中介电常数；I_p 为抽运光强；λ_j、$n_j(j = p, s, i)$分别为泵浦光、信号光和闲频光波长及其折射率；$d(z)$为每个单元晶畴极化方向，当 $d(z) = 1$ 时，极化方向沿 y 轴正向；当 $d(z) = -1$ 时，极化方向沿 y 轴反向。

为进一步简化计算量，忽略抽运光影响，引入相对有效非线性系数：

$$d_{\text{reff}}(\lambda) = \frac{1}{L} \left| \int_0^L \mathrm{d}z \mathrm{e}^{\mathrm{i}\Delta k(\lambda) z} d(z) \right| \tag{2-33}$$

式中：$d_{\text{reff}}(\lambda)$为表征参量光转换效率的重要参数。在非周期极化结构中，整个超晶格被平均分为 N 个极化单元畴，则每个单元畴的长度为 $\Delta z = L/N$。任意单元畴处于 z_q 和 z_{q+1}之间，其中 $q = 0, 1, 2, 3, \cdots, N-1$。利用 $d(z_q)$表示第 q 个单元畴的极化方向，代替式(2-33)中的 $d(z)$，并对式(2-26)进行展开，可得

$$\begin{aligned} d_{\text{reff}}(\lambda) &= \frac{1}{L} \left| \sum_{q=0}^{N-1} d(z_q) \int_{z_q}^{z_{q+1}} \mathrm{e}^{\mathrm{i}\Delta k(\lambda) z} \mathrm{d}z \right| \\ &= \frac{1}{N} \left| \operatorname{sinc}\left(\frac{\pi}{2 l_c(\lambda)} \Delta z \right) \times \sum_{q=0}^{N-1} \Phi(z_q) \mathrm{e}^{\mathrm{i}2\pi \frac{\pi}{2 l_c(\lambda)} (q+0.5) \Delta z} \right| \end{aligned} \tag{2-34}$$

式中：$l_c(\lambda)$为输出参量光的相干长度，表达式为 $l_c(\lambda) = \pi/\Delta k(\lambda)$。

由式(2-34)可以看出，相对有效非线性系数 $d_{\text{reff}}(\lambda)$由单元畴数量及其极化方向决定。根据多重准相位匹配过程，通过反向求解式(2-34)可以得到理想的非周期极化结构。

2.2 铌酸锂晶体材料特性

超晶格晶体是决定多光参量振荡转换效率的重要因素。超晶格晶体基质材料的选取不仅要充分考虑材料的物理、化学、光学特性，还要关注极化结构设计与晶畴制备工艺的难易程度。铌酸锂（LN，$LiNbO_3$）晶体集电、光、非线性等性能于一身，是一种极佳的超晶格晶体的基质材料。其较大的非线性系数、宽透光范围、低损耗等优点有助于提高光参量振荡的转换效率，同时易于生长加工、性能稳定、极化工艺简单，降低制造成本、便于大规模应用。

2.2.1 铌酸锂晶体结构

自从 1965 年 Ballman 成功地用 Czochralski 提拉法生长出铌酸锂单晶[12]后，

人们对铌酸锂晶体开展了大量理化研究[13-17]。铌酸锂晶体是表面呈现为无色或略带黄绿色负单轴晶体，属于三方晶系，处于 3m(C_{3v})点群。在 4℃条件下，其密度约为 4644kg/m^3。铌酸锂晶体是目前已知的居里点最高(T_c = 1140℃)、自发极化最大(室温时约为 0.7℃/m^2)的铁电体。

铌酸锂晶体属于铁电晶体，在一定温度范围内因其电极化(P)与电场强度(E)间存在滞回关系。在外加电场的作用下，铌酸锂晶体的自发极化方向可以反向变换。以 $LiNbO_3$ 单晶为基质的超晶格制备流程如图 2.5 所示。$LiNbO_3$ 中原子因非对称堆叠而产生了不需外加电场的自发电偶极矩，在晶体内造成自发极化现象。并且此极化方向可通过施加的反向电场产生反转。当晶体环境温度达到居里温度以上时，晶体呈顺电相，空间群为$R\bar{3}c$，即 Li 和 Nb 分别位于氧平面和氧八面体中心，此时晶体结构具有对称性，无自发极化[18-21]。当晶体温度低于居里温度时，晶体处于铁电相，空间群变为 $R3c$，Li 和 Nb 沿 c 轴发生了位移，分别离开了氧平面和氧八面体中心，锂金属离子、铌金属离子相对氧平面位置处于各自的位能低点，造成了沿 c 轴的电偶极矩，即出现了自发极化。如图 2.5 中的晶畴极化反转所示，由于在两稳态间存在位能障碍，所以在晶体自发极化方向施加的反向电场才能促使金属离子跨越这个位能障碍，形成极化反转，这个施加电场的电压值称为矫顽电场。

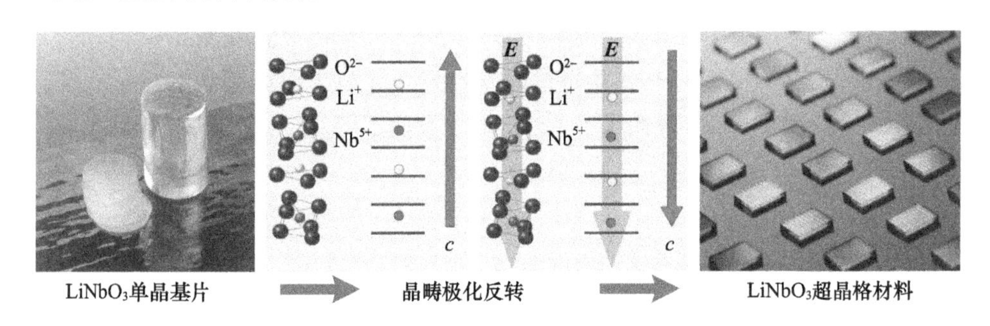

图 2.5 铌酸锂超晶格材料制备流程示意图

$LiNbO_3$ 可以作为超晶格晶体的基质，其抗光折变能力和矫顽电场是非常重要的两个基本属性。前者指强光辐射会引起折射率的变换，严重影响相位匹配条件，决定超晶格晶体的高功率激光承载能力；后者为晶体极化所需的电压，影响大尺寸、高精度晶畴极化制备。因此，$LiNbO_3$ 的研究重点为提高抗光折变能力、降低矫顽电场电压。研究结果表明，调节铌(Nb)、锂(Li)元素配比和掺入氧化物可以改善上述指标[22,23]。表 2-1 简要列出了不同元素配比值和不同 MgO 掺杂浓度的 $LiNbO_3$ 材料基本特性。

表2-1 不同元素配比、Mg掺杂浓度 $LiNbO_3$ 超晶格材料基本特性

超晶格材料	[Li]:[Nb]:[Mg]	居里温度/℃	掺杂阈值/mol%	矫顽电场/(kV/mm)	抗光折变/(kW/cm^2)
CLN	48.5:51.5:0	~1140	-	~21	~1
SLN	49.7:50.3:0	~1193	-	~5	<0.1
MgO:CLN	46.1:51.6:2.9	~1213	~4.6	~4.5	~100
MgO:SLN	48.8:50.2:1.0	~1213	~1.8	~4.6	>10000
注:CLN代表同成分 $LiNbO_3$;SLN代表近化学计量比 $LiNbO_3$。					

由表2-1可知,同成分 $LiNbO_3$ 的矫顽电场高达21kV/mm,施加高电压极易造成击穿现象,不利于大通光口径超晶格的制备,并且晶体内Li的含量过低,Li元素含量的相对不平衡导致了晶体内存在空位缺陷,从而影响了晶体的光学均匀性。近化学计量比 $LiNbO_3$ 通过气相传输平衡等生长方法使铌、锂原子比例基本达到了1:1,改善了晶体的光学均匀性,降低了矫顽电场和抗光折变能力。进一步对掺杂 $LiNbO_3$ 晶体开展研究,发现掺入MgO后,晶体的矫顽电场降低,抗光折变能力提高[24],但掺入过多的MgO会引入更多缺陷,在近化学计量比 $LiNbO_3$ 基质中掺入MgO形成MgO:SLN是制备 $LiNbO_3$ 超晶格晶体的最佳基质。

2.2.2 铌酸锂晶体物化特性

铌酸锂晶体具备优良的电光、压电、热释电、铁电、非线性光学等物理特性,尤其是经极化后制成的超晶格结构可实现准相位匹配,是一种优良的适用于非线性光学频率变换的光学晶体。表2-2为铌酸锂晶体的主要物理及光学特性参数。

表2-2 $LiNbO_3$ 晶体主要物化及光学特性参数

$LiNbO_3$ 物化及光学特性参量	具体参数
晶格参数/Å	$a=5.148$, $c=13.863$
密度/(g/cm^3)	4.628
熔点/℃	1250
莫氏硬度	5~5.5
介电常数	$\varepsilon_{11}/\varepsilon_0=85$, $\varepsilon_{33}/\varepsilon_0=29.5$
电阻系数/((W/m)/℃)	38@25℃
热膨胀系数/℃	$a_1=a_2=2\times10^{-6}$, $a_3=2.210^{-6}$@25℃
压电常数/(C/N)	$d_{22}=2.04\times10^{-11}$, $d_{33}=19.22\times10^{-11}$
弹性劲度常数/(N/m^2)	$C_{11}{}^{E}=2.04\times10^{-11}$, $C_{33}{}^{E}=2.46\times10^{-11}$
透光范围/nm	420~5200
光学均匀性/cm	5×10^{-5}
吸收系数/(%/cm)	0.1@1064nm
热光系数/K^{-1}	$dn_o/dT=0.141\times10^5$, $dn_e/dT=3.85\times10^5$
损伤阈值/(GW/cm^2)	0.3@1064nm,10ns

在一般情况下，各向异性的晶体中极化强度矢量的方向与入射电场强度的方向不一致。通常，极化强度用张量与电场强度的乘积来表示，而此张量即为晶体的极化率。非线性频率转换效率与对应的极化率张量元相关。通常选取张量元较大的方向进行频率变换。在二阶非线性频率变换中，极化率为三阶张量，对应一个 3×6 的矩阵。铌酸锂属于三角晶系，处于 3m(C_{3v})点群。因铌酸锂晶体结构存在空间对称性，限定了极化率张量中不为零的独立张量元数目，所以在物理压电坐标系轴上，对应的非线性极化张量矩阵为

$$d_{\mathrm{LN}} = \begin{pmatrix} 0 & 0 & 0 & 0 & d_{15} & -d_{22} \\ -d_{22} & d_{22} & 0 & d_{15} & 0 & 0 \\ d_{31} & d_{31} & d_{33} & 0 & 0 & 0 \end{pmatrix} \tag{2-35}$$

式中：$d_{15}=d_{31}=-4.35\mathrm{pm/V}$；$d_{22}=2.6\mathrm{pm/V}$；$d_{33}=-27.4\mathrm{pm/V}$[25]。

$LiNbO_3$ 晶体通过相位匹配方式只能利用晶体的 d_{31} 张量元，而超晶格 $LiNbO_3$ 因准相位匹配能够应用最大极化张量元 d_{33}，极大提高了非线性频率变换的转换效率。

图 2.6 为铌酸锂超晶格材料的透射光谱。在 2.87μm 处存在一个较强吸收峰。当光波波长超过 4μm 后，晶体的吸收强度随波长的增加而逐渐增强。在实验过程中要持续关注晶体的吸收作用。

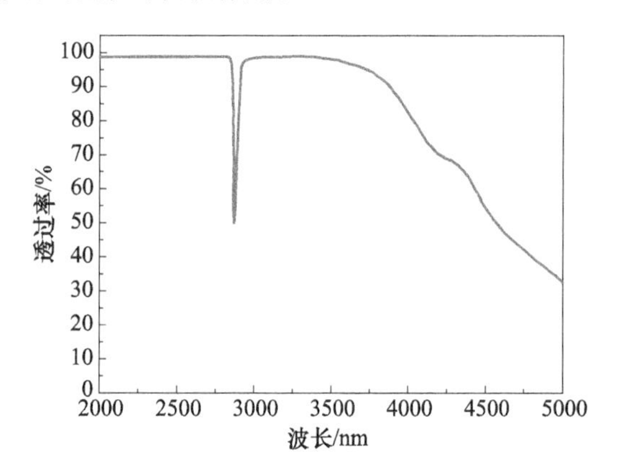

图 2.6 铌酸锂超晶格材料透射谱线与波长关系曲线

在铌酸锂晶体色散特性研究方面，2007 年，德国凯泽斯劳滕工业大学 O. Paul 得出了 MgO:PPLN 晶体(掺杂浓度 5mol%)的 Sellmeier 方程[26]：

$$n_{\mathrm{e}}^2 = a_1 + b_1 f + \frac{a_2 + b_2 f}{\lambda^2 - a_3^2} + \frac{a_4 + b_3 f}{\lambda^2 - a_5^2} - a_6 \lambda^2 \tag{2-36}$$

式中：波长 λ 的单位为 μm；温度参数 f 可表示为

$$f = (T - 24.5)(T + 570.82) \tag{2-37}$$

式中：T 为 MgO:PPLN 晶体温度，单位为℃；其他各常数项见表 2-3。

表 2-3 MgO:PPLN 晶体中常数项的取值

常数项	a_1	a_2	a_3	a_4	a_5	a_6
取　值	5.319725	0.09147285	0.3165008	100.2028	11.37639	0.01497046
常数项	b_1	b_2	b_3			
取　值	$4.753469e^{-7}$	$3.310965e^{-8}$	$2.760513e^{-5}$			

利用式(2-36),结合 $LiNbO_3$ 单晶和 PPLN[27,28] 的 Sellmeier 方程,模拟得到 3 种晶体折射率的变化曲线,如图 2.7 所示。由图可知,在可见光区域内,MgO:PPLN 晶体 o 光和 e 光折射率的变化速率相比红外区要大得多,而同样是在红外区,$LiNbO_3$ 单晶和 PPLN 的折射率要比 MgO:PPLN 略大一点。

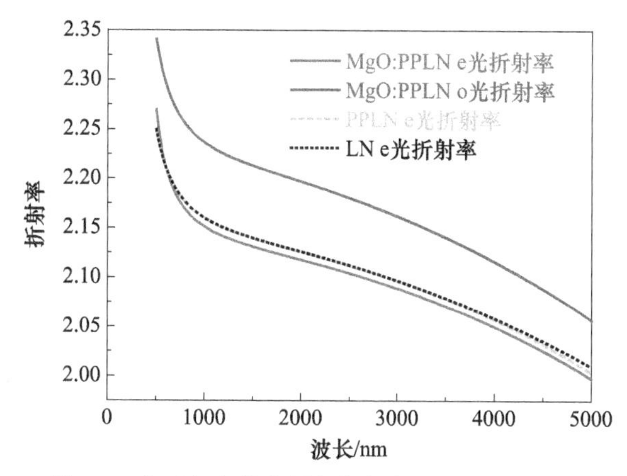

图 2.7 铌酸锂超晶格材料折射率与波长关系曲线

2.2.3 极化铌酸锂晶体制备

对 $LiNbO_3$ 晶体进行畴工程操作,容易制作各种周期极化的铌酸锂晶体。即时生长的铌酸锂晶体是一种多畴晶体(图 2.8(a)),在高温下沿晶轴方向施加一定的电场后可使晶体成为单畴晶体(图 2.8(b))。

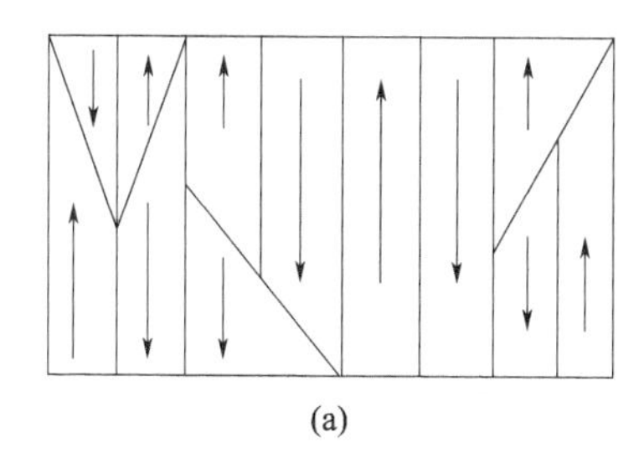
(a)

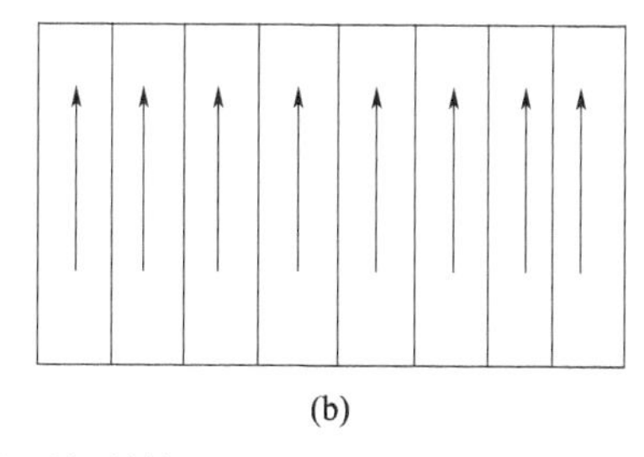
(b)

图 2.8 铌酸锂晶体

(a)多畴晶体;(b)单畴晶体。

单畴晶体可通过多种畴工程操作如晶片堆积方法、离子扩散法、热处理法、电子束扫描法、外电场极化法晶体直接生长法，制作周期极化的铌酸锂。其中后两种方法效果为最好。

上述各种畴工程操作，目的在于形成自发极化矢量相邻相反的周期性结构。在自发极化矢量相反的相邻电畴中，与奇数阶张量相联系的物理性质（如非线性光学系数、电光系数、压电系数等）将符号由“+”变为“-”，如图 2.9 所示。这些物理性质不再是常数，而是空间坐标的周期函数。

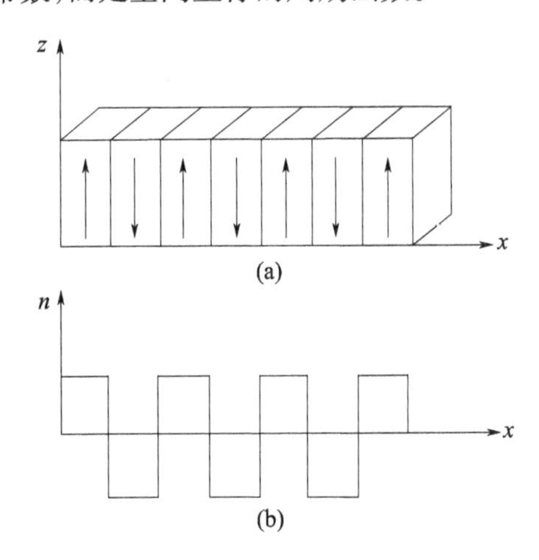

图 2.9　自发极化矢量相邻相反的周期性结构

下面我们介绍两种常见的畴工程方法。

（1）晶体直接生长法[29]。

在 20 世纪 80 年代初，我国南京大学在 $LiNbO_3$ 晶体生长过程中，通过控制极化方向成功地生长出周期极化畴反转的晶体[30]，称为聚片多畴晶体。通过直接法生长聚片多畴晶体，其关键在于在生长过程中产生明显的生长条纹。可用两种方法产生生长条纹，其一是使晶体的旋转轴偏离高温场的对称轴。这样，当晶体旋转时将在固液界面上引起温度起伏，造成沿晶体生长方向产生溶质浓度起伏。在熔体中掺入少量浓度 0.1% ~0.5% 的镱、铟或铬，有利于产生明显的生长条纹。第二种获得生长条纹的方法是，在晶体生长时在固液界面上通过交变调制电流，约 $20mA/cm^2$，周期是几秒到几十秒。实验表明，生长条纹的响应是完全规整的。用此法可以得到周期为几微米到几十微米的生长条纹。为了澄清晶体中浓度起伏与铁电畴结构的关系，他们用 X 射线能量色散法测量了生长条纹中溶质的浓度起伏，结果示于图 2.10 中。

图 2.10 中曲线代表镱浓度分布，阴影线区域为压电畴，可以看出，畴界处于曲线的极值处。在正畴区浓度递减，浓度梯度为负；在负畴区浓度递增，浓度梯

度为正。这表明铁电畴的自发极化矢量取向决定于生长条纹内的溶质浓度梯度。这一实验事实可以解释如下:通常这类晶体中溶质处于离子状态,非均匀溶质分布等价于非均匀空间电荷分布,于是产生了非均匀内场。在此内场较小,但在温度近于居里点时,将引起晶格中的金属离子择向位移,遂引起极化方向相互交替的铁电畴。

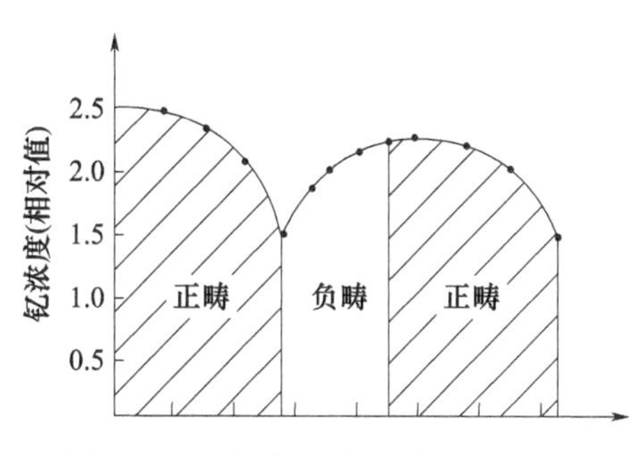

图 2.10 生长条纹中溶质的浓度起伏

(2)外电场极化法。

虽然早在 1969 年,Camlibel[31]就提出使用 30kV/mm 以上的高压电场,可以使 $LiNbO_3$ 这类氧化物铁电晶体的铁电畴反转。然而如此高的电场很容易将晶体击穿,且无法控制畴极化反转过程条件,制约了它在制备 PPLN 准相位匹配器件方面的应用。10 年后,俄国科学家 Evlanova、Bokhorov 和 Kujminov 等[32]对电场极化 $LiNbO_3$ 晶体做了大量实验,但一直没有解决极化过程中如何控制畴反转条件,所以无法达到制备光学器件的要求程度。如何在光刻基础上发展一种较为精确地控制畴反转周期和占空比的方法,就成为随后迫切需要解决的课题。1993 年,Yamada 等将半导体光刻工艺和外加电场方法结合起来,成功地解决了畴反转控制条件,才使这一外电场极化方法逐步成熟。1995 年,Myers 等[33]详细介绍了在室温条件下制备周期极化 $LiNbO_3$ 晶体的工艺条件。首先他们利用半导体光刻工艺,在清洗干净的 $LiNbO_3$ 晶体 +z 薄片表面上光刻上光栅型电极,随后在它们上面覆盖一层薄的绝缘胶用来阻止两电极之间畴的反转(图 2.11)。

在 $LiNbO_3$ 薄片的两个表面加上脉冲高电压,当所加电场超过室温下 $LiNbO_3$ 晶体的矫顽场(21kV/mm)时,处于光栅电极部分的晶体材料开始畴极化方向的反转。极化反转所需时间在 1s 左右,如果极化反转时间太短(少于 50ms),极化反转畴很不稳定,它会自行返回;只有极化反转时间足够长(超过 50ms),极化反转后的畴才能保持稳定。整个极化过程中必须精确控制极化电压和电流,使线路中输运到晶体表面上的电荷恰好等于所设计占空比要求的电荷数。极化畴的占空比,通过合理的设计电极周期和控制所加外电场电流的大小来达到最佳值。图 2.12 为极化 0.5mm 厚 $LiNbO_3$ 晶体过程中的电压和电流变化曲线。

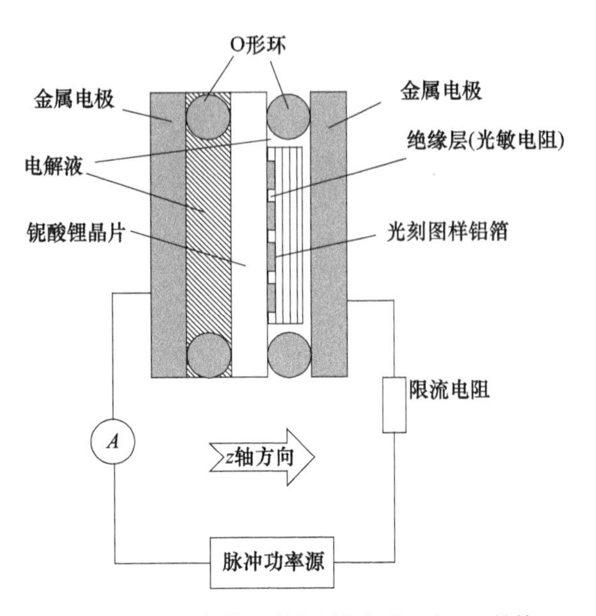

图 2. 11　室温条件下制备周期极化 $LiNbO_3$ 晶体

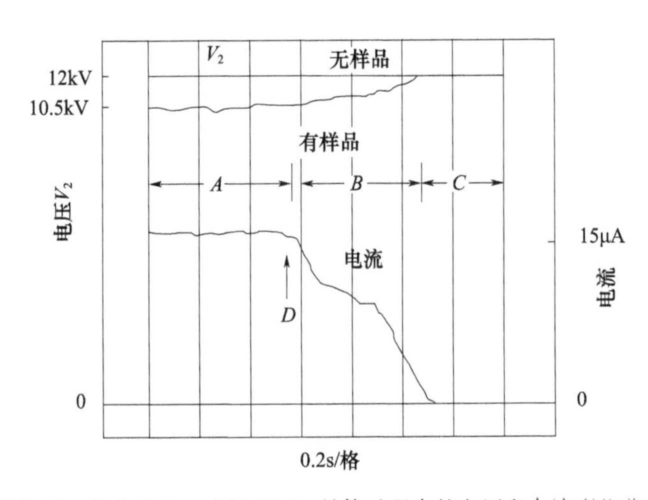

图 2. 12　极化 0. 5mm 厚 $LiNbO_3$ 晶体过程中的电压和电流变化曲线

外电场极化完成后，样品的通光方向经抛光等处理，即可投入准相位匹配技术的使用。现在，随着外场极化技术的日趋成熟，人们可以不用覆盖绝缘胶也能实现理想畴反转。目前，此技术已完全能制出厚度达 0. 5mm，长度达 5cm 的 PPLN 晶体。由于外加电场极化法可以大大降低畴反转制作 PPLN 的难度与成本，因此这种技术备受人们重视；同时，也大大推进了准相位匹配技术的发展。

2.3 非周期铌酸锂晶体极化结构设计

在极化结构设计过程中要充分地考虑晶体相位失配量的补偿能力和有效非线性系数。前者影响输出参量光波长的选取，后者直接决定参量振荡的转换效率。在非周期极化超晶格结构设计中，衡量设计优劣的主要技术指标包括以下3点。

(1)极化结构是否能够准确提供多个倒格矢，补偿多组参量光的相位失配量；

(2)正负晶畴长度选取的合理性，过小的晶畴长度不利于晶体的加工与制造；

(3)确保倒格矢傅里叶系数最大，以期获得最大的有效非线性系数。

2.3.1 准周期极化结构设计

准周期极化结构是介于周期极化结构和无序非周期极化结构之间的一类特殊的多重准相位匹配极化结构形式，也是最早提出的多重准相位匹配极化形式。1997年，南京大学祝世宁课题组在钽酸锂极化晶体内构建了斐波拉契(Fibonacci)序列分布形式的准周期结构，实现了多波长激光二倍频和单波长激光三倍频[34,35]，这种设计方法也一直被准周期极化结构的相关研究广为采用。

以Fibonacci序列为分布形式的准周期极化结构由两个基本正负畴单元A和B相互迭代拼砌组成，如图2.13所示，定义A单元长度为$l_A = l_A^+ + l_A^-$，B单元长度为$l_B = l_B^+ + l_B^-$，A、B单元的正畴长度相同$l_A^+ = l_B^+ = l$，负畴长度$l_A^- < l_B^-$，$l_A^- = l(1-\tau\eta)$，$l_B^- = l(1+\eta)$，其中l和η为可调整的准周期结构参数，$l = sl_{c2} = vl_{c3}$，l_{c2}与l_{c3}分别为两个倒格矢对应的相干长度，$s = 1,3,5,\cdots$，$v = \tau,\tau^2,\tau^3\cdots$，$\tau = (1+5^{1/2})/2$为Fibonacci序列的黄金中值。令$S_1 = A$，$S_2 = AB$，$S_3 = ABA$，对于一维Fibonacci序列准周期结构，正负畴按照$S_{j-1} | S_{j-2}(j \geqslant 3)$方式迭代而成，形成的两个倒格矢对应的相位补偿过程为

$$\begin{cases} \Delta \boldsymbol{k}_1 = \boldsymbol{k}_3 - \boldsymbol{k}_2 - \boldsymbol{k}_1 - \boldsymbol{k}_{m,n} = 0 \\ \Delta \boldsymbol{k}_2 = \boldsymbol{k}_3 - \boldsymbol{k}'_2 - \boldsymbol{k}'_1 - \boldsymbol{k}_{m',n'} = 0 \end{cases} \tag{2-38}$$

有效非线性系数用傅里叶级数表示为

$$d_{\text{eff}}(z) = d_{\text{eff}} \cdot \sum_{m,n} g_{m,n} \exp(-\mathrm{i}k_{m,n}z) \tag{2-39}$$

式中：倒格矢$k_{m,n} = 2\pi D^{-1}(m+n\tau)$，阶数$m$、$n$为整数，$D = \tau l_A + l_B$为平均结构参数，通过傅里叶变换可求得不同倒格矢对应的傅里叶系数$g_{m,n}$，进而确定不同分量的二阶有效非线性系数d_{eff}。但是，这种准周期极化结构由于序列排布形式为固定化，调节相应的结构参数只能使倒格矢的相对强度发生变化，并不能改变倒

格矢的频谱位置,所以这种方法只能工作在特定波长,相位补偿方面不能人为设定及控制。

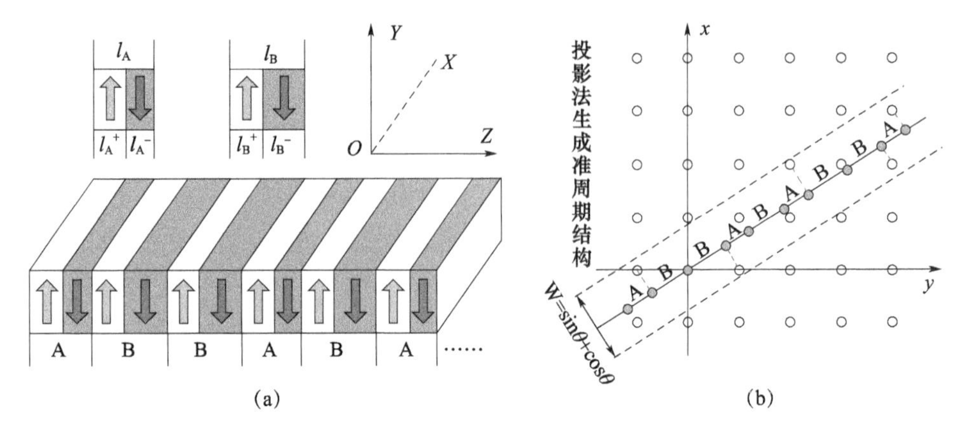

图 2.13 准周期极化结构及投影法生成准周期结构示意图

为了突破这种局限性,1985 年美国弗吉尼亚理工大学 Zia 提出了 Fibonacci 序列准周期结构投影理论[36],将低维准周期看作高维准周期在低维空间的投影结果,空间维数与准周期中的组元数为对应关系。对于提供双倒格矢的一维二组元准周期结构的 A、B 单元畴分布,可由二维四方点阵向某特定角度直线投影获得。如图 2.13 所示,图中定义直线与 y 轴夹角为投影角 θ,四方格子边长为单位长度,投影窗口宽度 $w=\sin\theta+\cos\theta$ 为原点处单元格子 x、y 轴顶点作特定直线投影线的长度之和,窗口范围内的点阵在特定直线上的投影点将会形成 A 和 B 两种间隔,对应基本单元畴中的 A 和 B,这些 A 和 B 的 Fibonacci 排列顺序,即为投影方式产生的准周期结构。定义 $\tau=\tan\theta$,显然,设定不同的 θ 值将呈现出不同的准周期结构。相应的倒格矢傅里叶系数为

$$\begin{cases} g_{m,n} = 2(1+\tau)\dfrac{l}{D}\mathrm{sinc}\dfrac{k_{m,n}l}{2}\mathrm{sinc}X_{m,n} \\ X_{m,n} = \pi D^{-1}(1+\tau)(ml_A - nl_B) \end{cases} \tag{2-40}$$

式中:τ、D 为可以自由设定的参数,所以这种方法可以提供两个完全独立的倒格矢。

针对非线性频率变换过程中需要补偿的两个相位失配量 Δk_1 和 Δk_2,通过设定较小的阶数求解如下方程组:

$$\begin{cases} \Delta k_1 = k_{m_1,n_1} = \dfrac{2\pi(m_1+n_1\tau)}{D} \\ \Delta k_2 = k_{m_2,n_2} = \dfrac{2\pi(m_2+n_2\tau)}{D} \\ D = \tau l_A + l_B \end{cases} \tag{2-41}$$

能够得到所需的参数 τ 和 D,具体的准周期结构参数也将随之确定。

在 MgO:QPLN 极化结构设计中,结构设计的关键主要包括以下几点。

(1)1.57μm、3.3μm 和 1.47μm、3.84μm 两对参量光相位失配量的确定;

(2)A、B 单元畴长选择的合理性;

(3)相应倒格矢傅里叶系数最大化。

针对拟定的设计目标,在整个多光参量振荡过程,存在两个相位失配:$\Delta k_{OPO1} = k_p - k_{i1} - k_{s1}$、$\Delta k_{OPO2} = k_p - k_{i2} - k_{s2}$。由 MgO:PPLN 的色散方程(2.29),晶体温度条件限定为室温 25℃,当泵浦波长为 1064nm 时,模拟得到不同参量光所对应的相位失配量,如图 2.14 所示,可以看出,1.57μm、3.3μm 参量光对应的相位失配量 $\Delta k_{OPO1} = 0.2041\mu m^{-1}$,1.47μm、3.84μm 参量光对应的相位失配量 $\Delta k_{OPO2} = 0.2135\mu m^{-1}$。按照正常的斐波拉契准周期结构,是无法同时提供这两组相位失配补偿的倒格矢,因此准周期极化结构设计理论,这种情况需采用设计自由度更为灵活的二组元投影法。

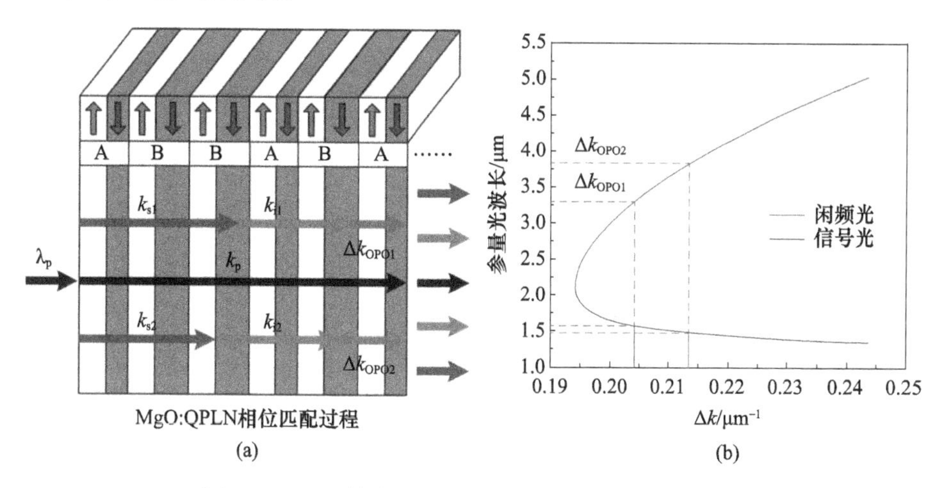

图 2.14 MgO 掺杂铌酸锂超晶格材料相位失配关系图

在二组元投影法中,应首先确定结构参数 τ 和 D,推导可得

$$\begin{aligned} \tau &= \frac{m_2\Delta k_1 - m_1\Delta k_2}{n_1\Delta k_2 - n_2\Delta k_1} \\ D &= 2\pi\frac{mn_2 - m_1n_1}{n_2\Delta k_1 - n_1\Delta k_2} \end{aligned} \tag{2-42}$$

通过对 m、n 顺次取不同值,由不同 m、n 得到的对应投影角正切值 τ,继续依据二组元投影理论,构建投影角为 atan(τ)的二组元准周期极化畴序列,其通项公式为

$$a_n = \begin{cases} A, f(n) \leqslant 1/\tau \\ B, f(n) > 1/\tau \end{cases} \tag{2-43}$$

$$f(n) = C_0 + \frac{n}{\tau} - \left[C_0 + \frac{n}{\tau} \right] \tag{2-44}$$

式中：$[x]$为对括号内数值取整，C_0为一常数，仅与极化结构傅里叶主峰的相位相关。

由于倒格矢对应着超晶格极化结构的傅里叶变换，同样超晶格极化结构也相当于倒格矢的傅里叶逆变换，根据这一原理，进行编程模拟，对比不同τ值所形成的相位失配量与傅里叶系数关系曲线，以傅里叶系数最大化作为参考标准，兼顾考虑反转畴尺寸设定的合理性，优化选取(1,1)倒格矢匹配1.57μm、3.3μm参量光振荡过程，(5,6)倒格矢匹配1.47μm、3.84μm参量光振荡过程，即$m_1=1$、$n_1=1$、$m_2=5$、$n_2=6$。相应单元正畴长度$l=9\mu m$，单元负畴长度$l_A^-=21\mu m$、$l_B^-=22.98\mu m$，极化结构分布形式及其傅里叶变换如图2.15所示。

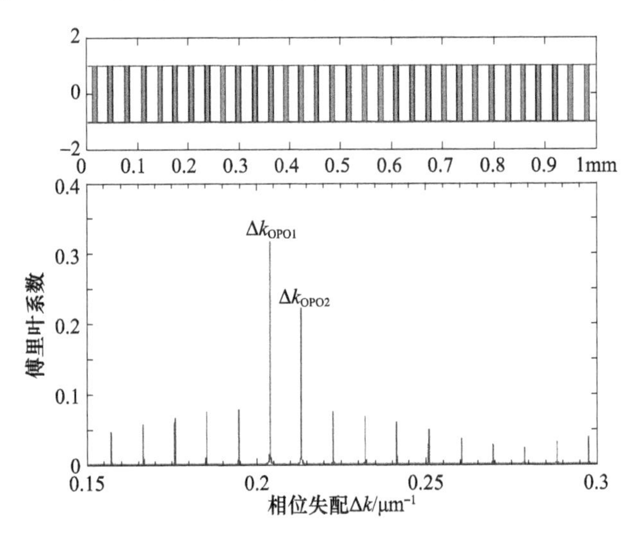

图2.15 极化结构分布形式及其傅里叶变换

经过对优化后MgO:QPLN极化结构的傅里叶变换，由图2.14可知，两个相位失配补偿Δk对应的傅里叶系数分别达到了0.32和0.22，这说明该极化结构能够提供1.57μm、3.3μm和1.47μm、3.84μm两对参量光以有效的倒格矢，但相较周期极化结构所能达到的最大傅里叶系数$2/\pi=0.63$还有一定差距。

2.3.2 模拟退火极化结构设计

虽然准周期极化结构在一定程度上解决了多倒格矢形成难题，但由于此结构只以两种不同晶畴长度比组合形式取代单一周期性排列，难以同时提供两个以上的倒格矢,再加上所输出的参量光间相对转换效率比例很难通过结构参数的改变进行调控,并且其正负晶畴排列关系与是否为 Fibonacci 序列形态息息相关,所以制备过程中的误差极易造成设计差异,这些问题使得准周期极化结构的设计仍需进一步完善。1999 年,中国科学院物理研究所顾本源课题组首次提出了非周期极化结构设计概念[37],根据频谱需求,合理设定一最小极化单元畴宽度,并以此宽度对超晶格材料进行分割,每个单元畴的极化方向排列规则不受限于周期性或准周期性正负交替,符号连续相同的单元畴组成一个正畴或负畴,有效非线性系数由于畴长度的不均匀而在空间上受到非周期的调制,这种结构突破了周期性限制,在保持高转换效率的条件下可以灵活的提供与方案相匹配的多个倒格矢。

由多重准相位匹配理论来分析,以多光参量振荡器为例,晶畴极化方向经优化后,不同输出参量光的相位失配补偿可以在有限晶体长度内得以妥善分配,使得对应的多个非线性频率变换过程在超晶格非周期极化结构中皆满足相位匹配条件,即多个所需参量光强度会随超晶格长度不断增长,达到多波长参量光输出的目的,如图 2.3 所示。也就是说,根据设想好的参量变频过程设计超晶格材料的非周期极化结构转化为优化设计每个单元畴区域的极化方向。

在非周期极化结构优化过程中,转换效率是衡量优化效果的主要标准,由于非周期正、负晶畴分布无特定规律,所以计算转换效率时无法用类比周期极化结构的通解方法来求得。因此,在分析不同非周期极化结构性能优劣时,需将每个单元晶畴效率依序计算,再通过迭代确定最终的转换效率,即先进行第 $n-1$ 个晶畴区域的分析与计算,以泵浦光经过该晶畴后的输出解作为第 n 个晶畴的初始条件,再接着计算经过第 n 个晶畴的输出解,这个解作为第 $n+1$ 个晶畴的初始条件,以此类推,如图 2.16 所示,Δz 为单元晶畴宽度。

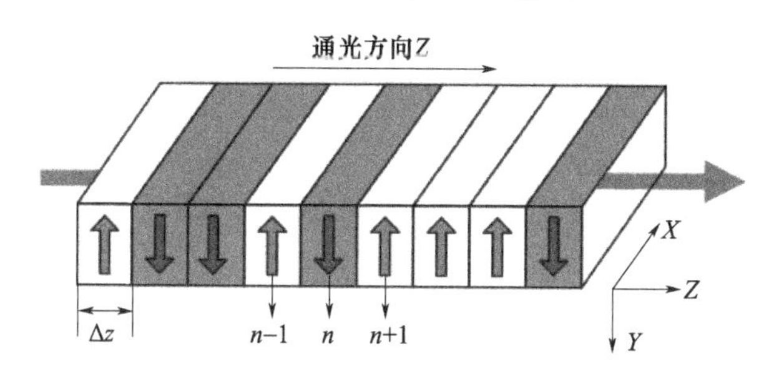

图 2.16 非周期极化结构示意图

与准周期极化结构设计相比,非周期极化结构在设计方面拥有更宽松的自由度,但随之而来的是优化计算难度的加大。通常超晶格材料极化晶畴的长度处在微米量级,整体长度处在厘米量级,所以单元晶畴的数量在数千个以上,由于每个单元晶畴的极化方向均有正、负两种选择,因此非周期极化结构的组合形式有 2 的数千次幂种,在这些组合中对每一种组合进行比较和评估,即对所有个体解进行全域地毯式搜索来找寻最优解,显然这种优化方法计算量极大,并且很难短时间内实现。处理这类问题时,需要我们引入相应的优化算法,形成对极化畴分布筛选精确、快速的处理能力。在基因遗传算法、粒子群算法、模拟退火算法等众多优化算法中,模拟退火算法以其运算效率高、原理简单易行的突出特点一直被超晶格非周期极化结构设计广为采用。

模拟退火算法(Simulated Annealing,SA)是一种基于模特卡罗迭代的随机寻优算法,最早由 N. Metropolis 等人于 1953 年提出的[38],1983 年 S. Kirkpatrick 等人成功将该算法思想引入到组合优化领域[39]。算法基本思想源于固体材料的退火原理,将具有微观缺陷的固体材料放置于高温环境中,使得材料内部原子获得足够的动能来产生剧烈运动,促使其晶格结构产生随机排列,当把温度缓慢降下来时,各原子的热运动范围逐渐受限,趋向于以各自最小位能状态有序排列,并在低温条件下达到平衡,形成新的紧密排列的晶格结构,进而弥补晶格的缺陷部分。一般优化问题的求解与上述“退火过程”类似,以非周期极化结构优化为例,每一种极化畴组合形式代表一个解,相当于退火过程中不同温度导致的不同晶格排布,这些解带入目标函数中进行计算,所求得的不同结果与设计目标对比,差值越小说明越接近于最优化目标,也即退火最终形成的低温平衡态。在这个过程中,类似环境初始温度、最终温度、降温速率等参数的设置与结果的收敛性和是否能跳出局部最优化束缚密切相关。

模拟退火算法的基本计算流程如下。

(1)设定目标函数为 $f(x)$,初始位置和初始温度分别为 x_0 和 T_0,对应的目标函数值为 $f(x_0)$。

(2)在解空间产生一个位置随温度变化的扰动 Δx,则新位置 $x' = x + \Delta x$,对应目标函数值 $f(x')$,与温度变化前的位置相对差值为 $\Delta f = f(x') - f(x)$。

(3)若 $\Delta f \leqslant 0$,表示经过此次扰动后趋向于最佳解,则接受这个位置为新的初始点,若 $\Delta f > 0$,以指数概率的形式决定这个解是否继续使用,概率 ρ 表达式为

$$\rho = \begin{cases} \exp(-\Delta f / T), & \Delta f > 0 \\ 1, & \Delta f \leqslant 0 \end{cases} \tag{2-45}$$

当 $\exp(-\Delta f) > r$,r 为 0 ~ 1 区间均匀分布的随机数,则接受这个位置,否则仍以之前的位置作为下次模拟初始点。这里引入的概率函数主要起到使退火过程跳出区域最佳解局限,逼近全域最佳解。

按照以上步骤,每降低一次温度,重复进行一次,最终从大量随机重复中逐渐逼近需要的目标函数,进而完成整个优化过程。

首先，按照模拟退火算法设定初始温度、降温速率以及降温次数，这些参数决定了整体的计算精度和计算速度，同时进行 MgO:APLN 晶畴结构相关参数的设定，如参量光波长、相位匹配温度（T_{pm}）、相干长度（l_c）、最小晶畴宽度（Δz）等。

然后在解空间中任意选取一个个体解作为初始值，即任意一种极化畴分布，本书选用单元晶畴极化方向皆为负向的个体解作为初始条件进行优化。

接着根据式(2.25)计算不同参量光波长对应的转换效率（η），每经过一个最小晶畴宽度 Δz 就代入效率函数中进行一次迭代运算，并将获得结果输入至目标函数中进行评估，利用设定目标值与实时效率值作差，这个值越小说明晶畴排列越接近最佳化。

最后，对初始解进行“扰动”，依序将 MgO:APLN 超晶格中每个晶畴方向作反转，每进行一次，即计算一次该种排列情况下的目标函数，并将所得到的目标函数值与扰动反转前作对比，以此判断正、负晶畴分布形式的优劣。这里定义扰动前后目标函数差值为 C_p，并与此时环境温度 $T\times T_{re}(j-1)$ 配合概率函数 ρ 评估其优化概率，作为这个扰动但未形成优化解是否被接受的依据。判定方式主要有以下 3 种。

(1) 若经过扰动后，系统能量降低，即目标函数变小，也就是说超晶格材料得到了优化，则接受这次极化反转，这个扰动后形成的正、负晶畴分布取代原有分布形式，然后再继续反转下一个晶畴，以此类推。

(2) 若扰动后个体解较差，其概率函数值 $\rho>\exp(-C_p/T)$，则放弃此次扰动，将晶畴恢复至反转前分布形式，然后再进行下一个晶畴的反转与计算，以此类推。

(3) 若扰动后未形成优化，但概率函数值 $\rho<\exp(-C_p/T)$，则仍保留这个晶畴分布形式，这一点也是为了提高全域最佳解的期望值，使这个演化过程趋向于收敛。

按照上述程序，将所有晶畴个数进行反转后，可以得到一种非周期正、负畴分布，将这个解作为降温后下一个过程的初始解，再从第一个晶畴开始重新进行上述演化过程，周而复始，直到晶畴排布不再因扰动而发生变化，此时得到的极化畴非周期分布形式即为最优化。

上述设计思路形成后，除需要转化为程序语言外，还要对算法流程及参数选择进行检验，避免优化大方向错误，致使设计结果严重偏离预期目标。采用的方案是以周期极化形式的 MgO:PPLN 作为验证范例，MgO:PPLN 的泵浦波长、环境温度等参数设置与 MgO:APLN 保持一致，选取极化周期为 30.5μm，对应补偿 Δk_{OPO1}，相应在算法中最小晶畴宽度为 15.25μm。按照这个设定，代入程序经过模拟之后，若程序算法、目标函数设定及相关参数选取正确，其最佳正、负晶畴分布应与周期 30.5μm 的极化结构相吻合，若反之，则说明算法、程序或参数选取方面有错误，需要进行修改直至检验正确。MgO:PPLN 的优化结果如图 2.17(a)所示，图中 MgO:PPLN 优化后的正、负畴分布为周期性排列，周期长度与理论值基本相符，经过对该极化结构的傅里叶变换，对应的相位失配补偿 Δk 为 $0.2041\mu m^{-1}$，并且只有这一支强峰，符合设计目标。除此以外，傅里叶系数随单元晶畴数量增加，也即 MgO:PPLN 作用长度的变化关系如图 2.17(b)所示，傅里叶系数随着泵浦光每经过一个单元畴而单调增长，作为衡量转换效率的主要依据。这说明每个晶畴都能够提供给参量光有效的能量转换，符合预期最优化的判定要求，并且这一演化形式可作为晶畴极化结构是否最优化的判定参考。

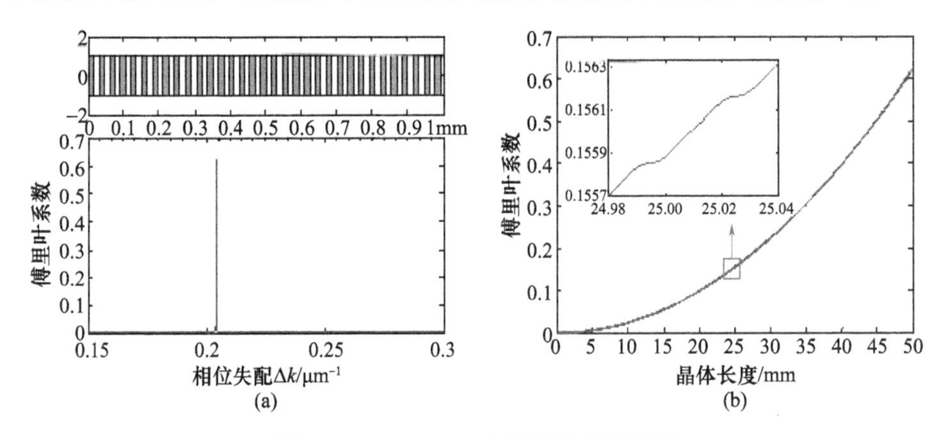

图 2.17　MgO:PPLN 极化结构优化结果

(a)极化结构及其傅里叶变换；(b)傅里叶系数与作用长度之间的关系。

根据非周期极化结构形式，需要合理设定 MgO:APLN 的最小单元晶畴宽度(Δz)，在超晶格材料固定长度情况下，最小单元晶畴宽度决定了晶体可供极化反转的晶畴数量。理论层面，单元晶畴宽度通常越小越好，这样排列出的正、负晶畴分布将会更接近理想目标。但是，由于电场极化制备技术方面的限制，若超晶格单元晶畴宽度小于 4.5μm，在制作工艺上就很难把控了，因此本书将 MgO:APLN 的最小单元晶畴宽度选取范围控制在 5～15μm 之间，晶体总长固定为 5cm，可供极化反转的晶畴个数最多为 10000 个。这个单元畴宽选取范围的设定除了为更好满足制备要求外，由于 1.57μm、3.3μm 和 1.47μm、3.84μm 两对参量光对应的极化周期均在 30μm 附近，相应的单元畴宽度约为 15μm，拟定的畴宽范围除了覆盖到 15μm，还包含有与 15μm 成倍数关系的畴宽取值，更容易排列出符合设计目标的极化结构，也是选取这个范围一个重要原因。

目标函数作为 MgO:APLN 极化结构评估的主要依据，设定为

$$ob = \sum_{i=1}^{M}[\omega_i(\lambda_i) \times |\xi_i(\lambda_i) - \xi_{\text{eff}}(\lambda_i)|] + \beta \times \{\max[\xi_{\text{eff}}] - \min[\xi_{\text{eff}}]\} \quad (2-46)$$

式中：M 为输出参量光数量；$\xi_i(\lambda_i)$ 为各参量光转换效率所设定的目标值；$\xi_{\text{eff}}(\lambda_i)$ 为各参量光对应此结构所计算得到的转换效率；ω_i 为各参量光转换效率的权重，主要用来决定各参量光转换效率的相对大小，判断该正、负晶畴分布结构对不同波长参量光转换效率的影响程度；第二项中 $\max[\xi_{\text{eff}}]$ 和 $\min[\xi_{\text{eff}}]$ 为对应转换效率的最大与最小值；β 为效率比例权重。

整体来看，前项作用在于将目标参量光的效率优化，通常 $\xi_i(\lambda_i)$ 设为 1，从优化后差值越大说明效率越高，后项作用则在于调整目标各参量光效率比例。这里权重值的权衡设定，是左右参量光转换效率和各波段参量光能量比例的关键所在，既要保证整体的高转换效率，又要兼顾多波长参量光间能量的合理分配。

针对拟定的设计目标，采用上述模拟退火算法优化 MgO：APLN 的极化结构。根据已确定的两个相位失配量 Δk_{OPO1} 和 Δk_{OPO2}，以式(2.34)作为目标函数并结合式(2.25)～式(2.27)，首先通过模拟不同权重条件下的最优化正、负晶畴分布及相应的傅里叶变换，进而确定合理的权重值，这里为使模拟过程简化，将最小单元晶畴长度预设为 10μm，相位匹配温度设定在小于 25℃，权重 ω_{OPO1} 和 β 固定为 1，改变权重 ω_{OPO2} 的取值，对该权重条件下极化结构进行优化，并将优化后的结构参数转化为相应的傅里叶变换，由傅里叶系数的大小判定权重值拟定的合理性，模拟结果如图 2.18 所示。

图 2.18(a)、(b)、(c)分别对应权重 ω_{OPO2} 取 0.8、1.1、1.2 时最优化正、负畴分布的傅里叶变换，由这 3 种典型权重条件下的傅里叶变换结果可知，不同的权重取值所反映出的倒格矢分布差异性较大。当 ω_{OPO2} 取值 0.8 和 1.2 时，由于能量分配的严重失衡，只能形成一对参量光的倒格矢，而当 ω_{OPO2} 取值 1.1 时，两对参量光的能量分配比例达到均衡，能够提供相应的两个倒格矢，这表明，合理的权重赋值对于形成有效的多倒格矢十分重要。图 2.18(d)为模拟得到的不同 ω_{OPO2} 权重值条件下两对参量光最大傅里叶系数变化情况，由图中的数据点拟合曲线可以看出，当权重 ω_{OPO2} 赋值小于 0.8 时，仅能对 Δk_{OPO1} 实现相位补偿，当权重 ω_{OPO2} 赋值大于 0.8 后，可以同时满足 Δk_{OPO1} 与 Δk_{OPO2} 的相位补偿，但此时权重 ω_{OPO2} 处于敏感区，不同的赋值都会带来两对参量光能量配比的明显变化。若想实现两对参量光能量分配近似等比例，权重 ω_{OPO2} 的赋值需控制在 1.1 附近。由于权重选值过程中采用的最小单元晶畴模拟条件为 10μm，因此在确定最佳权重值后，就不同最小单元晶畴宽度所带来的极化结构和相应傅里叶系数的变化进行了模拟研究，模拟结果如图 2.19 所示。

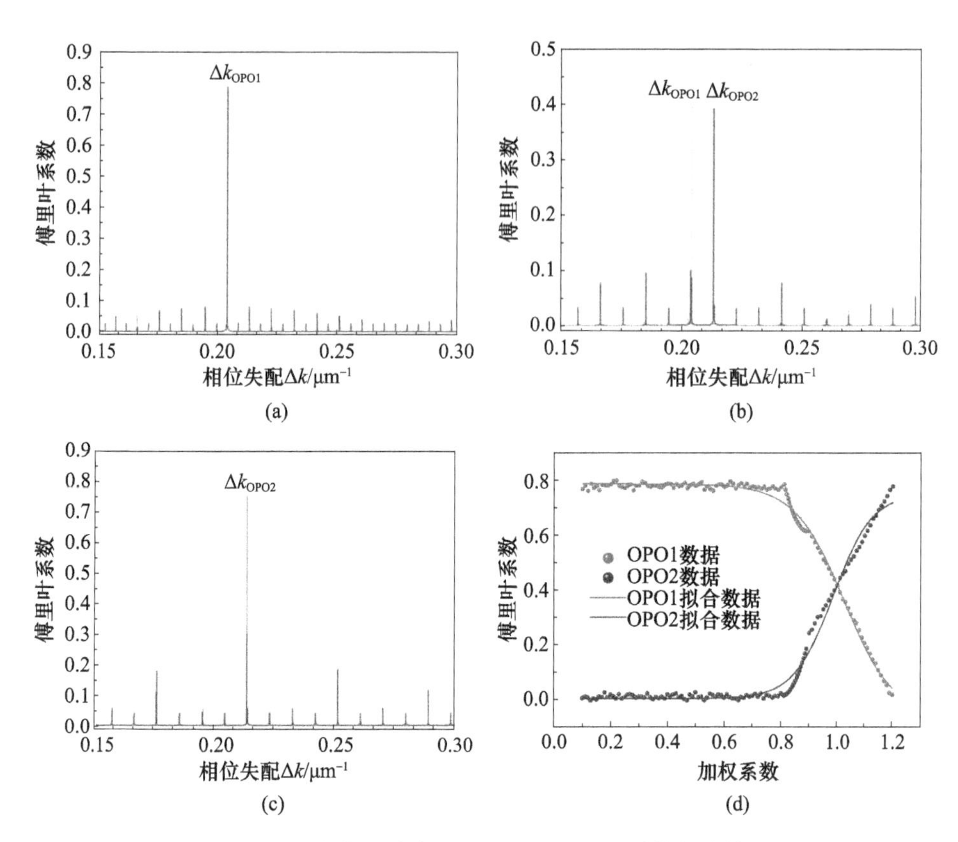

图 2.18　不同权重条件下 MgO:APLN 极化结构优化结果

(a)权重 ω_{OPO2} = 0.8；(b)权重 ω_{OPO2} = 1.1；(c)权重 ω_{OPO2} = 1.2；

(d)不同权重 ω_{OPO2} 与傅里叶系数之间的关系。

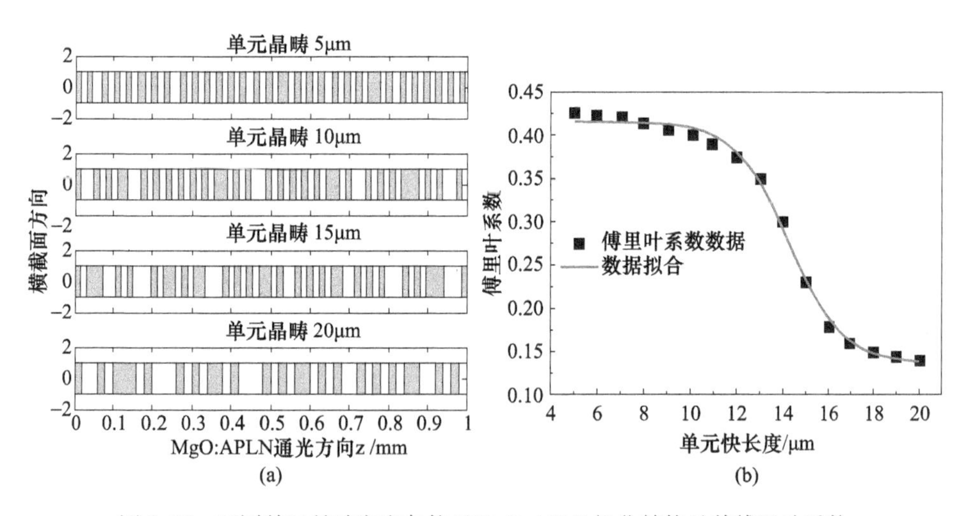

图 2.19　不同单元晶畴宽度条件下 MgO:APLN 极化结构及其傅里叶系数

从图2.19中可以看出，傅里叶系数峰峰值随最小单元晶畴宽度的增加逐渐减小。同时，由不同最小单元晶畴宽度对应的极化结构图示可知，较小的单元晶畴使得优化后正、负畴分布变得更加密集，正畴或负畴的宽度也相对较小，从制备的角度来讲，这并不利于晶畴加工精度的控制，因此优化过程一味追求过小单元晶畴所带来的高效率并不可取，应兼顾考虑MgO:APLN的正、负畴分布情况。

通过比对MgO:APLN最小单元畴宽为5～15μm的傅里叶系数及其极化结构，5μm的单元畴宽尽管比较小，但优化后最小晶畴宽度增至15μm，如图2.20(a)所示，能够很好地满足加工需要。由图2.20(a)中该极化结构的傅里叶变换可知，两个相位失配补偿Δk对应的傅里叶系数分别达到了0.42和0.41，相较准周期极化结构的MgO:QPLN有明显提升，并且基本保证了两对参量光的等效运转，这也是与准周期极化结构最大的区别。图2.20(b)给出了傅里叶系数随MgO:APLN作用长度的变化关系，两对参量光的傅里叶系数随着泵浦光每经过一个晶畴持续增长，这说明每个晶畴都能够同时提供给这两对参量光有效的能量转换，达到了最优化要求和预期的设计目标。

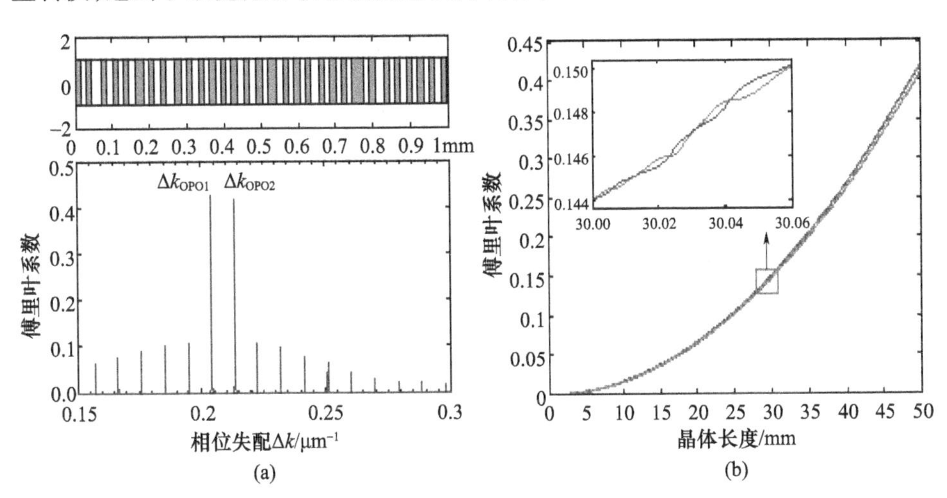

图2.20 MgO:APLN极化结构优化结果

(a)极化结构及其傅里叶变化；(b)傅里叶系数与作用长度之间的关系。

实验方面，以上述MgO:QPLN和MgO:APLN极化结构的最优化结果为指导，在单块MgO:SLN为基质的超晶格材料中制备两个极化通道，分别对应准周期和非周期极化结构，理论结构如图2.21(a)所示，采用Leica DMI5000M型号金相显微镜对制备成型的MgO:QPLN/APLN的极化结构进行观测，极化结构微观图片如图2.21(b)所示。

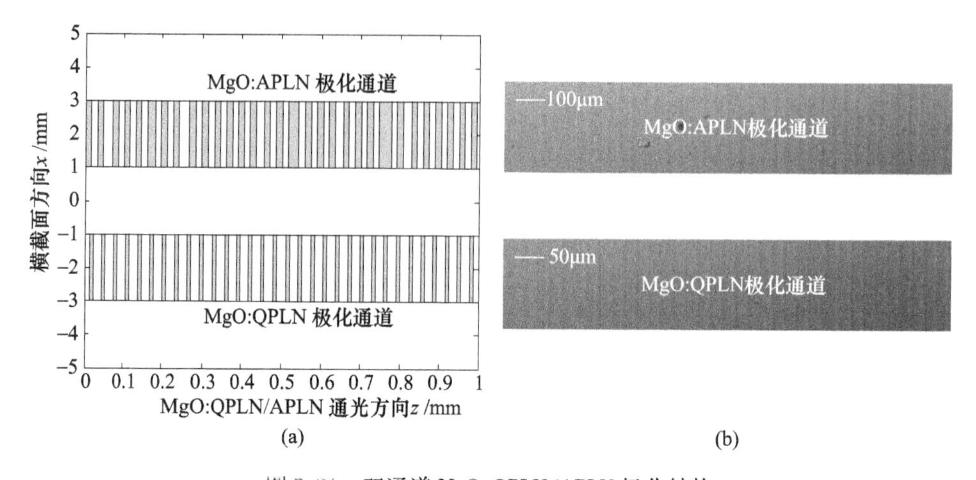

图 2.21 双通道 MgO:QPLN/APLN 极化结构

(a) MgO:QPLN/APLN 理论极化结构;(b) 制备成型的 MgO:QPLN/APLN 极化通道。

2.3.3 傅里叶逆变换极化结构设计

傅里叶逆变换极化结构设计 MgO:APLN 非周期极化结构过程如下:晶体极化结构的傅里叶级数表达式为[40]

$$d(z) = \sum_{p=-\infty}^{+\infty} D_{\mathrm{p}} \exp(\mathrm{i}2\pi pz/\Lambda) \tag{2-47}$$

式中:D_{p} 为各阶准相位匹配过程的傅里叶系数。

式(2-47)还可以利用傅里叶变换表示:

$$d(z) = \frac{l_{\mathrm{c}}}{2\pi}\int_{-\infty}^{+\infty} D(\Delta k)\exp(\mathrm{i}\Delta kz)\mathrm{d}(\Delta k) \tag{2-48}$$

式中:倒格矢 $D(\Delta k)$ 可以表示为

$$D(\Delta k) = \frac{1}{l_{\mathrm{c}}}\int_{0}^{l_c} d(z)\exp(-\mathrm{i}\Delta kz)\mathrm{d}z \tag{2-49}$$

由式(2 36)和式(2-37)可知,倒格矢与晶体极化结构之间存在傅里叶变换关系,即晶体极化结构经傅里叶变换得到对应的倒格矢,同时倒格矢经傅里叶逆变换也可得到晶体的极化结构。

假设超晶格晶体能补偿 N 个相位失配量。D_j 表示第 j 个倒格矢,$2\Delta D_j$ 表示第 j 个倒格矢的相位失配量宽度,其中 j 取 1,2,…N。超晶格晶体所能补偿的所有相位失配量可用矩形函数 $H_j(\Delta k)$ 表示[47],即

$$H_j(\Delta k) = \begin{cases} 1, & D_j - \Delta D_j < \Delta k < D_j + \Delta D_j \\ 0, & \text{他值} \end{cases} \tag{2-50}$$

因此,超晶格晶体的倒格矢 $D(\Delta k)$ 可以表示为

$$D(\Delta k) = \sum_{j=1}^{N} (a_j(H_j(\Delta k) + H_j(-\Delta k)) + ib_j(H_j(\Delta k) - H_j(-\Delta k))) \quad (2-51)$$

式中:a_j 与 b_j 为相应的权重。

傅里叶逆变换获得晶体的极化结构函数 $d(z)$,可表示为

$$\begin{aligned} d(z) &= \frac{1}{2\pi}\sum_{j=1}^{N}\int_{-\infty}^{\infty}(a_j(H_j(\Delta k) + H_j(-\Delta k)) + ib_j(H_j(\Delta k) - H_j(-\Delta k)))e^{i\Delta kz}\mathrm{d}(\Delta k) \\ &= \frac{1}{\pi}\sum_{j=1}^{N}\int_{0}^{\infty}(a_j\cos(\Delta kz) - b_j\sin(\Delta kz))H_j(\Delta k)\mathrm{d}(\Delta k) \\ &= \sum_{j=1}^{N}\frac{2\sin(\Delta G_j z)}{\pi z}(a_j\cos(G_j z) - b_j\sin(G_j z)) \quad (2-52) \\ &= \sum_{j=1}^{N}\frac{2\sin(\Delta G_j z)}{\pi z}w_j\cos(G_j x + \Phi_j) \end{aligned}$$

式中:$w_j = (a_j^2 + b_j^2)^{1/2}$;$\cos\phi_j = a_j/w_j$;$\sin\phi_j = b_j/w_j$。

对式(2-52)进行归一化、符号化处理后,可得

$$d(z) = \mathrm{sign}\left[\sum_{j=1}^{N}\frac{\sin(\Delta D_j z)}{z}w_j\cos(D_j x + \Phi_j)\right] \quad (2-53)$$

式中:sign 表示符号函数,数值大于0,返回值为1;数值小于0,返回值为-1。

当 $\Delta D_j = 2\pi/L$,$z = \pm L/2$ 时,sinc 函数取值为1,式(2-53)可化简为

$$d(z) = \mathrm{sign}\left[\sum_{j=1}^{N}w_j\cos(D_j x + \Phi_j)\right] \quad (2-54)$$

因为相位失配量可以用极化周期表示 $\Lambda_j = 2\pi \cdot m/D_j$,其中 m 为准相位匹配阶数。一阶准相位匹配下,引入啁啾后,极化结构函数 $d(z)$ 可以改写为

$$d(z) = \mathrm{sign}\left\{\sum_{j=1}^{N}A_j \cdot \cos\left[\left(\frac{2\pi}{\Lambda_j} + C_j \cdot z\right)\cdot z\right]\right\} \quad (2-55)$$

式中:A_j 为参量光的相对强度;C_j 为啁啾量。

$d(z)$ 为1时,对应晶体的正畴;$d(z)$ 为-1,对应晶体的负畴。

很显然,式(2-55)表达的晶体结构内部可以设置多个倒格矢,能够实现多光参量同时振荡输出。并且,调整 A_j 的数值,可对倒格矢强度进行调节,实现对多组参量振荡过程的有效调控。优化选取合适的 C_j 实现啁啾结构,致使非周期极化结构晶体内部形成连续的倒格矢,实现输出参量光连续调谐。

准相位匹配理论为 MgO:APLN 极化结构设计提供了理论依据。在极化结构设计过程中要充分地考虑晶体相位失配量的补偿能力和有效非线性系数。前者影响输出参量光波长的选取;后者直接决定参量振荡的转换效率。在非周期极化超晶格结构设计中,衡量设计优劣的主要技术指标包括以下3点。

(1)极化结构是否能够准确提供多个倒格矢,补偿多组参量光的相位失配量。

(2)正负晶畴长度选取的合理性,过小的晶畴长度不利于晶体的加工与制造。

(3)确保倒格矢傅里叶系数最大,以期获得最大的有效非线性系数。

大气主要污染物 NO、NO_2、SO_2、CO_2 的吸收峰为 2.67μm、3.30μm、3.84μm、4.23μm。差分吸收激光雷达(DIAL)中,利用上述波长激光可对有害成分进行种类甄别以及浓度标定。本节围绕上述 4 个波长开展 MgO:APLN 极化结构设计,实现双光、三光、四光参量振荡。

1. 双光参量振荡 MgO:APLN 非周期极化结构设计

首先设计一种包含两个倒格矢的超晶格 MgO:APLN 晶体,实现两组参量光输出:1.57μm、3.30μm 和 1.47μm、3.84μm。根据 MgO:$LiNbO_3$ 晶体的 Sellmeier 方程,晶体工作温度为 25℃时,参量光 1.57μm、3.30μm 所对应的相位失配量 Δk_1 为 0.2041μm^{-1},1.47μm、3.84μm 所对应的相位失配量 Δk_2 为 0.2138μm^{-1}。在一阶准相位匹配条件下,两个参量振荡过程的对应极化周期分别为 29.39μm 和 30.79μm。为准确设计双光参量振荡极化结构,还需要确定两个倒格矢的相对强度 A_1 和 A_2,晶体的长度 L,以及晶体的啁啾参数 C_1 和 C_2。

1)无啁啾结构

无啁啾结构下,参数 C_1 和 C_2 的取值为 0。优化 MgO:APLN 晶体极化结构的目的就是寻找最佳的相对强度 A_1、A_2 和晶体长度 L 的组合。采取逐一考量每个参数的方法对 MgO:APLN 晶体极化结构进行优化。3 个参数(相对强度 A_1、A_2,晶体的长度 L)先后被优化,最终得到晶体极化结构即为所求的最佳结构。

首先,设定相对强度 A_2 和晶体长度 L 为恒定值。相对强度 A_2 设为 1,晶体长度 L 设为 40mm。根据式(2-43),不同相对强度 A_1 下,晶体的极化结构以及傅里叶变换所得到的傅里叶系数如图 2.22 所示。

图 2.22(a)为晶体的极化结构。相对强度 A_1 为 0.2 和 2.5 时,晶体的极化结构更接近于周期极化结构。在相同的长度下,A_1 取 2.5 所对应的极化结构中晶畴反转次数大于 A_1 取 0.2 的次数。A_1 等于 1 时,晶畴宽度发生明显变化,其中最短的晶畴宽度为 8μm,远大于制备设备的极限宽度。因此,该种极化结构可以被精准地制造出来。如图 2.22(b)~(d)所示,相对强度 A_1 分别取 0.2、1 和 2.5 时,晶体的极化结构都能对两个相位失配量 0.2041μm^{-1}和 0.2138μm^{-1}进行补偿,实现两组参量光同时振荡。图 2.22(b)为相对强度 A_1 等于 0.2 时极化结构的傅里叶系数。两个倒格矢的傅里叶系数分别为 0.05 和 0.48。相对强度 A_1 等于 1 时,两个倒格矢的傅里叶系数分别为 0.30 和 0.31,如图 2.22(c)所示;相对强度 A_1 等于 2.5 时,两个倒格矢的傅里叶系数为 0.46 和 0.10,如图 2.22(d)所示。为进一步研究相对强度对倒格矢傅里叶系数的影响,模拟获得倒格矢傅

里叶系数随相对强度的变化曲线。图 2.23(a)是假设相对强度 $A_2=1$ 时的傅里叶系数曲线;图 2.23(b)是假设相对强度 $A_1=1$ 时的傅里叶系数曲线。

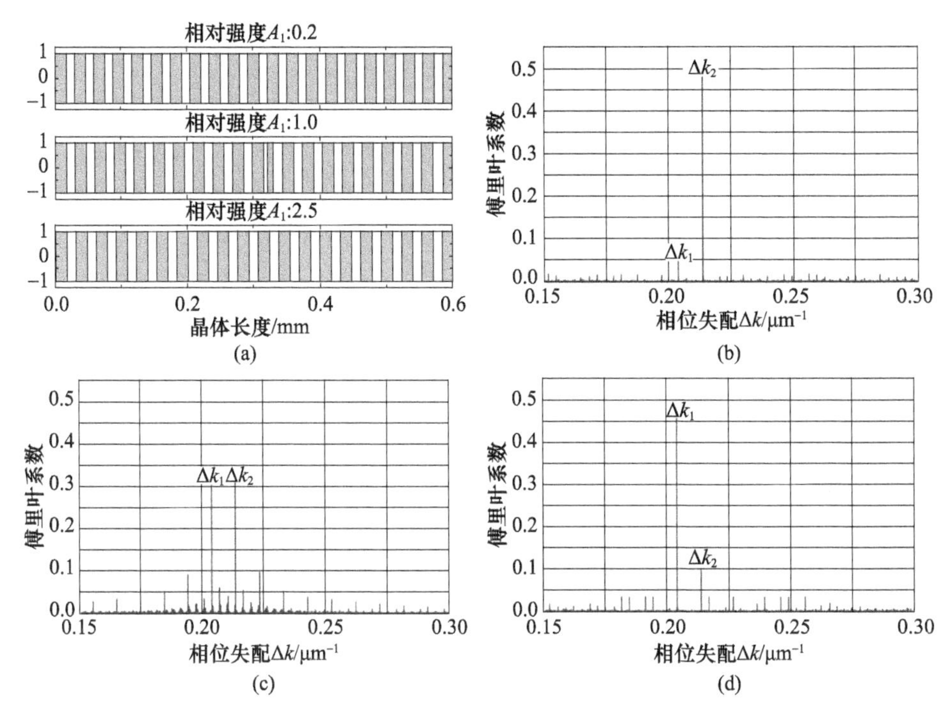

图 2.22 双光参量振荡 MgO:APLN 晶体极化结构及傅里叶系数

(a)晶体极化结构;(b)A_1:0.2;(c)A_1:1.0;(d)A_1:2.5。

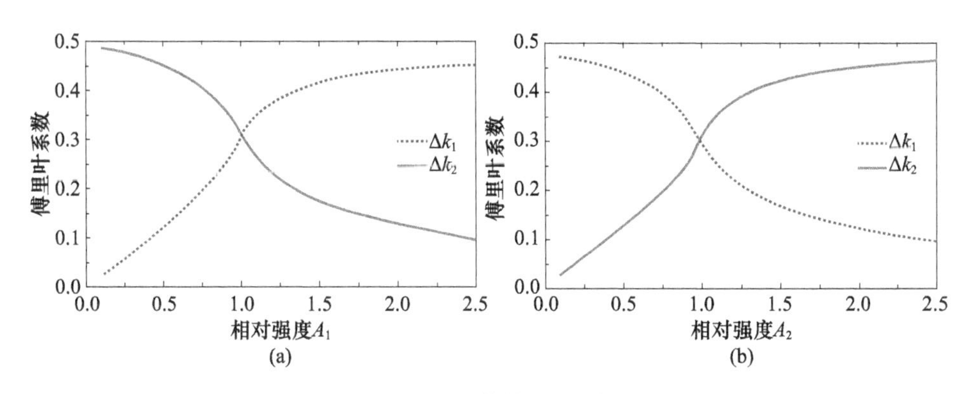

图 2.23 MgO:APLN 晶体傅里叶系数与相对强度

(a)相对强度 A_1;(b)相对强度 A_2。

如图 2.23(a)所示,倒格矢 Δk_1 的傅里叶系数随相对强度 A_1 的增加而增长,同时倒格矢 Δk_2 的傅里叶系数随相对强度 A_1 的增加而递减,这表明在多个倒格矢中,相对强度越高,倒格矢所占的比重就越大,相应的傅里叶系数也越高。同理,如图 2.23(b)所示,倒格矢 Δk_1 的傅里叶系数随相对强度 A_2 的增加而递减,倒格矢 Δk_2 的傅里叶系数随相对强度 A_2 的增加而增长。两个倒格矢傅里叶系数存在交点。当相对强度 A_1 取 1.03、相对强度 A_2 取 1 时,两个倒格矢傅里叶系数相交。

为保证两组参量振荡过程获得相同的增益,在相对强度选取上要保证两个倒格矢傅里叶系数相同,因此,设定相对强度 A_1 为 1.03、相对强度 A_2 为 1。在此基础上,进一步研究晶体长度 L 对傅里叶系数的影响。倒格矢傅里叶系数随晶体长度的变化情况如图 2.24 所示,由图可知,倒格矢 Δk_1 和 Δk_2 的傅里叶系数随晶体长度呈线性增长状态,这说明每个晶畴都能够同时为两组参量光提供有效的增益。当晶体长度超过 35mm 后,两个傅里叶系数存在很小的差值。在实际光参量运转过程中,可以忽略这个差值引起的增益偏差。当晶体长度达到 50mm 时,倒格矢 Δk_1 和 Δk_2 的傅里叶系数达到最大值,分别为 0.39 和 0.40。综合考虑晶体的制造成本与极化工艺的难易程度,最终确定晶体的长度为 50mm。

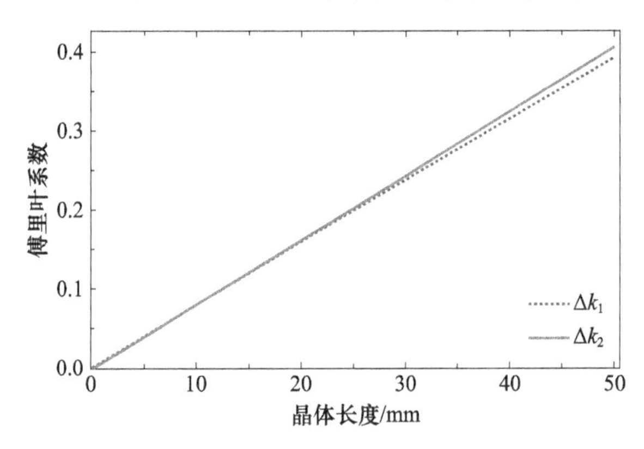

图 2.24　MgO:APLN 晶体傅里叶系数与晶体长度的关系

2)啁啾结构

前文在确保晶体能够补偿两个特定相位失配量的前提下,通过分析正负晶畴长度合理性和对比倒格矢傅里叶系数,确定倒格矢相对强度和晶体长度。本节进一步研究啁啾对 MgO:APLN 晶体的影响。MgO:APLN 晶体的基本结构与前文相同,即相对强度 A_1 为 1.03、相对强度 A_2 为 1、晶体的长度为 50mm。假定在倒格矢 Δk_2 上引入啁啾,这就要求倒格矢 Δk_2 对应的啁啾系数 C_2 不再为 0。为研究啁啾对 MgO:APLN 晶体的影响,模拟不同啁啾系数下傅里叶系数的变化曲线,如图 2.25 所示。

图 2.25(a)为无啁啾情况下,即 C_2 为 0 时,两个倒格矢 Δk_1 和 Δk_2 的傅里叶系数,分别达到 0.39 和 0.40。图 2.25(b)~(d)为倒格矢 Δk_2 包含啁啾,即 C_2 取 0.005、0.02 和 0.05 时两个倒格矢的傅里叶系数。对比无啁啾和有啁啾情况,倒格矢 Δk_1 的傅里叶系数未发生改变,表明倒格矢 Δk_2 的啁啾对倒格矢 Δk_1 无

影响。相较于无啁啾结构,增加啁啾后,倒格矢的傅里叶系数明显下降,同时倒格矢的宽度显著增加。分析3种啁啾结构的倒格矢发现,倒格矢的傅里叶系数随啁啾系数 C_2 取值增加而减小,同时倒格矢的宽度随啁啾系数 C_2 取值增加而增大。虽然通过增加啁啾,可扩展倒格矢的宽度,实现大范围的准相位匹配,但较低的傅里叶系数降低了该组参量振荡的转换效率。因此,无啁啾结构的极化结构更适合明确输出波长、无需波长调谐的多光参量振荡过程。

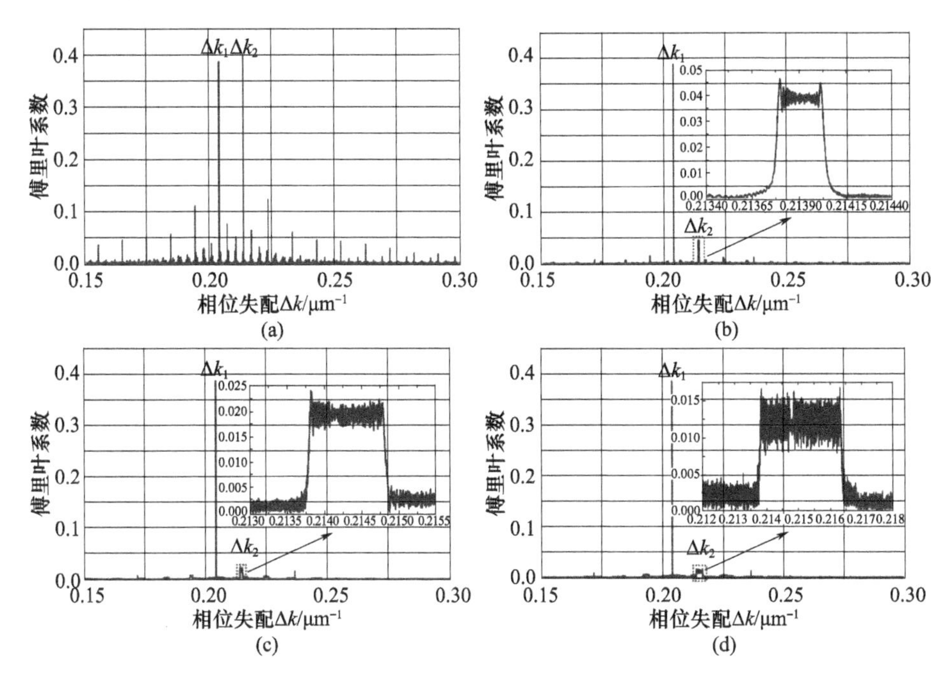

图 2.25 MgO:APLN 晶体傅里叶系数与啁啾系数

(a) C_2:0;(b) C_2:0.005;(c) C_2:0.02;(d) C_2:0.05。

2. 三光参量振荡 MgO:APLN 非周期极化结构设计

前文中,MgO:APLN 晶体内部设置了两个倒格矢,补偿两个相位失配量,实现两组参量光同时振荡。在此基础上,MgO:APLN 晶体再增加一个倒格矢,实现三组参量光(1.76μm、2.67μm,1.57μm、3.30μm 和 1.47μm、3.84μm)同时振荡。三光参量振荡过程所需的倒格矢 Δk_1、Δk_2、Δk_3 分别为 0.1967μm^{-1},0.2041μm^{-1} 和 0.2135μm^{-1}。在一阶准相位匹配条件下,对应的极化周期分别为 31.95μm、29.39μm 和 30.79μm。

为获得最佳的三光参量振荡极化结构,设定晶体长度为 50mm,倒格矢 Δk_3 的相对强度 A_3 为 1,通过比较不同相对强度下的傅里叶系数,依次优化倒格矢 Δk_2 的相对强度 A_2 和倒格矢 $\Delta \mathrm{k}_1$ 的相对强度 A_1。三个倒格矢的傅里叶系数随相

对强度 A_2 的变换情况如图 2.26(a)所示。随着相对强度 A_2 取值的升高,倒格矢 Δk_2 的傅里叶系数增加,而倒格矢 Δk_1 和 Δk_3 的傅里叶系数下降。当 A_2 为 1.03 时,倒格矢 Δk_2 和 Δk_3 的傅里叶系数相等。进而设定 A_2 为 1.03,模拟不同的相对强度 A_1 下三个倒格矢的傅里叶系数,如图 2.26(b)所示。由图可知,倒格矢 Δk_2 和 Δk_3 的傅里叶系数几乎相等,且随相对强度 A_1 增加而下降。倒格矢 Δk_1 傅里叶系数随相对强度 A_1 增加而增长。当 A_2 为 1.41 时,三个倒格矢的傅里叶系数相交。

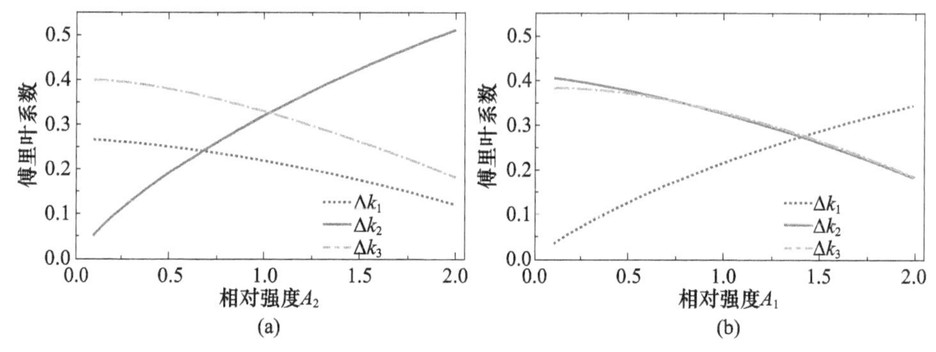

图 2.26 三光参量振荡傅里叶系数与相对强度

(a)相对强度 A_2;(b)相对强度 A_1。

最终,优化选取相对强度 A_1、A_2 和 A_3 为 1.41、1.03、1。此参数组合下,MgO:APLN 晶体的极化结构和傅里叶系数如图 2.27 所示。由图可知,晶体的正负晶畴长度合理,且三个倒格矢 Δk_1、Δk_2、Δk_3 的傅里叶系数相等,均为 0.27。此种极化结构满足优化设计要求,可作为三光参量振荡下最佳的 MgO:APLN 晶体极化结构。

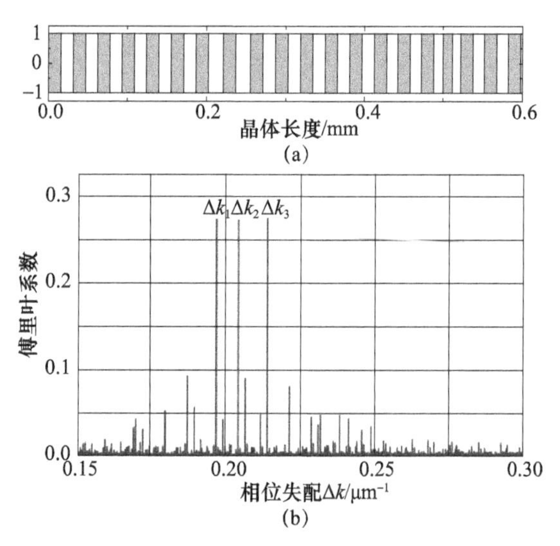

图 2.27 三光参量振荡极化结构和傅里叶系数

(a)MgO:APLN 极化结构;(b)MgO:APLN 傅里叶系数。

3. 四光参量振荡 MgO:APLN 非周期极化结构设计

进一步地，MgO:APLN 晶体再增加一个倒格矢，生成新的参量光 1.42μm 与 4.23μm，最终使晶体内保持四个倒格矢。新增加的倒格矢 Δk_4 需补偿的相位失配量为 $0.2221\mu m^{-1}$，对应的极化周期为 28.29μm。仿照前文三光参量振荡极化结构优化过程，先设定晶体长度为 50mm，倒格矢 Δk_3 对应的相对强度 A_3 为 1，依次优化倒格矢 Δk_2 的相对强度 A_2、倒格矢 Δk_1 的相对强度 A_1 和倒格矢 Δk_4 的相对强度 A_4，最终确定 MgO:APLN 晶体的最佳极化结构。

四个倒格矢的傅里叶系数随相对强度 A_2 的变化曲线，如图 2.28(a)所示。只有倒格矢 Δk_2 的傅里叶系数随相对强度 A_2 而增长，其余的傅里叶系数随相对强度 A_2 而降低。以倒格矢 Δk_3 的傅里叶系数作为基准，与倒格矢 Δk_2 的傅里叶系数进行比较。当相对强度 A_2 为 1.03 时，倒格矢 Δk_2 与 Δk_3 的傅里叶系数相等，因此相对强度 A_2 优化取值为 1.03。当相对强度 A_2 和 A_3 已确定为 1.03 和 1 的情况下，需进一步优化相对强度 A_1。此时，相对强度 A_1 取不同值时，四个倒格矢的傅里叶系数如图 2.28(b)所示。倒格矢 Δk_2 和 Δk_3 的傅里叶系数相等。倒格矢 Δk_1 的傅里叶系数与倒格矢 Δk_3 的傅里叶系数交于一点，交点的横坐标数值为 1.41。因此，相对强度 A_1 优化取值为 1.41。最后，在已知相对强度 A_1、A_2、A_3 为 1.41、1.03、1 前提下，优化相对强度 A_4。四个倒格矢傅里叶系数与相对强度 A_4 的变化规律如图 2.28(c)所示。倒格矢 Δk_1、Δk_2、Δk_3 的傅里叶系数相等，且随相对强度 A_4 而下降。倒格矢 Δk_4 的傅里叶系数随相对强度 A_4 而增加。当相对强度 A_4 为 1.15 时，四个倒格矢傅里叶曲线相交。此时的相对强度为最佳值，即相对强度 A_1、A_2、A_3、A_4 分别为 1.41、1.03、1 和 1.15。

上面通过比较四个倒格矢的傅里叶系数确定了相对强度的最优组合。这种组合下，MgO:APLN 晶体的极化结构和傅里叶系数如图 2.29 所示，由图可知，此晶体的正负晶畴长度存在显著差异。四个倒格矢 Δk_1、Δk_2、Δk_3 的傅里叶系数都接近 0.24。从衡量极化结构优劣的三个评价指标角度出发，此种极化结构满足优化设计要求，可以实现最大化的四光参量振荡。

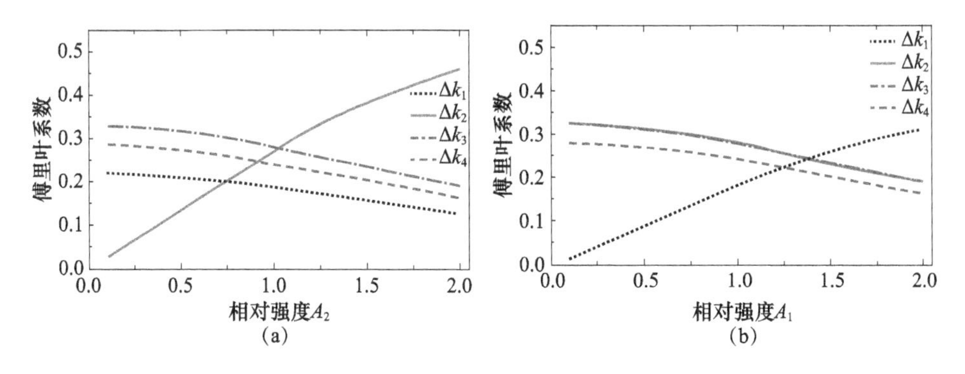

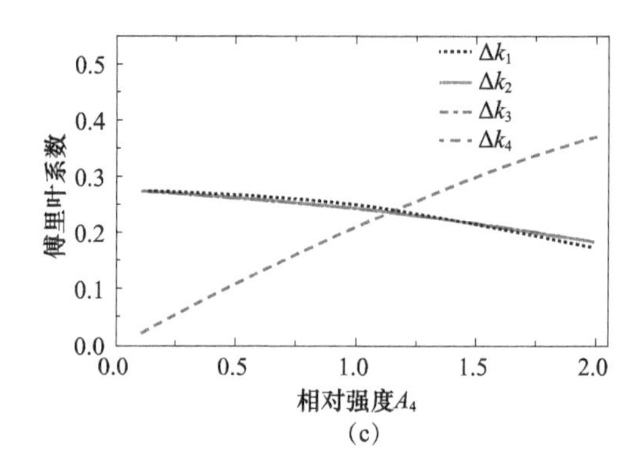

(c)

图 2.28 四光参量振荡傅里叶系数与相对强度

(a) 相对强度 A_2;(b) 相对强度 A_1;(c) 相对强度 A_4。

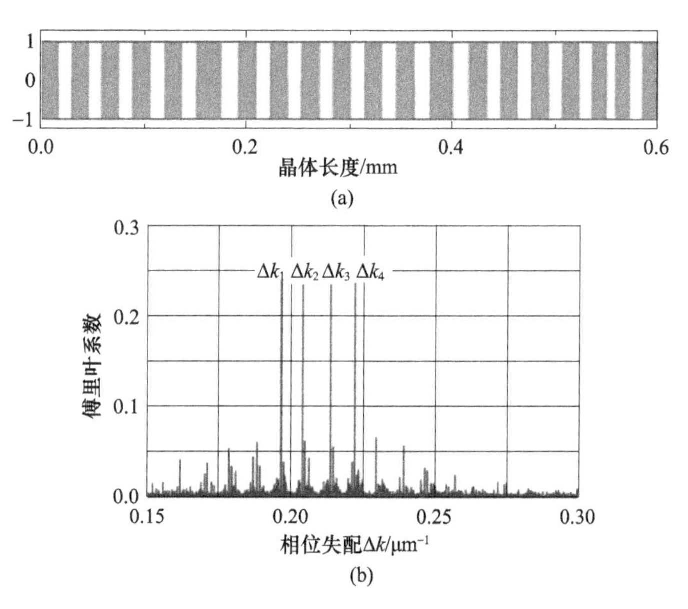

(b)

图 2.29 四光参量振荡极化结构和傅里叶系数

(a) MgO:APLN 极化结构;(b) MgO:APLN 傅里叶系数。

对比双光、三光和四光参量振荡下 MgO:APLN 晶体的极化结构发现,参与振荡的参量光越多,对应的傅里叶系数也越小。这表明,超晶格晶体内设置的倒格矢越多,各倒格矢间竞争也就越激烈,每组参量光所能获得的增益就会显著变小。同时,为使所有参量振荡都获得均衡的增益,每个倒格矢所对应的相对强度恒定,不随晶体内倒格矢数量而变化。

参考文献

[1] Armstrong J, Bloembergen N, Ducuing J, et al. Interactions between Light Waves in a Nonlinear Dielectric[J]. Physics Review, 1962, 127(6): 1918 – 1939.

[2] Wang X, Li Y, Hu G J, et al. Numerical method of astigmatic compensation and stability regions of folded or ring cavity[J]. Chinese Journal of Lasers, 1992, 1(1): 37 – 42.

[3] Mizuuchi K, Yamamoto K, Kato M, et al. Broadening of the phase – matching bandwidth in quasi – phase – matched second – harmonic generation[J]. IEEE Journal of Quantum Electronics, 1994, 30(7): 1596 – 1604.

[4] Bahabad A, Murnane M M, Kapteyn H C. Quasi – phase – matching of momentum and energy in nonlinear optical processes[J]. Nature Photonics, 2010, 4(8): 571 – 575.

[5] Petit Y, Boulanger B, Segond P, et al. Angular quasi – phase – matching in MgO: PPLN[C]. Conference on Lasers & Electro – optics. IEEE, 2008.

[6] Shanlong G. Investigation of Quasi – Phase – Matching Frequency Doubling of 1560nm Laser by Use of PPLN and PPKTP Crystals[J]. Acta Optica Sinica, 2012, 32(3): 0319001.

[7] Chen Y, Chen X, Xie S, et al. Polarization dependence of quasi – phase – matched second – harmonic generation in bulk periodically poled $LiNbO_3$[J]. Journal of Optics A, 2002, 4(3): 324 – 328.

[8] Myers L E, Bosenberg W R. The development of quasi – phase – matched optical parametric oscillators based on PPLN[C]. Conference on Lasers and Electro – Optics, 1997, CDM5.

[9] He Z, Jiang C, Huang K, et al. Research on quasi – phase – matched mid – infrared optical parametric oscillator[C]. International Society for Optics and Photonics, 2013.

[10] Myers L E, Miller G D, Eckardart R C. Quasi – phase – matched 1.064μm – pumped optical parametric oscillator in bulk periodicallly poled $LiNbO_3$[J]. Optics Letters, 1995, 20(1): 52 – 54.

[11] Wu F, Chen X, Zeng X, et al. Generation of multi – wavelength light sources for optical communication in aperidic optical superlattice[J]. Chinese Optics Letters, 2005, 13(12): 708 – 711.

[12] Ballman A A. Growth of Piezoelectric and Ferroelectric Materials by the Czochralski Technique [J]. Journal of the American Ceramic Society, 1965, 48(2): 112 – 113.

[13] Nassau K, Levinstein H J. Ferroelectric behavior of lithium niobite[J]. Applied Physics Letters, 1965, 7(3): 69.

[14] Nassau K, Levinstein H J, Loiacono G M. The domain structure and etching of ferroelectric lithium niobite[J]. Applied Physics Letters, 1965, 6(11): 228.

[15] Nassau K, Levinstein H J, Loiacono G M. Ferroelectric lithium niobate 1, growth, domain structure, dislocations and etching[J]. Journal of Physics and Chemistry of Solids, 1966, 27(6 – 7): 983 – 988.

[16] Nassau K, Levinstein H J, Loiacono G M. Ferroelectric lithium niobate 2, preparation of single

domain crystals[J]. Journal of Physics and Chemistry of Solids,1966,27(6-7):989-996.

[17] Ballman A A,Levinstein H J,Capio C D,et al. Curie temperature and birefringence variation in ferroelectric lithium metatantalate as a function of melt stoichiometry[J]. Journal of the American Ceramic Society,1967,50(12):657-659.

[18] Weis R S,Gaylord T K. Lithium niobate:Summary of physical properties and crystal structure [J]. Applied Physics A,1985,37(4):191-203.

[19] Arizmendi L. Photonic applications of lithium niobate crystals[J]. Physica Status Solidi,2004, 201(2):253-283.

[20] Bordui P F,Norwood R G,Jundt D H,et al. Preparation and characterization of off-congruent lithium niobate crystals[J]. Journal of Applied Physics,1992,71(2):875.

[21] Savage A. Pyroelectricity and Spontaneous Polarization in $LiNbO_3$[J]. Journal of Applied Physics,1966,37(8):3071-3072.

[22] Capmany J,Montoya E,Bermúdez V,et al. Self-frequency doubling in Yb^{3+} doped periodically poled $LiNbO_3$:MgO bulk crystal[J]. Applied Physics Letters,2000,76(11):1374-1376.

[23] Myers L E,Eekardt R C,Fejer M M,et al. Multigrating Quasi-Phase-Matched Optical Parametric Oscillator in Periodically Poled LiNbO3[J]. Optics Letters,1996,21(8):591-593.

[24] 苏卓琳,孟庆龙,于军立,等. 掺氧化镁铌酸锂晶体的损伤阈值分析[J]. 光学学报,2015, 35(11):226-233.

[25] Kwon T Y,Ju J J,Kim H K,et al. Quadratic nonlinear optical coefficients of pure and MgO-doped lithium diborate crystals[J]. Materials Letters,1997,30(4):293-297.

[26] Paul O,Quosig A,Bauer T,et al. Temperature-dependent Sellmeier equation in the MIR for the extraordinary refractive index of 5% MgO doped congruent $LiNbO_3$[J]. Applied Physics B,2007,86(1):111-115.

[27] Edwards G J,Lawrence M. A temperature dependent dispersion for congruently grown lithium niobite[J]. Optical and Quantum Electronics,1984,16(4):373-374.

[28] Jundt D H. Temperature-dependent Sellmeier equation for the index of refraction, n_e, in congruent lithium niobite[J]. Optics Letters,1997,22(20):1553-1555.

[29] 闵乃本. 非线性光学[M]. 北京:中国科学技术出版社,1999.

[30] Feng D,Ming N B,Hong J F,et al. Enhancement of second-harmonic generation in $LiNbO_3$ crystals with periodic laminar ferroelectric domains[J]. Applied Physics Letters,1980,37:607-609.

[31] Camlibel I. Spontaneous polarization measurements in several ferroelectric oxides using a pulsed-field method[J]. Journal of Applied Physics,1969(40):1690-1963.

[32] Prokhorov A M,Kazminov Yu S. Physics and Chemistry of Crystalline Lithium Niobate[M]. New York:Adam Hilger,1990.

[33] L E Myers,R C Eckardt,Fejer M M,et al. Quasi-phase-matched optical parametric oscillators in bulk periodically poled $LiNbO_3$[J]. Journal of The Optical Society of America B,1995, 12(11):2102-2116.

[34] Zhu SN, Zhu Y Y, Ming N B. Quasi - phase - matched third - harmonic generation in a quasi - periodic optical superlattice[J]. Science, 1997, 278(5339): 843 - 846.

[35] Zhu S N, Zhu Y Y, Qin Y Q, et al. Experimental realization of second harmonic generation in a fibonacci optical superlattice of $LiTaO_3$[J]. Physics Review Letters, 1997, 78(14): 2752 - 2755.

[36] Zia R K P, Dallas W J. A simple derivation of quasi - crystalline spectra[J]. Journal of Physics A, 1985, 18(7): L341 - L345.

[37] Gu B Y, Dong B Z, Zhang Y, et al. Enhanced harmonic generation in aperiodic optical superlattices[J]. Applied Physics Letters, 1999, 75(15): 2175 - 2177.

[38] Metropolid N, Rosenbluth A W, Rosenbluth M N, et al. Equation of sate calculations by fast computting machines[J]. Journal of Chemical Physics 1953, 21(6): 1087 - 1092.

[39] Kirkpatrick S, Gelatt C D, Vecchi M P. Optimization by simulated annealing[J]. Science, 1983, 220(4598): 671 - 680.

[40] Kartaloğlu T, Figen Z G, Aytür O. Simultaneous phase matching of optical parametric oscillation and second - harmonic generation in aperiodically poled lithium niobate[J]. Journal of the Optical Society of America B, 2003, 20(2): 343 - 350.

第3章

多光参量振荡能量耦合

3.1 多光参量振荡能量转换模型

参与多光参量振荡的光波数量较多，一般要包括一个泵浦光和多组参量光。单光参量振荡采用的三波耦合方程，表征泵浦光、信号光和闲频光三个光波间能量耦合过程，无法直接用于多光参量振荡。因此，需要将多组参量光引入到非线性波动方程中，建立起适合多光参量振荡过程的能量耦合模型，利用分步积分法优化耦合方程组的求解过程，为模拟多光参量振荡能量耦合过程、探究逆转换与增益竞争现象提供理论支持。

3.1.1 多光参量振荡能量转换耦合方程

光波作为一种电磁波，其在非线性介质中传播应服从麦克斯韦方程组和物质方程。麦克斯韦方程组的一般形式为[1-5]

$$\nabla\times \boldsymbol{E} = -\frac{\partial \boldsymbol{B}}{\partial t} \tag{3-1}$$

$$\nabla\times \boldsymbol{H} = \frac{\partial \boldsymbol{D}}{\partial t} + \boldsymbol{J} \tag{3-2}$$

$$\nabla\cdot \boldsymbol{D} = \rho \tag{3-3}$$

$$\nabla\cdot \boldsymbol{B} = 0 \tag{3-4}$$

物质方程表达式为

$$\boldsymbol{D} = \varepsilon_0 \boldsymbol{E} + \boldsymbol{P} \tag{3-5}$$

$$\boldsymbol{B} = \mu_0(\boldsymbol{H} + \boldsymbol{M}) \tag{3-6}$$

$$\boldsymbol{J} = \sigma \boldsymbol{E} \tag{3-7}$$

式(3-1)~式(3-7)中：$\boldsymbol{E}$ 为电场强度；$\boldsymbol{D}$ 为电感应强度；$\boldsymbol{H}$ 为磁场强度；$\boldsymbol{B}$ 为磁感应强度；$\boldsymbol{P}$ 为介质的电极化强度；$\boldsymbol{M}$ 为磁极化强度。对于非铁磁性材料，磁化

现象很弱,因此 $\boldsymbol{M}$ 取值为0;ε_0、μ_0 分别为介质的真空介电系数和真空磁导率;σ 为电导率;$\boldsymbol{J}$ 为传导电流密度;ρ 为自由电荷密度。

在激光与非线性介质作用中,极化强度 $\boldsymbol{P}$ 和电场强度 $\boldsymbol{E}$ 呈现非线性关系,$\boldsymbol{P}$ 可以展开为 $\boldsymbol{E}$ 的幂级数,即

$$\boldsymbol{P} = \varepsilon_0\boldsymbol{\chi}^{(1)} \cdot \boldsymbol{E} + \varepsilon_0\boldsymbol{\chi}^{(2)} : \boldsymbol{E} + \varepsilon_0\boldsymbol{\chi}^{(3)} \vdots \boldsymbol{EEE} + \cdots \tag{3-8}$$

式中:$\boldsymbol{\chi}^{(i)}$ 为 i 阶电极化率($i=1,2,3,\cdots$),是一个 $i+1$ 阶张量。因此,极化强度 $\boldsymbol{P}$ 可分为线性和非线性两个部分,其非线性部分就是极化强度的高次项之和,以 $\boldsymbol{P}_{\mathrm{NL}}$ 表示,则

$$\boldsymbol{P} = \varepsilon_0\boldsymbol{\chi}^{(1)} \cdot \boldsymbol{E} + \boldsymbol{P}_{\mathrm{NL}} \tag{3-9}$$

将式(3-9)代入式(3-5)可得

$$\boldsymbol{D} = \varepsilon_0\boldsymbol{E} + \varepsilon_0\boldsymbol{\chi}^{(1)} \cdot \boldsymbol{E} + \boldsymbol{P}_{\mathrm{NL}} = \boldsymbol{\varepsilon} \cdot \boldsymbol{E} + \boldsymbol{P}_{\mathrm{NL}} \tag{3-10}$$

式中:介质的线性介电系数 $\boldsymbol{\varepsilon}$ 与电极化率 $\boldsymbol{\chi}^{(1)}$ 的关系

$$\boldsymbol{\varepsilon} = \varepsilon_0(1 + \boldsymbol{\chi}^{(1)}) \tag{3-11}$$

由此,麦克斯韦方程组可进一步简化为

$$\nabla \times \boldsymbol{E} = -\mu_0 \frac{\partial \boldsymbol{H}}{\partial t} \tag{3-12}$$

$$\nabla \times \boldsymbol{H} = \frac{\partial \boldsymbol{D}}{\partial t} + \sigma\boldsymbol{E} \tag{3-13}$$

$$\boldsymbol{D} = \boldsymbol{\varepsilon} \cdot \boldsymbol{E} + \boldsymbol{P}_{\mathrm{NL}} \tag{3-14}$$

对式(3-12)两边同时进行 $\nabla\times$ 运算,得到

$$\nabla \times \nabla \times \boldsymbol{E} + \mu_0\sigma \frac{\partial \boldsymbol{E}}{\partial t} + \mu_0 \frac{\partial^2 \boldsymbol{\varepsilon} \cdot \boldsymbol{E}}{\partial t^2} = -\mu_0 \frac{\partial^2 \boldsymbol{P}_{\mathrm{NL}}}{\partial t^2} \tag{3-15}$$

式(3-15)为非线性光学中的波动方程一般表达式,第二项与介质的吸收损耗有关。若介质无吸收损耗,则 σ 为0。式(3-15)可表示为

$$\nabla \times \nabla \times \boldsymbol{E} + \frac{1}{c^2} \frac{\partial^2 \boldsymbol{E}}{\partial t^2} = -\frac{1}{\varepsilon_0 c^2} \frac{\partial^2 \boldsymbol{P}}{\partial t^2} \tag{3-16}$$

式(3-16)第一项可化简为

$$\nabla \times \nabla \times \boldsymbol{E} = \nabla(\nabla \cdot \boldsymbol{E}) - \nabla^2 \boldsymbol{E} \tag{3-17}$$

在非线性光学变换中,$\nabla(\nabla \cdot \boldsymbol{E}(\boldsymbol{r},t))$ 不为零但很小。在缓变包络近似下可以忽略此项,式(3-16)化简后得到

$$\nabla^2 \boldsymbol{E} - \frac{1}{c^2} \frac{\partial^2}{\partial t^2}\boldsymbol{E} = \frac{1}{\varepsilon_0 c^2} \frac{\partial^2 \boldsymbol{P}}{\partial t^2} \tag{3-18}$$

将式(3-9)和式(3-14)代入式(3-18),则波动方程变为

$$\nabla^2 \boldsymbol{E}(\boldsymbol{r},t) - \frac{\varepsilon_1}{c^2} \frac{\partial^2 \boldsymbol{E}}{\partial t^2} = \frac{1}{\varepsilon_0 c^2} \frac{\partial^2 \boldsymbol{P}_{\mathrm{NL}}}{\partial t^2} \tag{3-19}$$

式中：$\boldsymbol{\varepsilon}_1 = 1 + \boldsymbol{\chi}^{(1)}$ 是一个与频率无关的介电张量。

考虑频率和波矢后，参与振荡的各光波的电场强度 $\boldsymbol{E}$ 和极化强度 $\boldsymbol{P}$ 的振幅可表示为

$$\boldsymbol{E}_j(\boldsymbol{r},t) = \boldsymbol{E}_j(x,y,z,t)\mathrm{e}^{-\mathrm{i}(\omega_n t - k_n z)} \tag{3-20}$$

$$\boldsymbol{P}_j(\boldsymbol{r},t) = \boldsymbol{P}_j(x,y,z,t)\mathrm{e}^{-\mathrm{i}(\omega_n t - k_n z)} \tag{3-21}$$

式中：j 取 p、s、i，分别代表泵浦光、信号光和闲频光。

用 κ 代替 $\mathrm{e}^{-\mathrm{i}(\omega_n t - k_n z)}$，式(3-19)可改写为

$$\nabla^2 E_j\kappa - \frac{\varepsilon^{(1)}}{c^2}\frac{\partial^2 E_j\kappa}{\partial t^2} = \frac{1}{\varepsilon_0 c^2}\frac{\partial^2 P_j^{\mathrm{NL}}\kappa}{\partial t^2} \tag{3-22}$$

式(3-22)左边两项展开

$$\begin{aligned}\nabla^2 E_j\kappa &= \nabla_\tau^2 E_j\kappa + \frac{\partial^2 E_j\kappa}{\partial z^2}\\ &= \kappa\,\nabla_\tau^2 E_j + \kappa\frac{\partial^2 E_j}{\partial z^2} + \mathrm{i}\kappa k_j\frac{\partial E_j}{\partial z} - \kappa k_j^2 E_j\end{aligned} \tag{3-23}$$

$$\begin{aligned}\frac{\varepsilon^{(1)}}{c^2}\frac{\partial^2 E_j\kappa}{\partial t^2} &= \frac{\varepsilon^{(1)}}{c^2}\left(\kappa\frac{\partial^2 E_j}{\partial t^2} - \mathrm{i}\omega_j\kappa\frac{\partial E_j}{\partial t} - \kappa\omega_j^2 E_j\right)\Big]\\ &= \frac{\varepsilon^{(1)}}{c^2}\left(\kappa\frac{\partial^2 E_j}{\partial t^2} - \mathrm{i}\omega_j\kappa\frac{\partial E_j}{\partial t}\right) - \kappa k_j^2 E_j\end{aligned} \tag{3-24}$$

式(3-19)右边可以展开为

$$\frac{1}{\varepsilon_0 c^2}\frac{\partial^2 P_j^{\mathrm{NL}}\kappa}{\partial t^2} = \frac{1}{\varepsilon_0 c^2}\left(\kappa\frac{\partial^2 P_j^{\mathrm{NL}}}{\partial t^2} - \mathrm{i}\omega_j\kappa\frac{\partial P_j^{\mathrm{NL}}}{\partial t} - \omega_j^2\kappa P_j^{\mathrm{NL}}\right) \tag{3-25}$$

将式(3-23)~式(3-25)代入式(3-22)可得

$$\begin{aligned}&\left(-\kappa\frac{\partial^2 E_j}{\partial t^2} + \mathrm{i}\omega_j\kappa\frac{\partial E_j}{\partial t}\right) + \kappa\,\nabla_\tau^2 E_j + \kappa\frac{\partial^2 E_j}{\partial z^2} + \mathrm{i}\kappa k_j\frac{\partial E_j}{\partial z}\\ &= \frac{1}{\varepsilon_0 c^2}\left(\kappa\frac{\partial^2 P_j^{\mathrm{NL}}}{\partial t^2} - \mathrm{i}\omega_j\kappa\frac{\partial P_j^{\mathrm{NL}}}{\partial t} - \omega_j^2\kappa P_j^{\mathrm{NL}}\right)\end{aligned} \tag{3-26}$$

不考虑群速度色散的缓变包络近似条件下，可忽略式(3-26)中的$\partial^2/\partial t^2$项；在傍轴近似条件下，可忽略$\partial^2/\partial z^2$项。只考虑光场 z 向分布的情况下，$\nabla_\tau^2 E_j$ 项也可忽略。又知

$$P_\mathrm{p} = P_\mathrm{p}\mathrm{e}^{-\mathrm{i}\omega_p t} \text{ 和 } P_\mathrm{p}^{(2)}(r) = 2\varepsilon_0 d_{\mathrm{eff}}E_\mathrm{s}E_\mathrm{i} \tag{3-27}$$

在缓变包络近似条件下，$\dfrac{\partial P_j^{NL}}{\partial t}$ 远小于 $\dfrac{\partial^2 E}{\partial t^2}$ 也可被忽略。式(3-26)可以写为

$$\frac{\varepsilon^{(1)}}{c^2}\omega_j\frac{\partial E_j}{\partial t} + k_j\frac{\partial E_j}{\partial z} = \frac{1}{\varepsilon_0 c^2}\mathrm{i}\omega_j^2 P_j^{NL} \tag{3-28}$$

进一步化简可得[6-8]

$$\left(\frac{\partial}{\partial z}+\frac{1}{v_j}\frac{\partial}{\partial t}\right)E_j = \frac{\mathrm{i}\omega_j}{c\varepsilon_0 n_j}P_j^{NL} \tag{3-29}$$

光参量振荡利用变频晶体的二阶非线性光学效应，将泵浦光转变为信号光和闲频光。在光参量振荡过程中，三波的二阶非线性极化强度可表示为

$$P_{\mathrm{p}}(r,t) = 2\varepsilon_0 d_{\mathrm{eff}} E_{\mathrm{s}}(r,t)E_{\mathrm{i}}(r,t) \tag{3-30}$$

$$P_{\mathrm{s}}(r,t) = 2\varepsilon_0 d_{\mathrm{eff}} E_{\mathrm{p}}(r,t)E_{\mathrm{i}}(r,t) \tag{3-31}$$

$$P_{\mathrm{i}}(r,t) = 2\varepsilon_0 d_{\mathrm{eff}} E_{\mathrm{p}}(r,t)E_{\mathrm{s}}(r,t) \tag{3-32}$$

式中：下角标 p、s、i 分别代表泵浦光、信号光和闲频光；d_{eff}表示有效非线性系数。由式(3-30)~式(3-32)可知，泵浦光、信号光和闲频光中，每一波的极化强度都由另外两波的电场强度引起的。

多光参量振荡作为光参量振荡的扩展。泵浦光经过晶体不再只产生一组参量光，而是生成多组参量光。这一振荡过程中，泵浦光的电极化强度不再由一组参量光电场强度引起的，而是由每组参量光电场强度共同引起的，因此，泵浦光电极化强度在式(3-30)基础上可改写为

$$P_{\mathrm{p}}(r,t) = 2\varepsilon_0 \sum_n d_n E_{\mathrm{s}n}(r,t)E_{\mathrm{i}n}(r,t) \tag{3-33}$$

式中：n 为多光参量振荡的组数。

每组参量振荡过程需遵守二阶非线性光学效应，所以信号光的极化强度来自泵浦光和闲频光，闲频光的极化强度则来自于泵浦光和信号光，即

$$P_{\mathrm{s}n}(r,t) = 2\varepsilon_0 d_n E_{\mathrm{p}}(r,t)E_{\mathrm{i}n}(r,t) \tag{3-34}$$

$$P_{\mathrm{i}n}(r,t) = 2\varepsilon_0 d_n E_{\mathrm{p}}(r,t)E_{\mathrm{s}n}(r,t) \tag{3-35}$$

式(3-33)~式(3-35)共同组成了多光参量振荡下所有光波的极化强度的表达式。

当泵浦光与多组参量光沿 z 轴传播，将式(3-33)~式(3-35)代入式(3-29)，获得多光参量振荡耦合方程组式(3-36)~式(3-38)[9]：

$$\left(\frac{\partial}{\partial z}+\frac{1}{v_{\mathrm{p}}}\frac{\partial}{\partial t}\right)E_{\mathrm{p}}(t,z) = \frac{\mathrm{i}\omega_{\mathrm{p}}}{n_{\mathrm{p}}c}\sum_n d_n E_{\mathrm{s}n}(t,z)E_{\mathrm{i}n}(t,z)\exp(-\mathrm{i}\Delta k_n z) \tag{3-36}$$

$$\left(\frac{\partial}{\partial z}+\frac{1}{v_{\mathrm{s}n}}\frac{\partial}{\partial t}\right)E_{\mathrm{s}n}(t,z) = \frac{\mathrm{i}\omega_{\mathrm{s}n}d_n}{n_{\mathrm{s}n}c}E_{\mathrm{p}}(t,z)E_{\mathrm{i}n}^{*}(t,z)\exp(\mathrm{i}\Delta k_n z) \tag{3-37}$$

$$\left(\frac{\partial}{\partial z}+\frac{1}{v_{\mathrm{i}n}}\frac{\partial}{\partial t}\right)E_{\mathrm{i}n}(t,z) = \frac{\mathrm{i}\omega_{\mathrm{i}n}d_n}{n_{\mathrm{i}n}c}E_{\mathrm{p}}(t,z)E_{\mathrm{s}n}^{*}(z,t)\exp(\mathrm{i}\Delta k_n z) \tag{3-38}$$

上述多光参量振荡耦合方程组由 $1+2n$ 个方程组成。相较于单光参量振荡的三波耦合方程，泵浦光电场强度方程等式右边增加了 $n-1$ 项，每多加一组参量光就增加两个方程。由式(3-36)~式(3-38)可以看出，多光参量振荡能量

耦合过程复杂多变。泵浦光与多组参量光之间皆存在能量转换;多组参量光之间虽无直接联系,但借助同一个泵浦光,也会发生能量转换现象。

3.1.2 耦合方程的分步积分法

多光参量振荡能量耦合方程组可用来描述超晶格晶体内多组参量光之间的能量耦合过程。它是由 $1+2n$ 个方程组成的偏微分方程组,包含时间 t、作用距离 z 两个参数。通过求解此方程可以获知泵浦光、多组参量光电场强度随时间、作用距离的变化规律。由于此类偏微分方程组变量较多、方程数量大,计算求得解析解是不现实的。只能利用优化方法求得上述方程组的数值解,而最常见的方法就是分步积分法[78]。

分步积分法先分别计算各光场在晶体内的传播和转换过程,并逐段叠加最终获得脉冲机制下多光参量振荡中能量场的传播规律。此方法先将非线性晶体 N 等分,每份长度为 Δz。分步积分法计算过程分为两步[10-12]:第一步,求解光波在晶体内传播过程。此时,不考虑参量振荡过程中的非线性光学效应,即光场的电极化强度为0,则式(3-36)~式(3-38)的等式右边为0,即

$$\left(\frac{\partial}{\partial z}+\frac{1}{v_{\mathrm{p}}}\frac{\partial}{\partial t}\right)E_{\mathrm{p}}(t,z)=0 \tag{3-39}$$

$$\left(\frac{\partial}{\partial z}+\frac{1}{v_{\mathrm{s}n}}\frac{\partial}{\partial t}\right)E_{\mathrm{s}n}(t,z)=0 \tag{3-40}$$

$$\left(\frac{\partial}{\partial z}+\frac{1}{v_{\mathrm{i}n}}\frac{\partial}{\partial t}\right)E_{\mathrm{i}n}(t,z)=0 \tag{3-41}$$

傅里叶变换的时域微分特性:

$$F\left[\frac{\mathrm{d}f(t)}{\mathrm{d}t}\right]=\mathrm{i}\omega F[f(\omega)] \tag{3-42}$$

对式(3-39)~式(3-41)进行傅里叶变化,并代入式(3-42),化简得到

$$\left[\frac{\partial}{\partial z}+\frac{\mathrm{i}\omega_j}{v_j}\right]E_j(\Delta\omega_j,z)=0 \tag{3-43}$$

式中:$E_j(\Delta\omega_j,z)=F[E_j(t,z)]=\int_{-\infty}^{\infty}E_j(t,z)\mathrm{e}^{\mathrm{i}\Delta\omega_f t}\mathrm{d}t$;$\Delta\omega_j$ 为频域中各个频谱分量。化简式(3-43),得到

$$\frac{\partial[E_j(\Delta\omega_j,z)]}{\partial z}=-\frac{\mathrm{i}\Delta\omega_j}{v_j} \tag{3-44}$$

式(3-44)表明,在频域空间内单色波 $\Delta\omega_j$ 传播了 Δz 的距离相当于产生了 $\Delta z\omega_j/v_j$ 的相移。解决(t,z)空间内光波传播问题,先将(t,z)空间傅里叶变换到$(\Delta\omega_j,z)$空间,对各单色波引入相移后再傅里叶逆变换回到(t,z)空间,得到线性传播后的光场。

第二步，经过线性传播后，计算各电场分量在晶体内转换过程。不考虑时间偏微分，忽略$\partial/\partial t$项，式(3－36)～式(3－38)可简化为

$$\left(\frac{\partial}{\partial z}\right)E_{\mathrm{p}}(t,z)=\frac{\mathrm{i}\omega_{\mathrm{p}}}{n_{\mathrm{p}}c}\sum_{n}d_{n}E_{\mathrm{s}n}(t,z)E_{\mathrm{i}n}(t,z)\exp(-\mathrm{i}\Delta k_{n}z) \tag{3-45}$$

$$\left(\frac{\partial}{\partial z}\right)E_{\mathrm{s}n}(t,z)=\frac{\mathrm{i}\omega_{\mathrm{s}n}d_{n}}{n_{\mathrm{s}n}c}E_{\mathrm{p}}(t,z)E_{\mathrm{i}n}^{*}(t,z)\exp(\mathrm{i}\Delta k_{n}z) \tag{3-46}$$

$$\left(\frac{\partial}{\partial z}\right)E_{\mathrm{i}n}(t,z)=\frac{\mathrm{i}\omega_{\mathrm{i}n}d_{n}}{n_{\mathrm{i}n}c}E_{\mathrm{p}}(t,z)E_{\mathrm{s}n}^{*}(t,z)\exp(\mathrm{i}\Delta k_{n}z) \tag{3-47}$$

从第一块小晶体开始：首先利用式(3－44)求出线性传播后各光的电场强度；然后再利用式(3－45)～式(3－47)求出非线性转换后各光的电场强度。并以此电场强度作为第二块小晶体的初始条件，重复线性传播和非线性转换两个计算过程，求出经过第二块小晶体后的电场强度。重复上述迭代过程，直至光波完全穿过全部晶体。

3.2 多光参量振荡逆转换过程模拟

3.1节已经推导出了多光参量振荡能量耦合模型并介绍了求解能量耦合模型的分步积分法。基于上述能量耦合模型，利用分步积分法模拟双光、三光和四光参量振荡能量耦合过程，获得输出功率模拟值。分析模拟结果研究多光参量振荡的能量耦合规律，探究逆转换与增益竞争的影响因素。

3.2.1 双光参量振荡放大器逆转换过程模拟

模拟采用2.3.3节设计的无啁啾结构的超晶格MgO:APLN晶体。晶体可提供两个倒格矢，其中Δk_1为0.2041μm^{-1}，Δk_2为0.2138μm^{-1}，对应傅里叶系数分别为0.39和0.40。1064nm泵浦下，晶体内可实现1.57μm、3.30μm和1.47μm、3.84μm两组参量光同时振荡。

采用多光参量放大器(MOPA)结构，即泵浦光单次通过超晶格MgO:APLN晶体，生成多两组参量光。模拟采用的高斯型脉冲激光，波长为1064nm，脉冲半宽度为20ns。由于每组参量光中，闲频光与信号光能量配比相同，这里以3.30μm和3.84μm闲频光代表两组参量光。低泵浦功率密度下，泵浦光和参量光的输出能量场如图3.1所示，其中横坐标为时间，单位为ns，纵坐标为归一化功率密度。

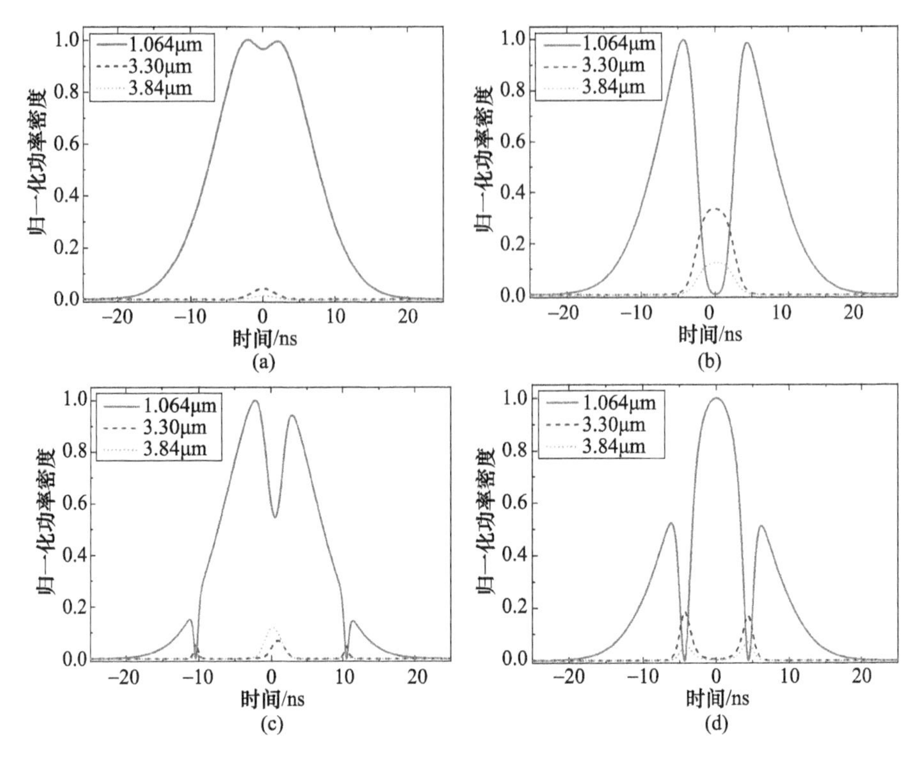

图 3.1 低泵浦光功率密度下双光参量振荡泵浦光与闲频光输出能量场

(a)泵浦能量 2.0mJ;(b)泵浦能量 2.15mJ;(c)泵浦能量 2.25mJ;(d)泵浦能量 2.5mJ。

由于泵浦能量与泵浦光功率密度成正比,模拟过程中通过增大泵浦能量来提高泵浦光功率密度。如图 3.1 所示,当泵浦能量为 2.0mJ 时(图 3.1(a)),在时间原点附近剩余泵浦光功率密度出现凹陷,对应的 3.30μm 与 3.84μm 功率密度出现小脉冲,这表明泵浦光功率密度达到多光参量振荡阈值,发生了多光参量振荡现象。由于泵浦光功率密度凹陷的存在,表明参量振荡过程中先后经历了正转换与逆转换。泵浦能量达到 2.15mJ 时(图 3.1(b)),时间原点处泵浦光功率密度降为 0,3.30μm 与 3.84μm 功率密度达到最大值。泵浦光能量继续增加到 2.25mJ(图 3.1(c)),泵浦光与闲频光功率密度分别呈 W 和 M 型,这是因为在 ±3ns 处,泵浦光被完全消耗,导致能流传播方向发生改变,再加上泵浦光功率密度降低引发的能流改变,整个参量振荡过程一共发生了三次能流转变。泵浦光能量达到 2.5mJ 时(图 3.1(d)),在时间原点附近,3.30μm 与 3.84μm 功率密度降为 0,已不再发生光参量振荡现象。综上,低泵浦光功率密度下,多光参量振荡过程与单光参量振荡过程一致。泵浦光功率密度达到阈值后,开始参量振荡过程,且振荡过程中,正转换与逆转换交替变换。进一步分析上述模拟值,发现 3.30μm 与 3.84μm 功率密度同时出现、幅值比例近乎相同,说明能量只在泵浦光与两组参量光之间转换,两组参量光之间没有能量交换。由式(3-11)可知,脉冲能量与功率密度的时间积分呈正比,3.30μm 功率密度峰值高于 3.84μm 功率密度峰值,表明 3.30μm 输出能量大于 3.84μm 输出能量。由式(2-32)基频光到变频参量光的转换效率公式可知转换效率与参量光波长呈反比,与上述模拟结果相吻合。

进一步提高泵浦光能量后,泵浦光和闲频光的输出能量场如图 3.2 所示(左侧为全图,右侧为局部放大图),在 ±10ns 附近,泵浦光功率密度呈小凹陷,对应的 3.30μm 与 3.84μm 功率密度出现小脉冲,说明此时泵浦光达到阈值形成了双光参量振荡。时间原点处,随着泵浦光功率密度的增加,输出泵浦光功率密度依旧经历了小凹陷、大凹陷、小 W 型、大 W 型的转变过程。但此时泵浦光功率密度不再以时间原点左右对称分布。泵浦光能量小于 10mJ 时(图 3.2(a)、(c)和(e)),泵浦光功率密度呈现两个波峰,分别代表参量振荡开始时泵浦光能量密度和参量振荡结束时泵浦光能量密度。前一个峰值大于后一个峰值,即开始时泵浦光能量密度大于结束时泵浦光能量密度。由于泵浦光为左右对称的高斯脉冲,上述结果说明参量振荡开始时间绝对值小于结束时间绝对值,印证了泵浦光功率密度不以时间原点左右对称分布,进而证实逆转换效率小于正转换效率。3.30μm 与 3.84μm 功率密度开始、结束时间仍保持一致,但波峰的位置发生了偏移。泵浦光能量为 9mJ、9.5mJ 时(图 3.2(b)和(d)),3.84μm 功率密度峰值大于 3.30μm 功率密度峰值,且 3.84μm 功率密度波峰更靠近时间原点,说明原点前,3.84μm 参量振荡占主导地位;原点后,3.30μm 参量振荡占主导地位。泵浦光能量为 10mJ 时(图 3.2(f)),3.84μm 功率密度波形呈 h 形,3.30μm 功率密度波形呈斜 A 形,但 3.84μm 功率密度峰值仍旧大于 3.30μm 功率密度峰值,说明在第一次正逆转换交替处,3.84μm 参量振荡占主导地位;第二次正逆转换交替处,3.30μm 参量振荡占主导地位。泵浦光能量为 10.5mJ 时(图 3.2(i)),3.84μm 和 3.30μm 功率密度呈两个波峰,且 3.84μm 功率密度第一个波峰大于第二个波峰,3.30μm 功率密度第一个波峰小于第二个波峰。因此,在高泵浦光功率密度下,3.30μm 参量振荡与 3.84μm 参量振荡不再同步进行,呈现出了增益竞争状态。

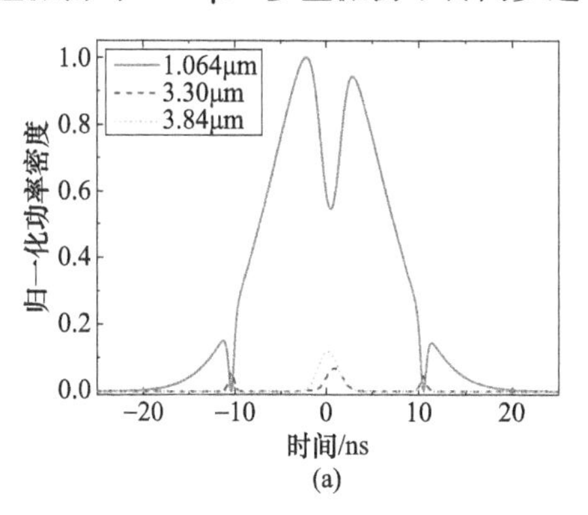

(a)

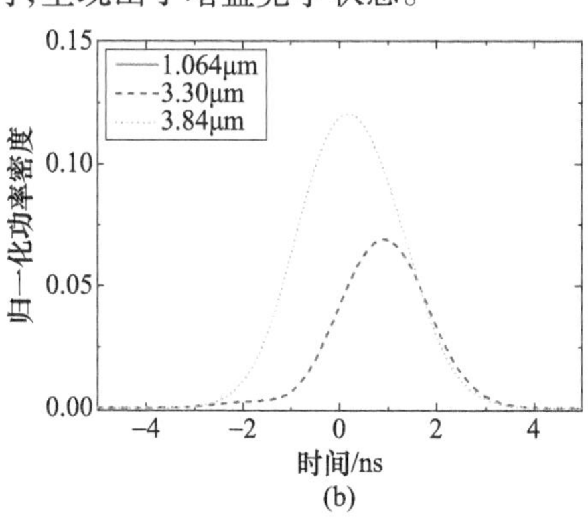

(b)

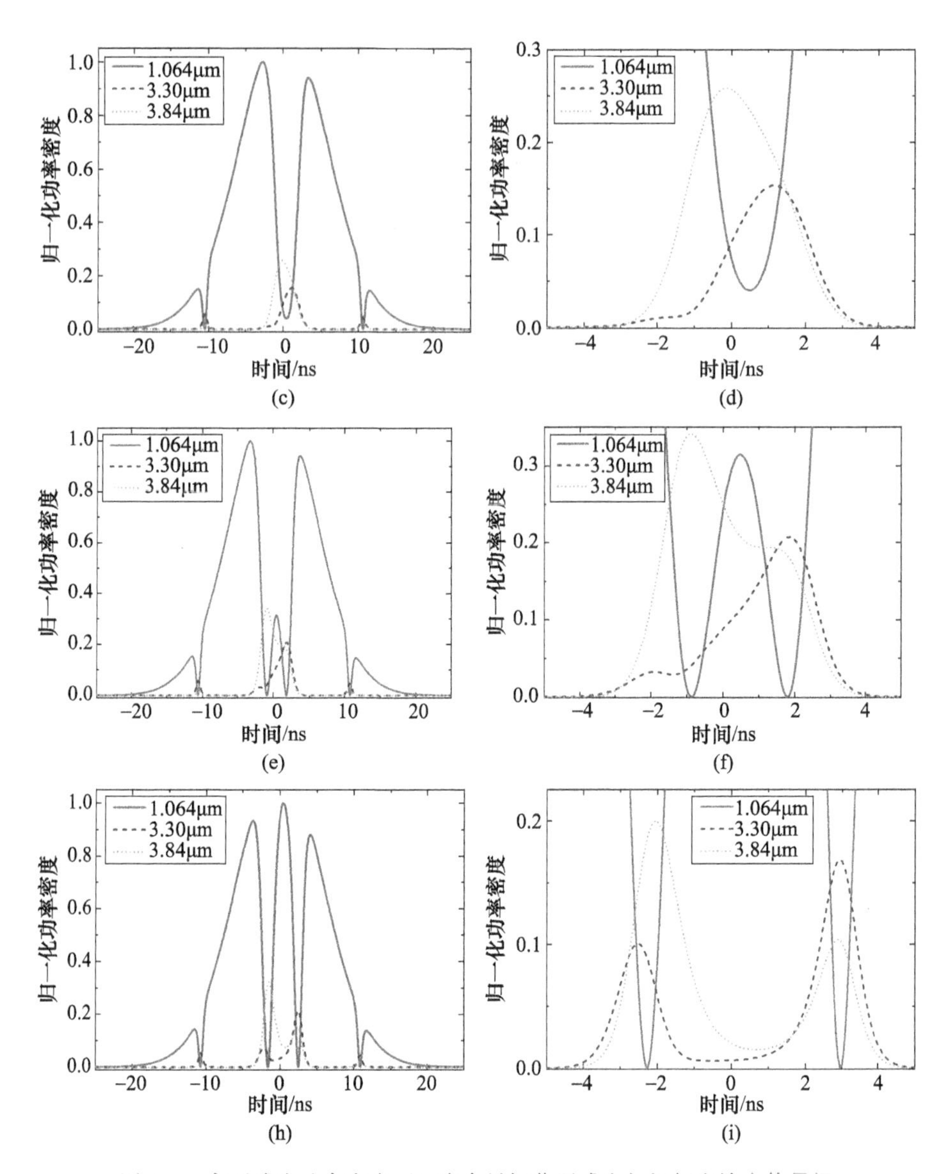

图 3.2 高泵浦光功率密度下双光参量振荡泵浦光与闲频光输出能量场
(a)泵浦能量 9mJ;(b)泵浦能量 9mJ;(c)泵浦能量 9.5mJ;(d)泵浦能量 9.5mJ;
(e)泵浦能量 10mJ;(f)泵浦能量 10mJ;(h)泵浦能量 10.5mJ;(i)泵浦能量 10.5mJ。

综上所述,随着泵浦光功率密度的增加,多光参量振荡会相继经历正转换-逆转换与正转换-逆转换-正转换-逆转换两个过程。在低泵浦光功率密度下,两组参量振荡过程不发生增益竞争状态,与单光参量振荡能量耦合过程完全一致。在高泵浦光功率密度下,两组参量振荡过程发生明显的增益竞争现象,导致两组闲频光功率密度波峰位置不同、波形比例不同。

3.2.2 三光参量振荡放大器逆转换过程模拟

三光参量振荡采用2.3.3节设计的超晶格 MgO:APLN 晶体,此晶体包含三个倒格矢,可实现三组参量光(1.76μm、2.67μm,1.57μm、3.30μm 和 1.47μm、3.84μm)同时振荡。多光参量放大器(MOPA)结构下,采用的高斯型脉冲激光抽运 MgO:APLN 晶体。泵浦光波长为1064nm,脉冲半宽度为20ns。三个闲频光(2.67μm、3.30μm、3.84μm)的输出能量场如图3.3所示。

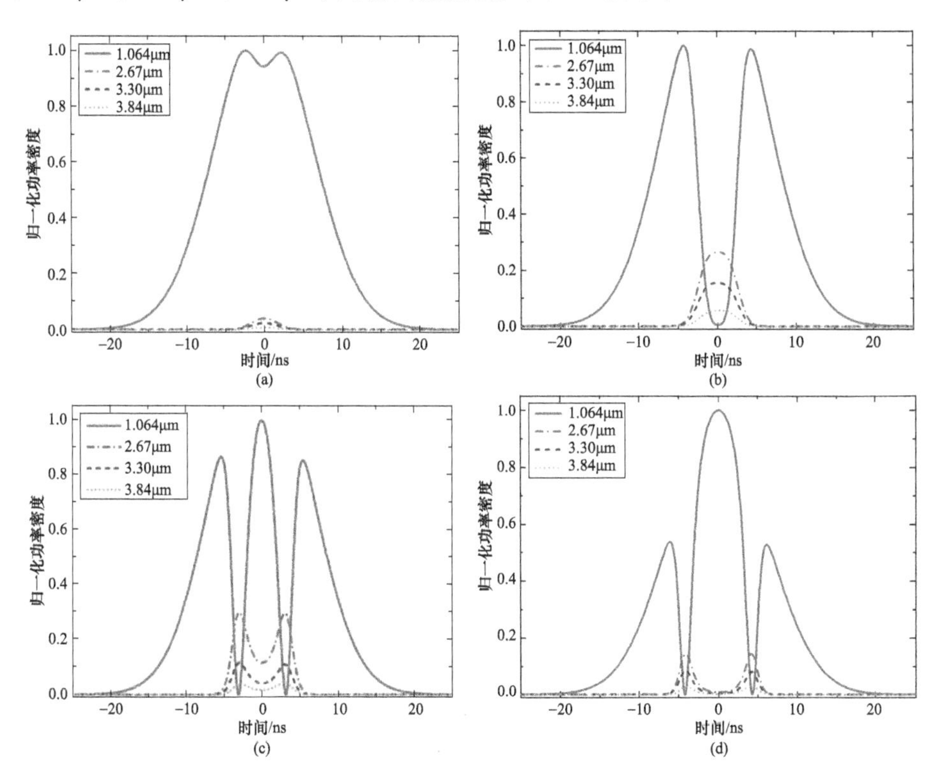

图3.3 低泵浦光功率密度下三光参量振荡泵浦光与闲频光输出能量场
(a)泵浦能量1.9mJ;(b)泵浦能量2.05mJ;(c)泵浦能量2.15mJ;(d)泵浦能量2.25mJ。

由图3.3可知,三个闲频光之间,2.67μm 功率密度波峰最高,3.30μm 功率密度波峰次之,3.84μm 功率密度波峰最低,表明闲频光转换效率由大到小依次为2.67μm、3.30μm、3.84μm,再次证实了转换效率与闲频光波长呈反比。对比三光参量振荡与双光参量振荡输出能量场,发现三光参量振荡的泵浦光、闲频光功率密度波形随泵浦光功率密度的变化趋势与双光参量振荡变化趋势保持一致。同时,三光参量振荡的泵浦光功率密度阈值小于双光参量振荡阈值。同一波形时,三光参量振荡所需的泵浦光功率密度更小。这表明增加了一组参量振荡不仅降低了三光参量振荡的泵浦光阈值,还进一步提高了参量振荡转换效率。

进一步提高泵浦光功率密度,研究三光参量振荡的增益竞争现象。不同泵浦光功率密度下,泵浦光和闲频光的输出能量场如图 3.4 所示(左侧为全图,右侧为局部放大图)。与双光参量振荡相比较,三光参量振荡中泵浦光功率密度波形变化趋势未发生改变。泵浦能量小于 9.5mJ 时,3.30μm 和 3.84μm 功率密度波形与双光参量振荡保持一致,但峰值高度明显降低;新生成的 2.67μm 功率密度波形呈现"快升慢降"状态,在时间原点前达到峰值,其峰值小于 3.30μm 和 3.84μm 功率密度。与双光参量振荡对比,泵浦能量为 10mJ 时,-2ns 附近 3.30μm 功率密度波峰完全被 2.67μm 功率密度波峰替代,表明在参量振荡初始阶段,3.30μm 参量振荡未竞争过 2.67μm 参量振荡,进一步证实三组参量振荡间发生了激烈的增益竞争现象。

综上所述,三光参量振荡能量转换规律与双光参量振荡存在完全一致性。只在高泵浦光功率密度下,三组参量振荡增益竞争阶段出现差异。与双光参量振荡相比,增加新的参量振荡后,泵浦光的阈值略有下降,转换效率有小幅度地提升。由于新增振荡的分流作用,原有两组参量光的功率密度峰值高度显著下降。

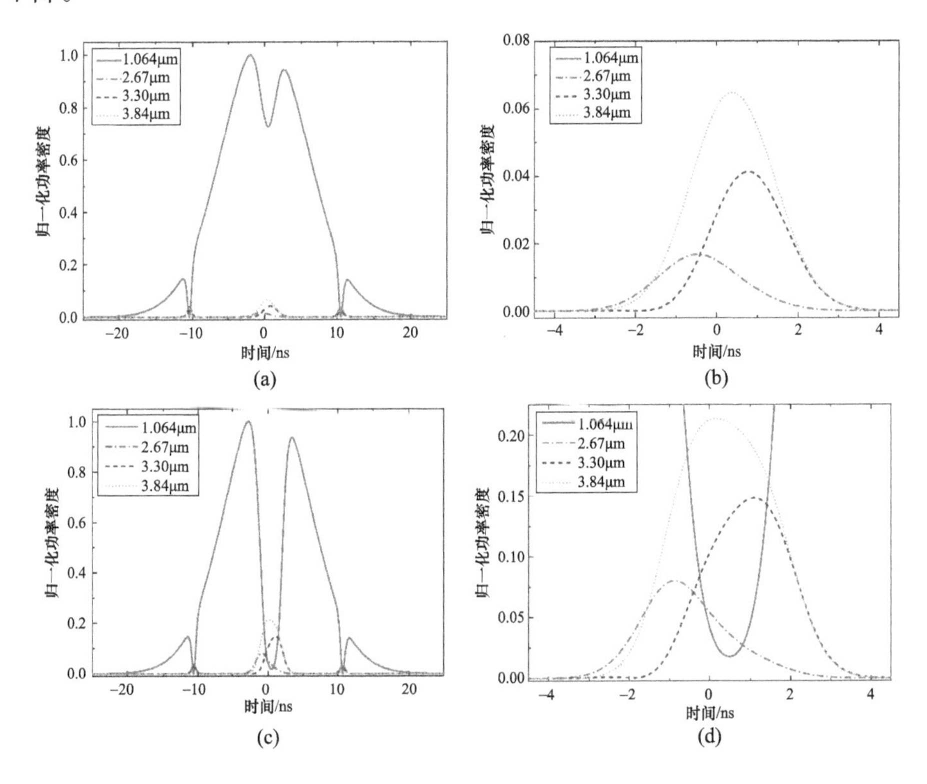

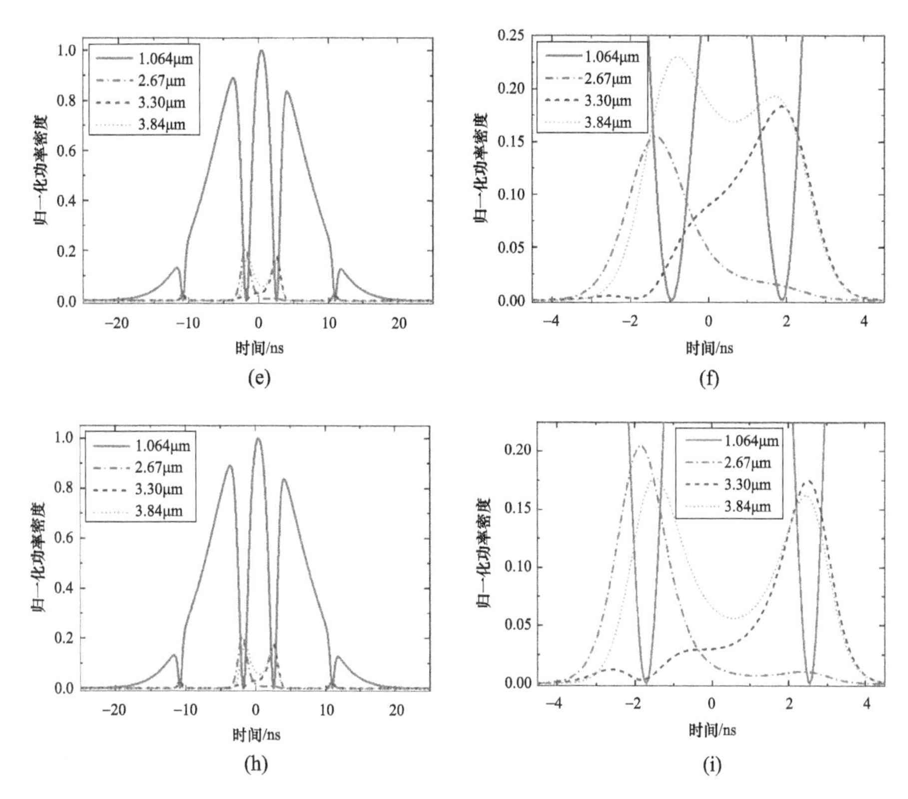

图3.4 高泵浦光功率密度下三光参量振荡泵浦光与闲频光输出能量场
(a)泵浦能量8.5mJ;(b)泵浦能量8.5mJ;(c)泵浦能量9mJ;(d)泵浦能量9mJ;
(e)泵浦能量9.5mJ;(f)泵浦能量9.5mJ;(h)泵浦能量10mJ;(i)泵浦能量10mJ。

3.2.3 四光参量振荡放大器逆转换过程模拟

进一步对四光参量振荡能量耦合过程进行仿真模拟。模拟采用2.3.3节设计的包含四个倒格矢的MgO:APLN晶体。在1064nm泵浦光作用下,MgO:APLN晶体内可生成1.76μm、2.67μm,1.57μm、3.30μm和1.47μm、3.84μm和1.42μm、4.23μm四组参量光。模拟采用1064nm脉冲激光作为泵浦源,脉冲半宽度为20ns。多光参量放大器(MOPA)结构下,四个闲频光(2.67μm、3.30μm、3.84μm、4.23μm)的输出能量场如图3.5所示(左侧为全图,右侧为局部放大图)。

如图3.5所示,低泵浦光功率密度下,随着注入泵浦光功率密度的增加,输出泵浦光功率密度先后呈M和W型,四个闲频光功率密度先后呈A和M型。与图3.1和图3.2对比,发现四光参量振荡中四个闲频光功率密度随泵浦光功率密度的变化趋势与双光参量振荡、三光参量振荡一致。四个闲频光功率密度变化趋势相同，幅值由高到低分别为2.67μm、3.30μm、3.84μm、4.23μm，进一步证实了转换效率与闲频光波长呈反比。相同的波形下，对应的泵浦光功率密度由大到小依次是四光参量振荡、三光参量振荡、双光参量振荡，表明随着参量光数量增加，参量振荡的泵浦光阈值减小、泵浦光增益增大。

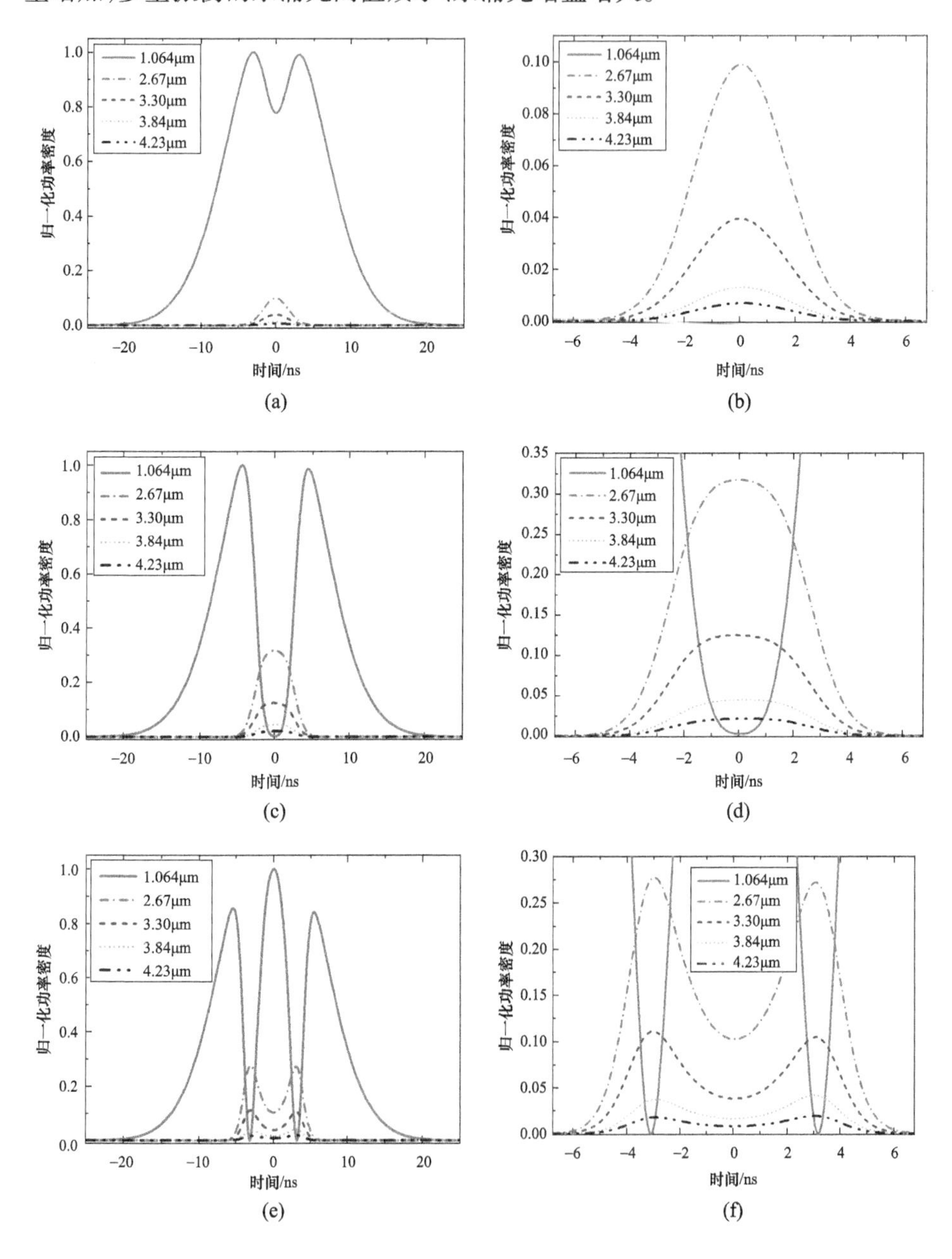

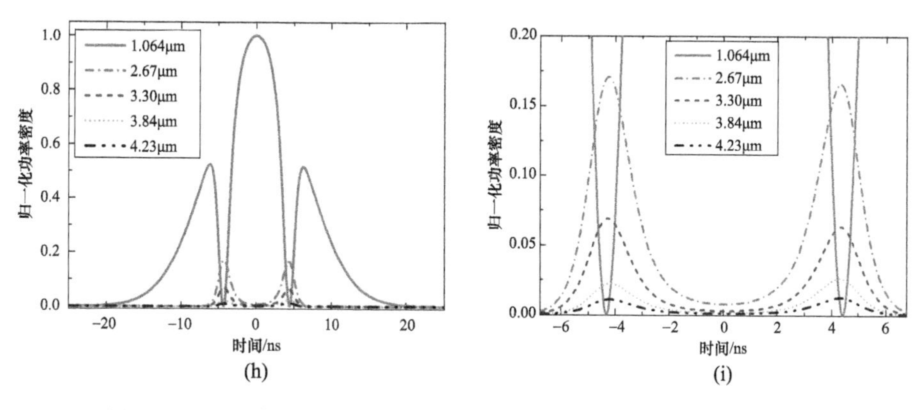

图3.5 低泵浦光功率密度下四光参量振荡泵浦光与闲频光输出能量场
(a)泵浦能量1.85mJ;(b)泵浦能量1.85mJ;(c)泵浦能量1.95mJ;(d)泵浦能量1.95mJ;
(e)泵浦能量2.0mJ;(f)泵浦能量2.0mJ;(h)泵浦能量2.15mJ;(i)泵浦能量2.15mJ。

进一步提高泵浦光功率密度后,泵浦光与闲频光输出能量场如图3.6所示。四光参量振荡中输出泵浦光功率密度随注入泵浦光功率密度的变化趋势与双光、三光参量振荡一致。泵浦能量小于8.9mJ时,四个闲频光功率密度起始、终止时间相同,且皆呈A型,仅峰值对应的时间不相同。四个闲频光功率密度幅值由高到低分别为3.30μm、3.84μm、4.23μm、2.67μm。泵浦能量大于

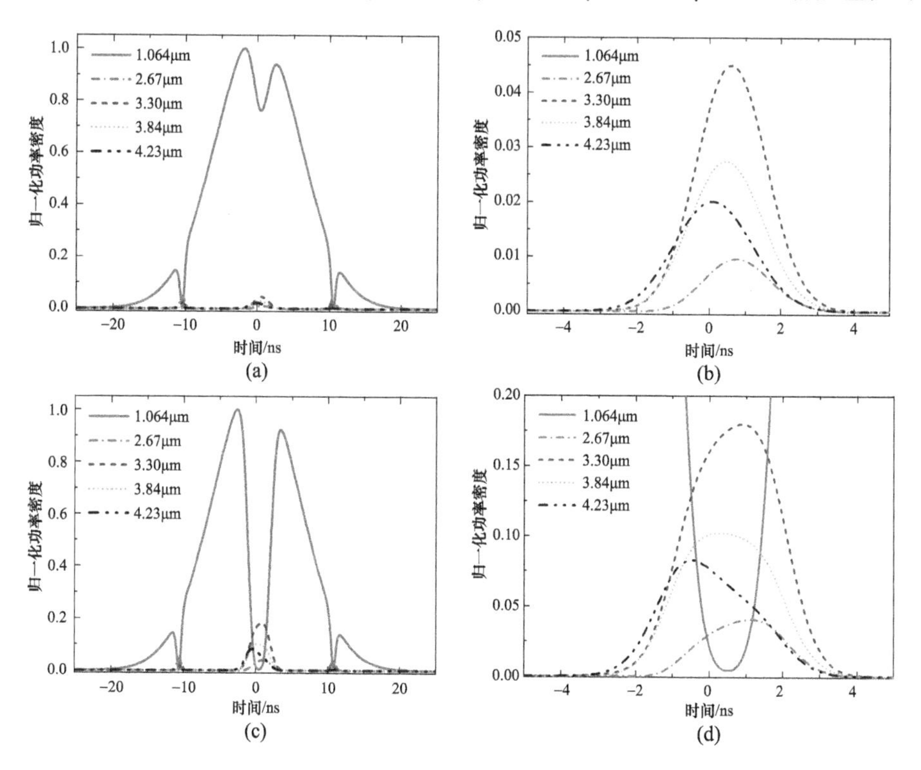

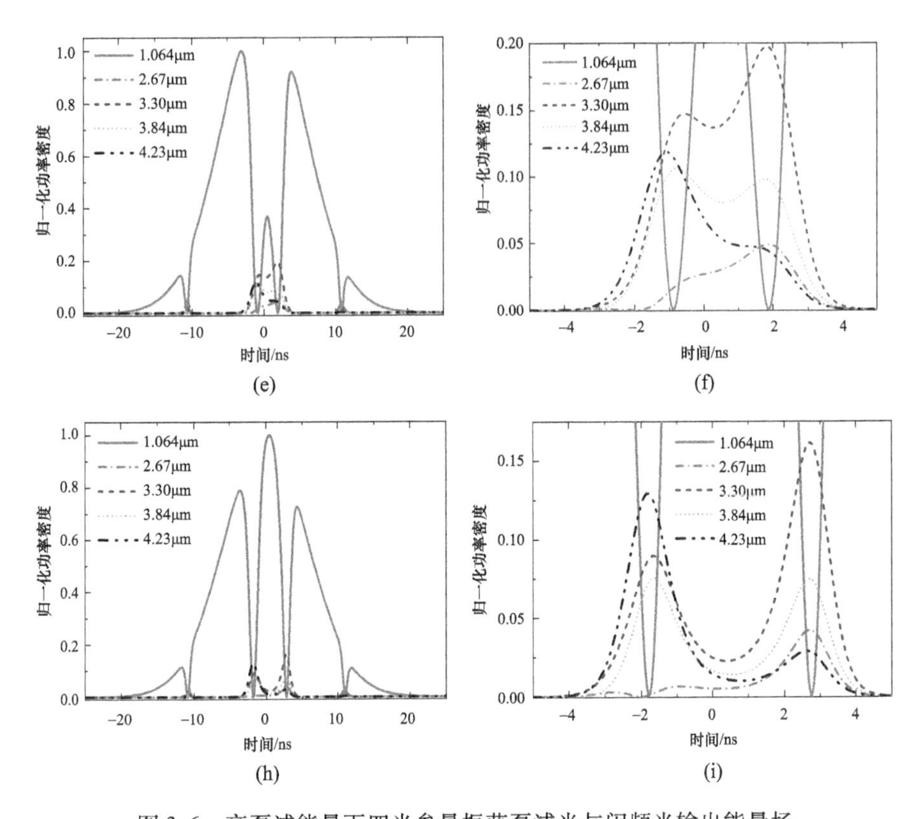

图 3.6 高泵浦能量下四光参量振荡泵浦光与闲频光输出能量场

(a)泵浦能量 8.3mJ;(b)泵浦能量 8.3mJ;(c)泵浦能量 8.9mJ;(d)泵浦能量 8.9mJ;
(e)泵浦能量 9.2mJ;(f)泵浦能量 9.2mJ;(h)泵浦能量 9.6mJ;(i)泵浦能量 9.6mJ。

8.9mJ,3.30μm、3.84μm 和 4.23μm 功率密度波形有两个明显的波峰,2.67μm 功率密度仅有一个波峰,且所有峰值均出现在正、逆转换交替的位置。上述模拟结果表明,高泵浦光功率密度下,四组参量振荡之间的增益竞争现象更加激烈。

与单光参量振荡相同,多光参量振荡过程也存在正转换与逆转换交替现象。当泵浦光被完全消耗时,参量振荡由正转换变为逆转换;当泵浦光功率密度降低时,参量振荡由逆转换变为正转换。低泵浦光功率密度下,多光参量振荡过程中不发生增益竞争现象,各参量光功率密度变化趋势相同,幅值比例不变。高泵浦功率密度下,多组参量振荡之间发生明显的增益竞争现象,各组参量振荡起止时间不再相同,参量光功率密度变化不一致。由此可知,泵浦光功率密度与参量光功率密度配比失衡是影响多光参量振荡能量耦合过程重要因素,两者共同决定能量的流动方向。

参考文献

[1] Armstrong J, Bloembergen N, Ducuing J, et al. Interactions between light waves in a nonlinear dielectric[J]. Physics Review, 1962, 127(6): 1918 – 1939.

[2] Franken P A, Ward J F. Optical harmonics and nonlinear phenomena[J]. Reviews of Modern Physics, 1963, 35: 23 – 39.

[3] Butcher P N. Nonlinear Optical Phenomena[M]. Columbus: Ohio State University Press, 1965.

[4] Bloembergen N. Nonlinear Optics[M]. New York: Benjamin, 1965.

[5] Butcher P N, Cotter D. The Elements of Nonlinear Optics[M]. New York: Cambridge University Press, 1990.

[6] Arisholm G. Advanced numerical simulation models for second – order nonlinear interactions [C]. Proc. SPIE, 1999, 3685: 86 – 97 ;

[7] Arisholm G. Quantum noise initiation and macroscopic fluctuations in optical parametric oscillators[J]. Journal of the Optical Society of America B, 1999, 16(1): 117 – 127 .

[8] Fix A, Wallenstein R. Spectral properties of pulsed nanosecond optical parametric oscillators: experimental investigation and numerical analysis[J]. Journal of the Optical Society of America B, 1996, 13(1): 2484 – 2497 .

[9] 刘航, 于永吉, 王宇恒, 等. 基于含时分步积分算法反演单体 MgO: APLN 多光参量振荡能量场[J]. 物理学报, 2019, 68(24): 244202.

[10] Smith A V, Alford W J, Raymond T D, et al. Comparison of a numerical model with measured performance of a seeded, nanosecond KTP optical parametric oscillator[J]. Journal of the Optical Society of America B, 1995, 12(11): 2253 – 2267.

[11] Smith A V, Gehr R J, Bowers M S. Numerical models of broad – bandwidth nanosecond optical parametric oscillators[J]. Journal of the Optical Society of America B, 1999, 16(4): 609 – 619.

[12] Bakker H I, Planken P C M, Muller H G. Numerical calculation of optical frequency – conversion processes: a new approach[J]. Journal of the Optical Society of America B, 1989, 6(9): 1665 – 1672.

第 4 章

多光参量振荡器实验研究

4.1 内腔连续泵浦 MgO:QPLN/APLN – MOPO 实验研究

搭建内腔连续泵浦 MgO:QPLN/APLN – MOPO 实验平台,测量连续泵浦下参量光输出功率、波长等特性参量。在实验中通过改变输出镜参量光透过率,重点分析不同透过率对阈值和转换效率的影响。

4.1.1 内腔 CW – MOPO 实验装置

内腔 CW – MOPO 实验装置示意图如图 4.1 所示,实物结构如图 4.2 所示。泵浦源采用德国 DILAS 半导体激光公司生产的中心波长 808nm、输出功率 80W 的光纤耦合模块,传输光纤芯径为 400μm,数值孔径(NA)为 0.22,经 1 : 1.5 耦合镜组(传输耦合效率达到 97%)聚焦后泵浦双端连续生长型键合 $Nd:YVO_4$ 晶体。沿 a 轴切割的 $Nd:YVO_4$ 晶体尺寸为 3mm × 3mm × (4 + 16 + 4) mm,Nd^{3+} 离子掺杂浓度为 0.25%,两个端面镀有 808nm 和 1064nm 增透膜,晶体侧面包裹有一层铟箔卡在一块紫铜热沉中,通过外部水冷机循环制冷进行温度控制,水冷机控温精度达到 ±0.01℃[1,2]。

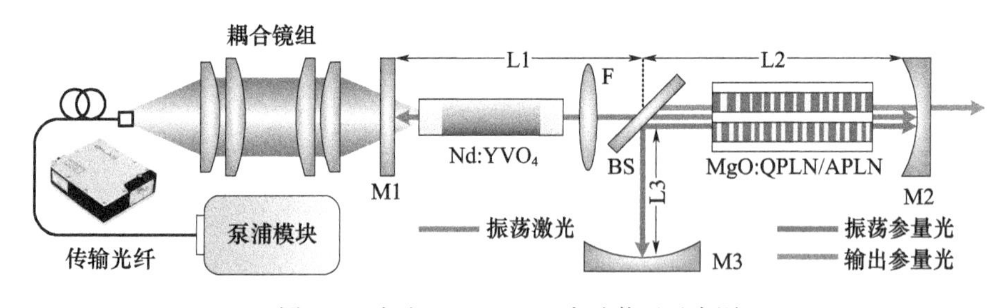

图 4.1 内腔 CW – MOPO 实验装置示意图

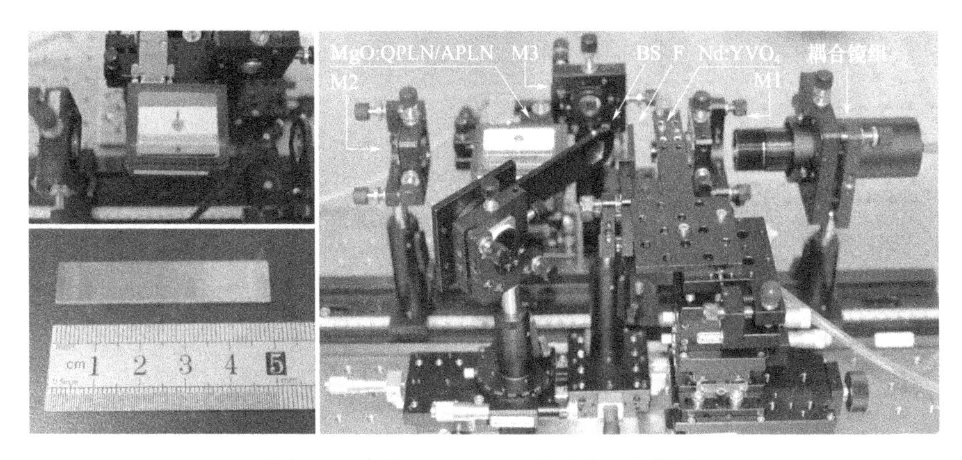

图 4.2 内腔 CW - MOPO 实验装置实物图

双通道 MgO:QPLN/APLN 超晶格极化结构如图 2.21 所示，MgO 掺杂浓度为 5%，超晶格的整体尺寸为 1mm × 10mm × 50mm，两个通道的宽度均为 2mm，两个端面镀有 1.064μm/1.4 ~ 1.7μm/3.3 ~ 4.2μm 多色增透膜。将超晶格材料放置于中国台湾 HCP 公司所生产的 OV50 温控器中，温度控制范围为 0 ~ 200℃。腔镜镀膜情况如表 4 - 1 所列。

表 4 - 1 内腔 CW - MOPO 实验腔镜膜系指标

名称	材质	类型	曲率半径	膜系参数
M1	K9	平 - 平	$R_1 = \infty$	HT@ 808nm，HR@ 1064nm
F	K9	凸 - 凸	$f = 150$mm	HT@ 1064nm
BS	CaF_2	平 - 平	$R_s = \infty$	45°角度膜，HT@ 1064nm HR@ 1.4 ~ 1.7μm，HR@ 3.1 ~ 4.2μm
M2	CaF_2	平 - 凹	$R_2 = 100$mm	HR @ 1064nm HR@ 1.4 ~ 1.5μm，HT@ 1.5 ~ 1.7μm HR@ 3.1 ~ 3.4μm，HT@ 3.7 ~ 4.2μm
M3	CaF_2	平 - 凹	$R_3 = 100$mm	HR@ 1064nm HR@ 1.4 ~ 1.7μm，HR@ 3.1 ~ 4.2μm
注：HR 代表高反射率，HT 代表高透射率。				

光纤耦合泵浦模块作为泵浦端的核心单元，由于其发射谱线中心波长对工作温度和注入电流的变化特别敏感，所以有必要首先了解温度、电流变化对输出中心波长的影响，找出与激光晶体 $Nd:YVO_4$ 吸收峰相匹配的最佳工作温度。光纤耦合泵浦模块出厂的详细参数指标如表 4 - 2 所列。在标定工作温度环境下，使用日本横河 AQ6373 型光谱分析仪（波长精度 ± 0.02nm，光谱范围 350 ~ 1200nm）测量了不同注入电流所对应的输出波长，随着驱动电流的增加，模块输

出功率逐渐增大，输出波长发生缓慢红移，在最大输出功率时，输出中心波长对应为807.1nm，谱线半峰宽（FWHM）约为2.1nm，测量结果如图4.3所示。测量结果表明，运行在标定工作温度点，输出中心波长与Nd:YVO_4最佳吸收峰808nm有一定偏差，这需要通过改变模块的控制温度来调节输出波长到808nm，最终确定工作温度为28.5℃。

表4-2 808nm光纤泵浦模块详细参数指标

技术参数	性能指标	技术参数	性能指标
中心波长	808.1nm	最大功率	80W(50A)
波长温度特性	0.27nm/℃	光谱线宽	<2nm
阈值电流	9.2A	斜效率	2.05W/A
工作温度	25℃	运行温度范围	20～35℃
尾纤芯径	400μm	尾纤数值孔径	0.22

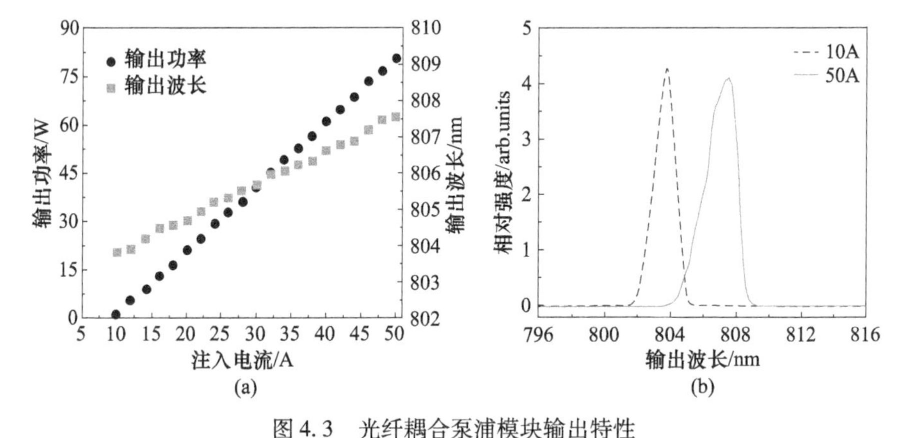

图4.3 光纤耦合泵浦模块输出特性

(a)不同电流对应输出功率及波长；(b)阈值电流与最大电流对应输出波长。

4.1.2 内腔CW-MOPO输出特性测量

内腔CW-MOPO实验装置调整到最佳工作状态，提高泵浦功率至形成多波长参量光输出后，首先通过温控器将双通道MgO:QPLN/APLN温度控制在25℃室温条件，分别使用日本横河AQ6375型光谱分析仪（波长精度±0.05nm，光谱范围1200～2400nm）和瑞士ARCoptix公司FTIR-C-20-120型傅里叶光谱仪（波长精度<0.1cm^{-1}，光谱范围2.5～12μm）对此时MOPO的输出光谱进行测量，两个极化通道测量得到的对应输出光谱分别如图4.4、图4.5所示。由于输出镜M2镀膜采用对OPO1过程的3.3μm闲频光、OPO2过程的1.47μm信号光谐振，因此理论上最终获得的应为1.57μm和3.84μm这对跨周期参量光。

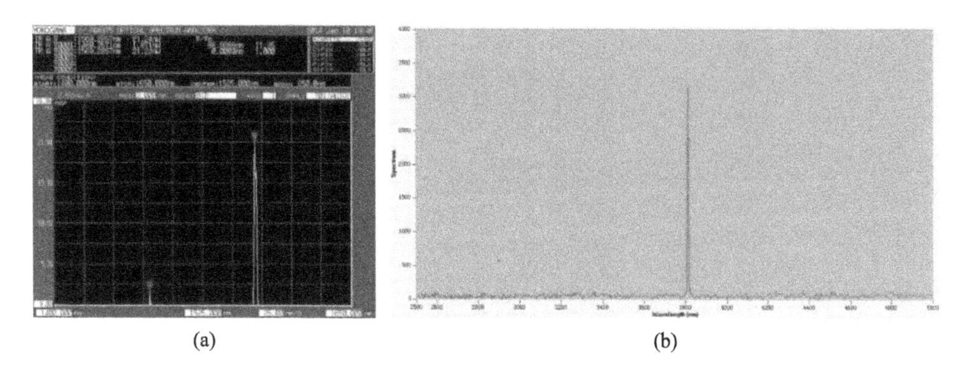

(a) (b)

图 4.4 室温条件下 MgO:QPLN 通道参量光输出光谱(信号光 1569.3nm,闲频光 3837.8nm)

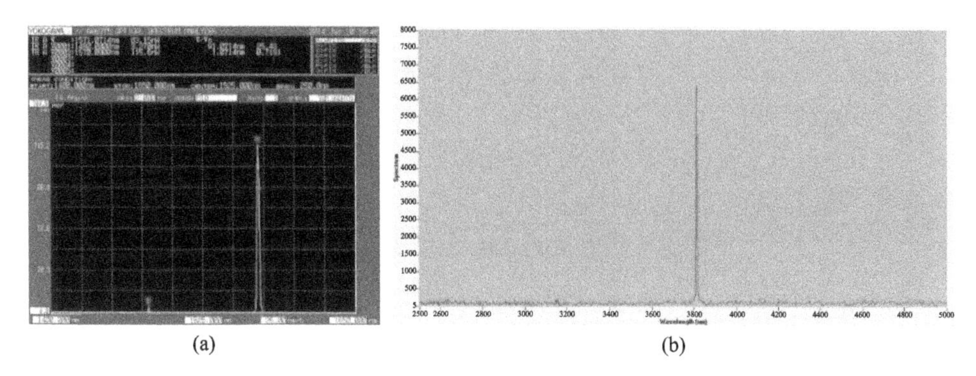

(a) (b)

图 4.5 室温条件下 MgO:APLN 通道参量光输出光谱(信号光 1570.0nm,闲频光 3839.2nm)

由图 4.4、图 4.5 可知,经过 MgO:QPLN 通道输出的信号光波长为 1569.3nm,闲频光波长为 3837.8nm,经过 MgO:APLN 通道输出的信号光波长为 1570nm,闲频光波长为 3839.2nm,基本与理论设计目标相吻合,只是二者在闲频光波段的输出波长均稍有偏差,其中 QPLN 的偏差更大一些。分析主要原因是由于 QPLN 极化结构相比 APLN 过窄的正畴宽,使得制备成型后的畴宽精度要低于 APLN,反映到具体频率变换过程,就是与理论相位匹配波长稍有偏离。

确定双通道 MgO:QPLN/APLN 极化结构设计正确后,使用以色列 OPHIR 公司生产的 F150A - BB - 26 - PPS 型功率探头,分别针对两个通道在不同泵浦功率下的参量光连续输出功率进行测量,测得参量光总输出功率及转换效率随泵浦吸收功率的变化曲线如图 4.6 所示,图中横坐标泵浦吸收功率为 808nm 泵浦光经过耦合镜组、全反镜 M1 损耗后经过 Nd:YVO_4 晶体所吸收的功率,经反复测量该值约为 89%。在泵浦吸收功率约在 50W 左右,QPLN 和 APLN 输出功率分别达到最大化,分别为 2.78W 和 3.47W,对应光 - 光转换效率分别为 5.29% 和 7.1%。继续增大泵浦功率,由于高功率作用下严重的热效应,使得 1064nm 振荡激光无法工作在谐振腔稳定区内,输出功率出现明显下降。

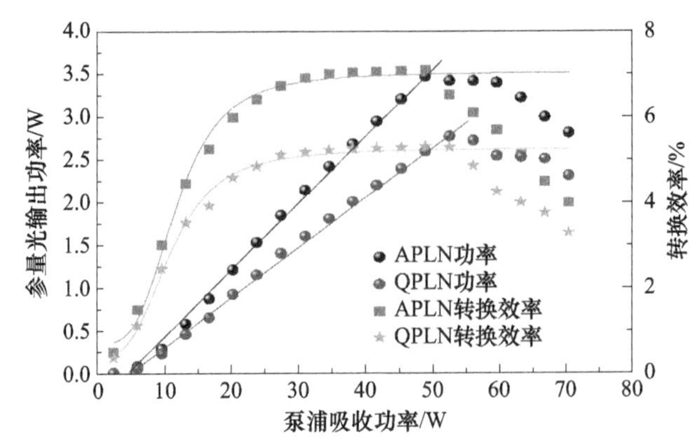

图 4.6　参量光输出功率及转换效率随泵浦吸收功率的变化曲线

在输出端加入分光镜对混合参量光分光后，分别测量得到 1.57μm 和 3.84μm 参量光各自输出功率随泵浦吸收功率增加的变化情况，如图 4.7(a)所示。两个通道 1.57μm 和 3.84μm 参量光输出功率与总参量光输出功率变化趋势基本一致，其中 QPLN 通道起振阈值在 2.8W 左右，1.57μm 信号光最高输出功率为 2.53W，3.84μm 闲频光最高输出功率为 0.24W，功率比例近似为 10∶1，对应斜率效率分别达到了 5.1% 和 0.5%；APLN 通道起振阈值在 2.4W 左右，1.57μm 信号光最高输出功率为 2.97W，3.84μm 闲频光最高输出功率为 0.5W，功率比例近似为 6∶1，对应斜率效率分别达到了 6.4% 和 1.1%。相比 QPLN，显然 APLN 在输出功率及提取效率方面更具优势，这与理论模拟结果基本相符。图 4.7(b)为二者参量光最高输出功率下稳定性监测情况，在连续输出 30 分钟时间内，根据监测结果计算得到 QPLN 通道输出的 1.57μm 信号光波动 3.58%（均方根值 RMS），3.84μm 闲频光波动 8.42%，APLN 通道输出的 1.57μm 信号光波动 2.63%，3.84μm 闲频光波动 6.85%，可见在输出功率稳定性方面，APLN 同样占优。

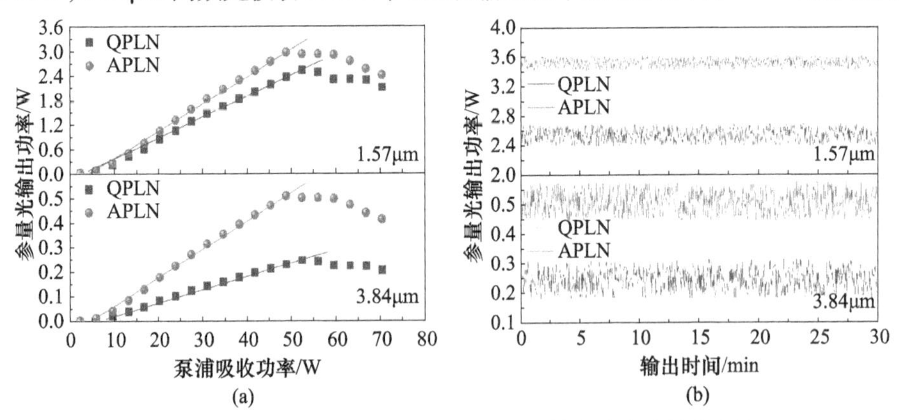

图 4.7　分光后 1.57μm、3.84μm 参量光输出功率及其稳定性

(a)1.57μm、3.84μm 参量光输出功率；(b)1.57μm、3.84μm 参量光输出稳定性。

根据CW-MOPO动力学过程可知，参量光的高效提取需要使振荡激光阈值与参量光起振阈值满足一定的倍率关系。较低的1064nm振荡激光阈值和较高的808nm泵浦功率势必提高最佳参量光起振阈值，因此实验中需要改变阈值泵浦功率，分析不同参量光起振阈值对提取效率的影响。

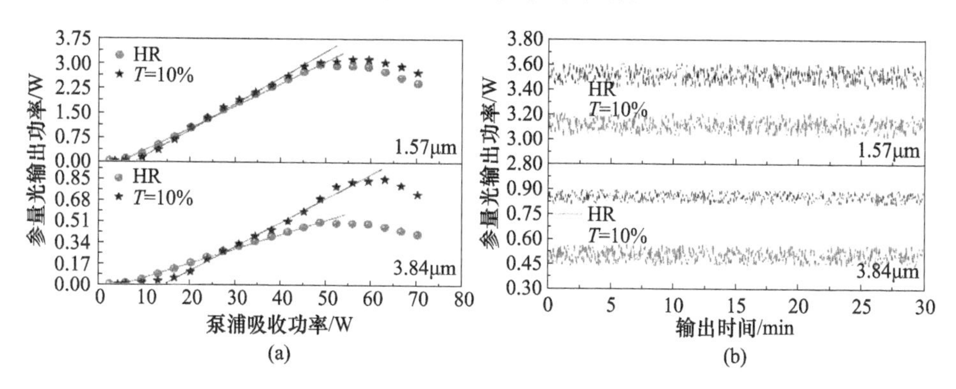

图4.8 M2不同透过率条件下APLN参量光输出功率及其稳定性
(a)1.57μm、3.84μm参量光输出功率；(b)1.57μm、3.84μm参量光输出稳定性。

通过降低谐振参量光的反射率可以提高输出参量光起振阈值，为此，将输出镜M2的膜系换用为对“HR($R\approx 90\%$)@1.4~1.5μm”和“HR($R\approx 90\%$)@3.1~3.4μm”，以输出效率更高的APLN为例，图4.8为两种输出镜膜系条件下参量光输出功率及稳定性测量结果。在更换输出镜透过率后，1.57μm、3.84μm输出参量光起振阈值分别增高至3.6W和4.3W，当泵浦吸收功率分别达到57W和63W时，获得了最高3.13W和0.85W的1.57μm、3.84μm参量光输出，对应斜效率为6.8%和1.9%。相比原高反射率的输出镜膜系，输出功率及提取效率均有一定幅度提升，尤其对于3.84μm闲频光波段，提升幅度更为明显。由于未能镀制更多不同透过率的输出镜，不能确定该透过率的选取为最佳值，但实验结果已表明，优化谐振参量光透过率改变输出参量光阈值的方法，对于多光参量振荡过程转换效率的提升作用不可忽视。图4.8(b)为两种膜系最高输出功率稳定性对比监测情况，更换透过率后，1.57μm信号光波动幅度降为1.8%，3.84μm闲频光波动幅度降为3%，良好的工作稳定性也间接促使谐振腔稳区临界处的泵浦功率更大限度被利用。

固定注入电流，保证泵浦吸收功率在50W，通过温控器改变MgO:QPLN/APLN温度，测量得到不同温度所对应的参量光输出波长，如图4.9(a)所示，由图可知，测量得到的波长值与理论值高度吻合，当温度在25~200℃范围内变化时，OPO1过程的1.57μm波段信号光可调谐区间为1.57~1.65μm，带宽约为80nm，OPO2过程的3.84μm波段闲频光可调谐区间为3.57~3.84μm，带宽约为

270nm。进一步对 APLN 通道参量光输出功率进行测量，得到不同温度测量点所对应的参量光输出功率，如图 4.9(b)所示。由于调谐过程的波长差并未带来过大的量子亏损，因此温度变化带给参量光输出功率的影响较小。

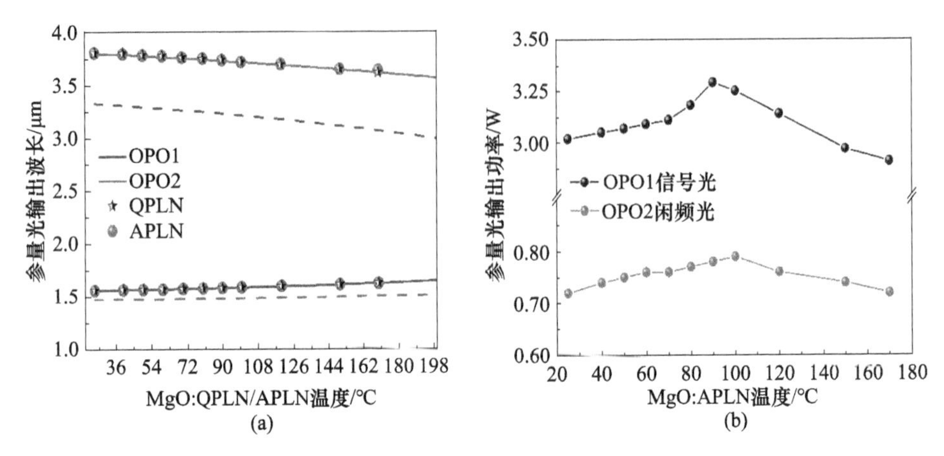

图 4.9　MgO:QPLN/APLN 参量光温度调谐曲线及不同温度下的输出功率

(a) MgO:QPLN/APLN 参量光温度调谐曲线；(b) MgO:APLN 不同温度下输出功率。

4.1.3　内腔 CW – MOPO 实验结果分析

由实验测量得到的 CW – MOPO 参量光输出特性，对比理论模拟结果可以看出，参量光在输出效率、1.57μm 波段与 3.84μm 波段的功率比例方面与理论值相比均有一定偏差，除外部因素影响外，还有腔内连续 1064nm 振荡激光泵浦功率密度不高，高功率泵浦下光束质量恶化引起的腔模光斑失配等，因为 MgO:QPLN/APLN 自身极化结构中每个晶畴大小为非规律变化，制备过程极易造成与理论设计的误差，这一内因同样会造成实验输出功率、效率的降低。通过金相显微镜对制备成型的 MgO:QPLN/APLN 两个通道极化结构观测，正、负晶畴极化反转区域合并和单晶畴纵向宽度不一致均有出现，图 4.10 为正、负晶畴极化反转区域合并示意图与实测图。

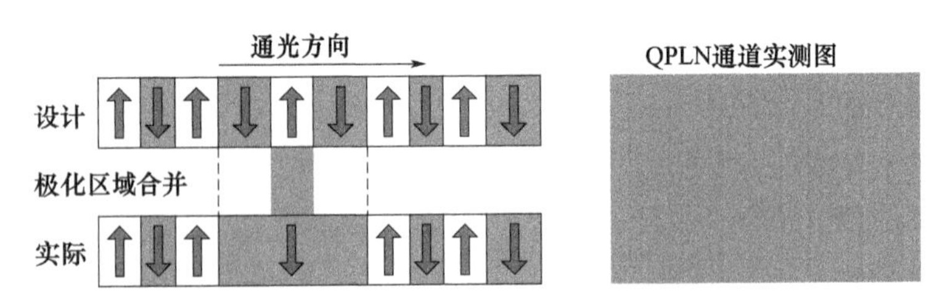

图 4.10　正负晶畴极化反转区域合并示意图与实测图

从图4.10可以看出，由于制备工艺的误差，两个负晶畴与中间的正晶畴合并成一块负晶畴，这种现象所带来的影响通过随机改变 MgO:QPLN/APLN 结构函数中单元晶畴极化方向，根据随机改变数量占总晶畴数的不同比例，模拟不同合并比例对参量光转换效率的影响，模拟结果显示随着合并晶畴数量的增多，OPO1 与 OPO2 两个相位补偿点所对应的转换效率同时下降，比例为10%时，效率下降约30%。但在实际应用中，这种整体晶畴极化方向的偏差，发生概率比较小，通过实测仅在 QPLN 通道出现少有几处极化区域合并，因此说明这种现象并不是效率降低的主导因素。

图4.11为单晶畴纵向宽度不一致示意图与实测图。当制备工艺导致正、负晶畴加载极化电压不均匀时，就会出现图4.11所示的通光方向单元晶畴纵向宽度偏差现象，造成晶畴纵向宽度部分扩张或缩小，通过对 MgO:QPLN/APLN 极化结构实测，这种现象在两个通道内极为普遍。同样通过随机改变 MgO:QPLN/APLN 结构函数中单元晶畴的宽度进行模拟，改变量随机为 1～3μm 不等，模拟结果显示偏差量比重越大，效率降低越多，并且会改变两个 OPO 过程的相位补偿点位置（波长发生频移）和加大输出参量光的相对功率比，这也一定程度解释了实验中输出波长与理论值偏差以及功率比相差过大的原因。

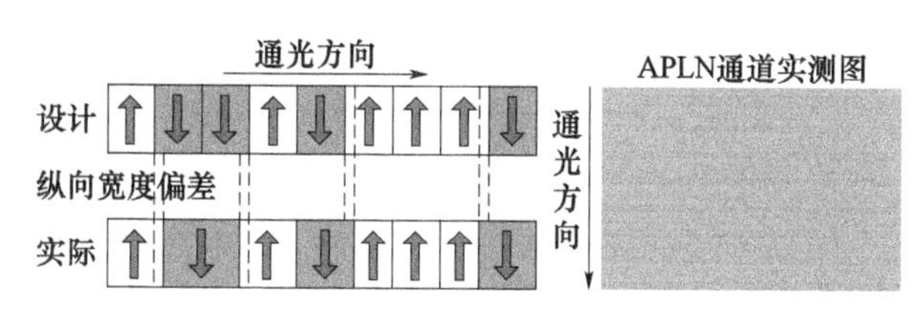

图4.11　单晶畴纵向宽度不一致示意图与实测图

实验中还通过改变输出镜谐振参量光透过率获得了输出参量光功率的提升，根据测得的1.57μm与3.84μm参量光输出功率，可由下式反推得到参与该频率下转换过程的1064nm泵浦光功率 P_{DC}，即

$$P_{DC} = (2P_j/\eta_j)/(\lambda_p/\lambda_j) \tag{4-1}$$

式中：P_j 为对应参量光输出功率；η_j 为输出镜对该参量光的透过率；因子2表示参量光沿正反两个方向传输。将输出镜 M2 的膜系更换为对1064nm激光 T = 20%，测得1064nm激光振荡阈值 P_{th}^{laser} 为0.71W，由 M2 不同透过率条件下参量光输出功率数据（图4.8(a)），结合式(3-12)与式(4-1)，模拟得到对应的1064nm振荡激光下转换效率随泵浦吸收功率变化情况，如图4.12所示。在 M2 使用谐振参量光高反膜系时，其腔内1064nm振荡激光下转换效率在超过阈值后迅速上升，并在吸收功率31W附近处达到最高值96.7%，之后又迅速下降，这一由低到高又到低的过程可看作1064nm振荡激光的能量“回流”，即逆转换。而当

M2 使用谐振参量光透过率 $T=10\%$ 膜系时，并未出现能量逆转换现象，但直至谐振腔失稳，下转换效率也仅达到 75.4%。

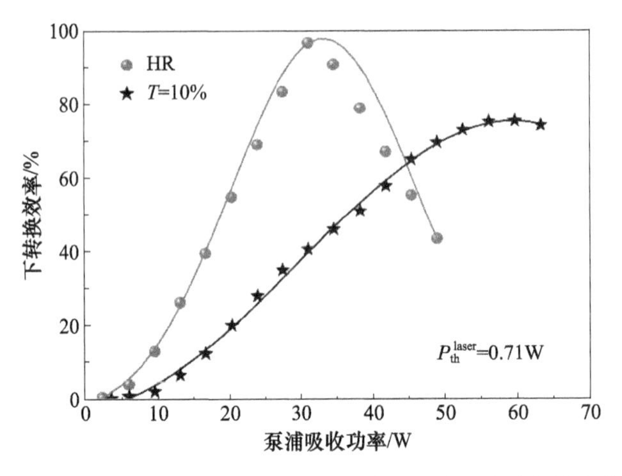

图 4.12　1064nm 振荡激光下转换效率随泵浦吸收功率的变化

上述模拟结果表明，降低谐振参量光的反射率来提高输出参量光起振阈值方法可以有效抑制逆转换，但谐振参量光透过率 $T=10\%$ 的选取，并未能高效利用腔内振荡的 1064nm 激光，这也是导致该膜系条件下提取效率不高的主要原因，需要进一步优化。同时，由于未考虑控制 1064nm 激光能量过多流向高增益的 OPO1，致使输出参量光相对功率比严重失衡。因此，后续在抑制逆转换提高 1064nm 振荡激光利用率的进一步优化中，还要包括如何解决 1064nm 振荡激光的能量分配平衡。

4.2　外腔脉冲泵浦 MgO:QPLN/APLN – MOPO 实验研究

本节分别使用两种调 Q 模式运转的高重频 1064nm 脉冲激光器作为前端泵浦源，开展外腔泵浦 MgO:QPLN/APLN – MOPO 实验研究，获得了 1.57μm 与 3.84μm 波段参量光高重频、窄脉冲输出，详细研究了不同脉冲形式泵浦下 MOPO 在平均功率、重复频率、脉冲宽度、光束质量等方面的输出特性，并与双晶体串接 MgO:PPLN – MOPO 进行了对比分析，由实验对比结果，明确了基于多重准相位匹配 MOPO 的技术优势。

4.2.1　外腔脉冲泵浦 MOPO 实验装置

外腔脉冲泵浦 MOPO 实验装置示意图如图 4.13 所示。采用 808nm 泵浦

Nd:YVO_4 高重频 RTP 电光调 Q 激光器和 880nm 泵浦 Nd:YVO_4 高重频声光调 Q 激光器作为 1064nm 脉冲泵浦源。输出的泵浦光经过偏振片 P 调整为线偏振光，偏振片后放置一焦距为 200mm 的聚焦透镜 F1 用于 1064nm 泵浦光的发散角压束，近似为平行传输的泵浦光通过 Thorlabs 公司生产的 IO - 8 - 1064 - HP 型号自由空间隔离器进行回光隔离，1064nm 最大隔离功率为 75W，隔离器与 MOPO 之间放有 1/4 波片 QWP 和用于耦合聚焦注入的透镜 F2，1/4 波片主要起到调整偏振方向作用，使之满足 MgO:QPLN/APLN 的偏振匹配要求，最终 1064nm 泵浦光通过 F2 聚焦耦合进入 MOPO 腔内实现多光参量振荡[3,4]。

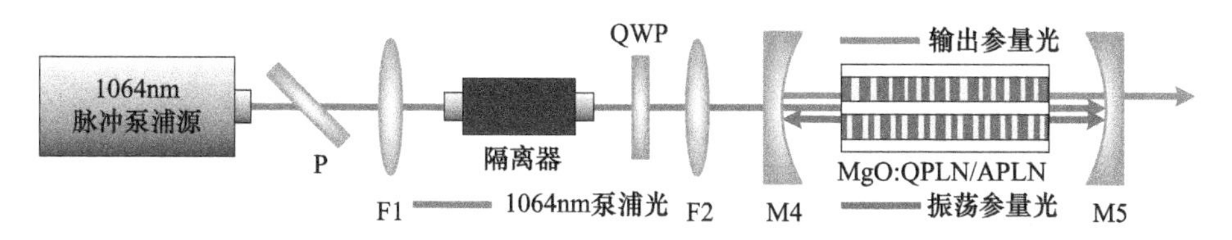

图 4.13 外腔脉冲泵浦 MOPO 实验装置示意图

图 4.14 为该实验装置的实物拍摄图，双通道 MgO:QPLN/APLN 结构参数及超晶格温控器与内腔 CW - MOPO 相同，本套实验中引入两块多通道 MgO:PPLN 进行实验对比测试，MgO:PPLN 晶体分别由中国台湾 HC Photonics 公司和英国 Covesion 公司提供，对应标记编号为 1 和 2。其中 MgO:PPLN - 1 晶体尺寸为 $1\times8.6\times50\text{mm}^3$，选定通道的极化周期为 29.5μm，通道宽度为 1mm；MgO:PPLN - 2 晶体尺寸为 $1\times10\times40\text{mm}^3$，选定通道的极化周期为 30.49μm，通道宽度为 1mm，两块晶体的端面均镀有多色增透膜。

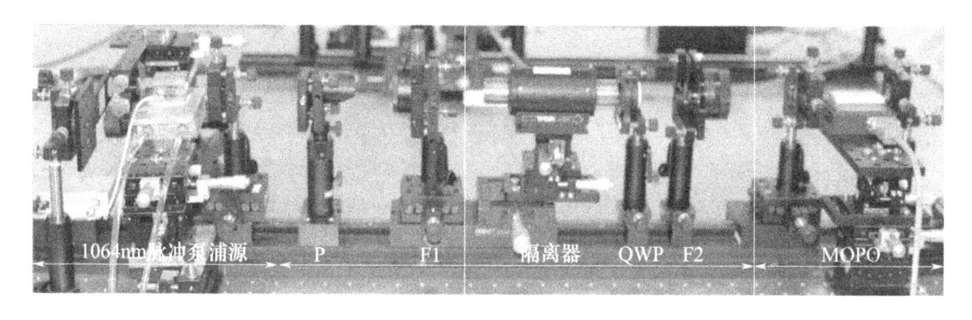

图 4.14 外腔脉冲泵浦 MOPO 实验装置实物图

腔镜整体镀膜情况如表 4 - 3 所列，M5 作为多波长参量光耦合输出镜，其膜系指标对实验输出特性十分关键。表中 M5 不同编号分别对应镀制的不同膜系透过率，M5 - 1 和 M5 - 2 与内腔 CW - MOPO 中使用的两种 M2 膜系相同，未在表中列出。实验过程中，分别对 1064nm 泵浦光，以及 1.57μm、3.84μm 波段参量光的输出功率、光谱、重频及脉宽进行实时监测，保证测量数据的统一性。

表 4-3 外腔脉冲泵浦 MOPO 实验腔镜膜系指标

名称	材质	类型	曲率半径	膜系参数
F1	K9	平-凸	f=200mm	HT(T≈99.98%)@1064nm
F2	K9	凸-凸	f=150mm	HT(T≈99.98%)@1064nm
M4	CaF_2	平-凹	$R4$=150mm	HT(T≈98.93%)@1064nm HR(R≈99.94%)@1.4~1.7μm,HR(R≈99.82%)@3.2~4.0μm
M5-3	CaF_2	平-凹	$R5$=100mm	HR(R≈99.92%)@1064nm AR(R≈61.06%)@1.4~1.7μm,HT(R≈98.29%)@3.1~4.2μm
M5-4	CaF_2	平-凹	$R5$=100mm	HR(R≈99.81%)@1064nm HR(R≈99.96%)@1.4~1.5μm,AR(R≈61.18%)@1.5~1.7μm HR(R≈99.87%)@3.1~3.4μm,HT(T≈97.13%)@3.7~4.2μm
注:HR 代表高反射率,HT 代表高透射率,AR 代表部分透射率。				

4.2.2 高重频 1064nm 脉冲泵浦源实验研究

1064nm 脉冲泵浦源的输出特性对于外腔 MOPO 来说十分重要,高峰值功率、高光束质量 1064nm 激光的获取是保障 MOPO 高效运转的前提。针对此,我们设计了 808nm 泵浦 Nd:YVO_4 高重频 RTP 电光调 Q 和 880nm 泵浦 Nd:YVO_4 高重频声光调 Q 两套方案,以下是这两套方案的具体实验研究。

1. 808nm 泵浦 Nd:YVO_4 高重频 RTP 电光调 Q 激光器

调 Q 是获得高重频、高峰值功率激光输出的常用技术手段,电光调 Q 作为主动调 Q 技术中的一种,具有开关速度快,脉宽窄、消光比高、稳定性好等优点,但由于受高压驱动源和电光晶体材料性能等客观因素限制,激光输出重复频率方面一直局限于百千赫兹以内[5-7]。相比这些报道所使用的 BBO、LGS 等电光 Q 开关材料,RTP 晶体具有更加突出的电光性能参数[8-10],基于此,我们以 RTP 电光 Q 开关作为核心器件,开展了高重频 1064nm 电光调 Q 实验研究,实验装置如图 4.15 所示。

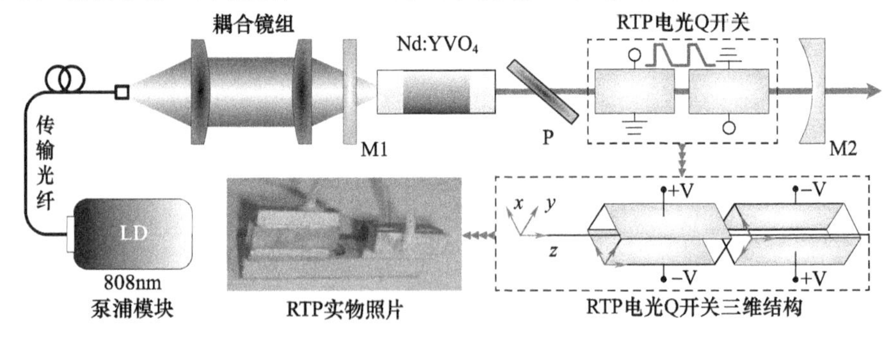

图 4.15 808nm 泵浦 Nd:YVO4 高重频 RTP 电光调 Q 实验装置示意图

泵浦源采用德国 JENOPTIK 公司生产的中心波长808nm、额定输出功率30W的光纤耦合模块(JOLD-30-FC-14),通过 TEC 制冷器控制模块温飘,使得泵浦波长高度匹配 $Nd:YVO_4$ 最佳吸收谱。传输光纤芯径为400μm,数值孔径(NA)为0.22,使用两片焦距均为25mm的平-凸消色差透镜构成1:1成像耦合镜组,泵浦光斑聚焦至 $Nd:YVO_4$ 晶体非键合区3mm处。连续生长双端键合型 $Nd:YVO_4$ 晶体沿 a 轴切割,整体尺寸为 $3\times3\times(4+7+4)mm^3$,$Nd^{3+}$ 离子掺杂浓度为0.4%,晶体两个端面镀有808nm和1064nm增透膜,为了降低热效应,晶体侧面包裹有一层铟箔卡在一块紫铜热沉中,通过 TEC 传导冷却。同时引入一非键合型 $Nd:YVO_4$ 晶体作为实验对比参考,除没有双端键合帽区别外,其余指标参数与键合型保持一致。电光调Q部分由偏振片P与双 RTP 电光Q开关组成,采用退压调Q方式,为了补偿激光作用后温度变化带来的热致双折射效应,两块 RTP 晶体互旋90°放置,x 轴切割的单块 RTP 晶体尺寸为 $3\times3\times10mm^3$,双端镀有1064nm增透膜,加载1/4波电压为550V,定制的Q驱动源上升和下降时间均小于10ns,延迟时间设定在1μs。谐振腔采用简单的平-凹腔形式,腔长为100mm,平-平镜M1作为全反镜,镀有808nm增透膜和1064nm全反膜,平-凹镜M2作为输出镜,曲率半径为200mm,对1064nm透过率为32%。

在激光输出重频200kHz条件下,使用以色列 OPHIR 公司生产的 F30A-V1型功率探头对比测试了双端键合型与非键合型 $Nd:YVO_4$ 晶体的输出平均功率,并实时记录了每个功率点的激光输出脉冲宽度,测量结果如图4.16(a)所示。由图4.16(a)中可以看出,使用连续生长键合型 $Nd:YVO_4$ 晶体,在输出功率、脉冲宽度方面均照非键合型有一定提升,尤其当泵浦功率大于23.5W后,非键合型 $Nd:YVO_4$ 晶体由于热效应的加剧,输出功率出现饱和并降低的趋势,脉冲宽度也随之展宽,而应用双端键合 $Nd:YVO_4$ 晶体则一直保持功率的持续增长和对应脉宽的压窄,在刨除耦合端透射及晶体吸收损耗,剩余27W最高泵浦功率下,获得了平均功率11.8W高重频1064nm脉冲激光输出,光-光转换效率达到了43.7%,对应输出脉宽为16.65ns,相应峰值功率达到了3.5kW。最高泵浦功率固定不变,改变激光输出重复频率,测得5~200kHz不同重频条件下,1064nm激光输出脉冲宽度及相应峰值功率的变化如图4.16(b)所示。5kHz重频时,激光输出脉宽仅为5.1ns,相应峰值功率高达148kW,随着重频的增加,激光输出脉冲宽度随之增大,而平均功率在重频超过50kHz后,变化幅度逐渐减小,所以相应的峰值功率变化也趋于平稳。

锁定最高200kHz重频,最大泵浦功率下测得的脉冲宽度与脉冲序列波形图如图4.17所示,脉冲序列的峰-峰值波动幅度小于6%。进一步应用美国 Spiricon 公司 M2-200s-FW 型光束质量分析仪对激光输出光束质量进行测量,通过

90/10 刀口法测量得到结果如图 4.18 所示。激光输出模式为 TEM_{00} 模，水平与垂直方向的光束质量因子 $M_x^2=1.118$，$M_y^2=1.084$。

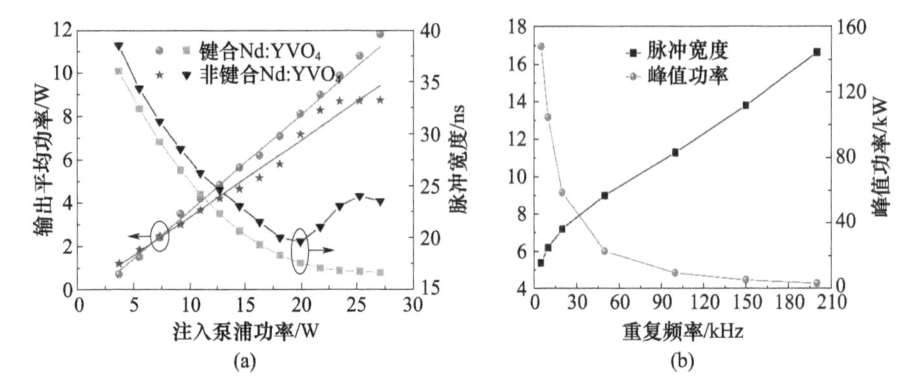

图 4.16 RTP 电光调 Q 重复频率、平均功率、脉冲宽度、峰值功率间的变化关系

(a)200kHz 输出平均功率、脉宽；(b)不同重频 vs 脉宽、峰值功率。

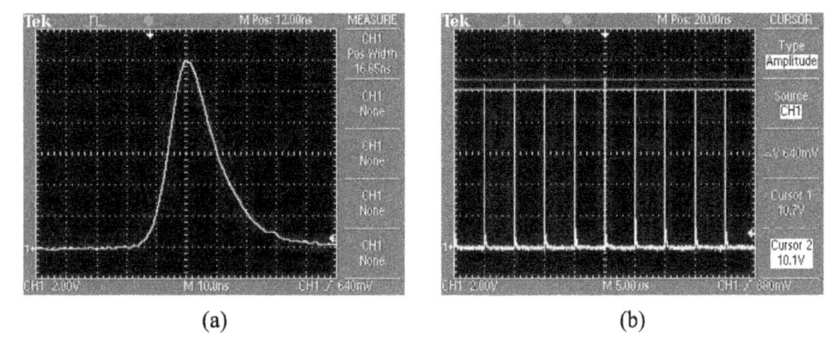

图 4.17 200kHz 重频下 1064nm 激光输出脉宽与脉冲序列

(a)脉宽；(b)脉冲序列。

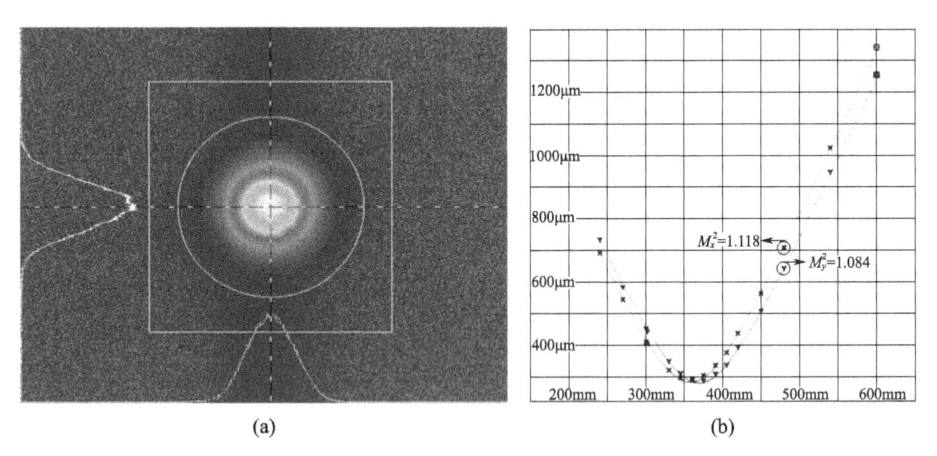

图 4.18 200kHz 重频下 1064nm 激光输出光束质量

(a)远场光斑；(b)M^2 因子。

2. 880nm 泵浦 Nd:YVO_4 高重频声光调 Q 激光器

声光调 Q 是另一种常用的主动调 Q 技术,相比于电光调 Q 能够获得更高的重复频率[11-13],但由于“关门”效果差于电光调 Q,往往在高重频运转下,脉宽较宽。影响声光调 Q 脉宽压窄的主要因素有泵浦功率密度、腔长、振荡激光光束质量等,显然,在腔长与泵浦功率确定情况下,振荡光光束质量的优劣直接左右着激光输出脉宽。一旦声光 Q 开关处的光斑束腰过大,则无法保证入射光与 Q 开关超声波面夹角为布拉格衍射角,这将造成布拉格衍射效率下降,脉宽展宽。在高功率泵浦下,热效应是造成腔内振荡光光束发散的主要成因,为了从机理上降低热效应影响,我们采用 880nm 直接泵浦替代传统 808nm 泵浦 Nd:YVO_4,这种泵浦方式能够有效消除 808nm 泵浦增益介质存在的$^4F_{5/2}\rightarrow{}^4F_{3/2}$无辐射跃迁造成的量子亏损,改善增益介质的热积聚。

图 4.19 为 880nm 泵浦 Nd:YVO_4 高重频声光调 Q 实验装置示意图。泵浦源采用美国 n-LIGHT 公司生产的中心波长 880nm、额定输出功率 50W 的光纤耦合模块,通过 TEC 制冷器对模块控温,温度设定在 29℃。模块传输光纤芯径为 400μm,数值孔径(NA)为 0.22,880nm 泵浦光经 1:2 耦合镜组(传输耦合效率达到 97%)聚焦后泵浦双端连续生长型键合 Nd:YVO_4 晶体,Nd:YVO_4 晶体沿 a 轴切割,尺寸为 $3\times3\times(4+16+4)mm^3$,$Nd^{3+}$ 离子掺杂浓度为 0.25%,两个端面镀有 880nm 和 1064nm 增透膜,晶体侧面包裹有一层铟箔卡在一块紫铜热沉中,通过外部水冷机循环制冷进行温度控制,水冷机控温精度达到 ±0.01℃。声光调 Q 部分由声光 Q 开关、声光 Q 驱动及信号发生器组成,Q 开关及驱动源由英国 Gooch&Housego 公司生产,射频功率 20W,频率 40.68MHz,衍射损耗 >90%。为增大模体积与泵浦光斑匹配,谐振腔采用平-平腔结构,腔长为 100mm,M1 作为全反镜,镀有 880nm 增透膜和 1064nm 全反膜,M2 作为输出镜,对 1064nm 透过率为 48%。为减小超声波在声光介质中的渡越时间,声光 Q 开关放置于靠近输出镜 M2 一侧。

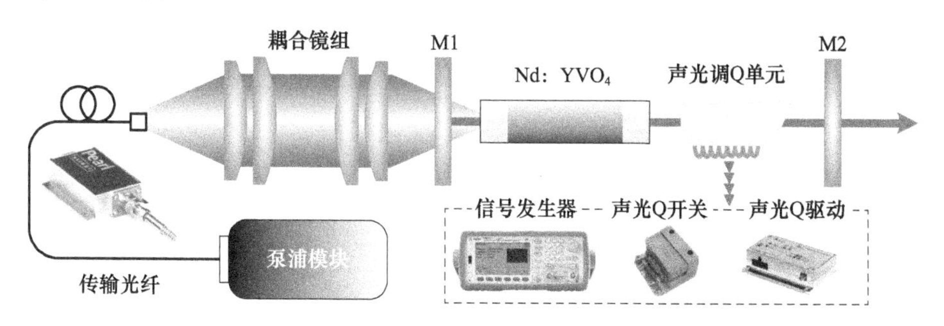

图 4.19 880nm 泵浦 Nd:YVO4 高重频声光调 Q 实验装置示意图

增益介质 Nd:YVO_4 对 880nm 泵浦光的吸收效率约为 81%,激光输出重频设定在 200kHz 时,测量得到 1064nm 激光输出平均功率、脉冲宽度随泵浦吸收功率的变化如图 4.20(a)所示。在 39.7W 最高泵浦吸收功率作用下,获得了最大平均功率 22.8W 激光输出,光-光转换效率高达 57.4%,对应输出脉冲宽度为 9.756ns,脉冲波形与脉冲序列如图 4.21 所示,相应峰值功率达到 11.7kW,动静比接近 90%,可见实现了较好的声光调 Q 运转。当固定最高泵浦功率不变,改变激光输出重复频率,测得 5~200kHz 不同重频条件下,1064nm 激光输出脉冲宽度及相应峰值功率的变化如图 4.21(b)所示。对比 RTP 电光调 Q,声光调 Q 输出脉宽在不同重频下的变化幅度不大,当重频小于 50kHz 时,RTP 电光调 Q 能够获得更好的脉宽压窄,但当继续增大重频,声光调 Q 在高重频运转方面的优势就体现出来,在 50~200kHz 之间,脉宽变化波动仅为 0.75ns。

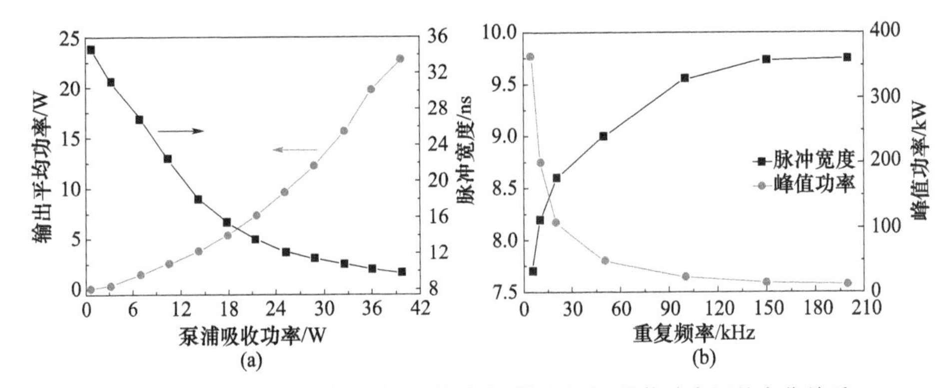

图 4.20 声光调 Q 重复频率、平均功率、脉冲宽度、峰值功率间的变化关系

(a)200kHz 输出平均功率、脉宽;(b)不同重频 vs 脉宽、峰值功率。

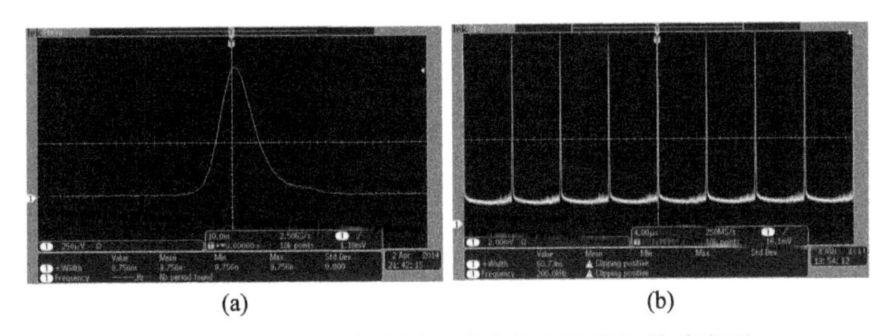

图 4.21 200kHz 声光调 Q 激光输出脉宽与脉冲序列

(a)脉宽;(b)脉冲序列。

图 4.22 为 200kHz 重频运转、最高泵浦功率作用下测得的声光调 Q 输出光束质量。从远场光斑来看,输出激光模式近似为 TEM_{00} 模,通过 90/10 刀口法测量得到水平与垂直方向的光束质量因子 $M_x^2=1.215$,$M_y^2=1.183$,输出光束质量稍差于 RTP 电光调 Q,这与声光调 Q 的衍射特性有关。

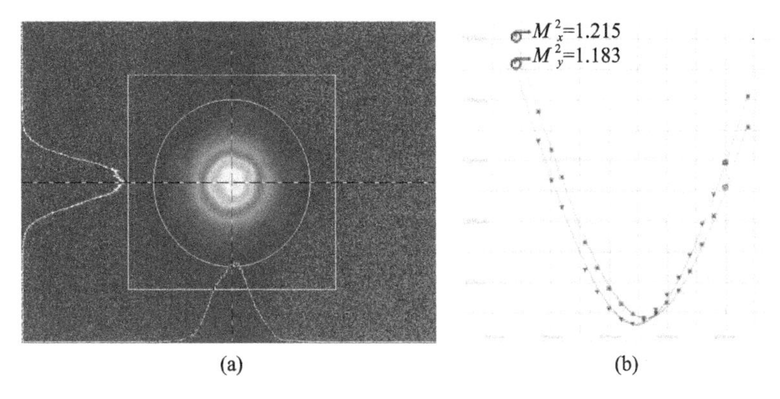

(a) (b)

图 4.22 200kHz 声光调 Q 激光输出光束质量

(a)远场光斑;(b)M^2 因子。

4.2.3 外腔脉冲泵浦 MOPO 输出特性测量

应用上述两种 1064nm 调 Q 激光器作为前端泵浦源,外腔 MOPO 实验装置调整到最佳工作状态,由于这两个泵浦源输出的 1064nm 激光均具有较高的峰值功率,相比内腔 CW - MOPO,能够获得更高的参量光增益。首先选用对两个 OPO 过程参量光均镀有增透膜的 M5 - 3 作为耦合输出镜,采用 RTP 电光调 Q 激光器泵浦 APLN 通道,温度控制在 25℃室温条件,提高泵浦功率至形成多波长参量光输出后,分别使用 AQ6375 型光谱分析仪和 FTIR - C - 20 - 120 型傅里叶光谱仪对此时 MOPO 的输出光谱进行测量,信号光和闲频光对应输出光谱如图 4.23 所示。由监测得到的输出光谱以看出,在未对特定波段进行镀高反膜限制时,分属两个 OPO 过程的两对参量光均由 M5 - 3 输出镜输出,并且 OPO1 过程的 1.57μm、3.3μm 参量光输出光强要明显高于 OPO2 过程的 1.47μm、3.84μm 参量光,测量过程中,为了保证弱增益的 1.47μm、3.84μm 参量光不被噪声湮灭,需要调偏输出镜增大 1.57μm、3.3μm 参量光损耗,这也进一步验证了 3.3.1 小节所预期的理论增益情况。所测得信号光光谱中,存在有多余谱线,这主要是由于调偏了输出镜,其他参量光也获得一定增益造成的混频现象。

实验以 1.57μm 和 3.84μm 这对跨周期参量光为研究主体,因此,输出镜 M5 针对谐振参量光镀制了不同透过率膜系,如表 4 - 3 所列。根据内腔 CW - MOPO 实验结果,APLN 在输出功率及提取效率方面更具优势,以 APLN 通道为主要研究对象,温度保持在室温状态,前端 1064nm 泵浦源采用声光调 Q 激光器,重频设置为 200kHz,对混合参量光分光后,测量得到不同膜系 M5 对应的 1.57μm 和 3.84μm 参量光输出平均功率及转换效率随 1064nm 泵浦激光注入功率增加的变化情况,如图 4.24 所示。

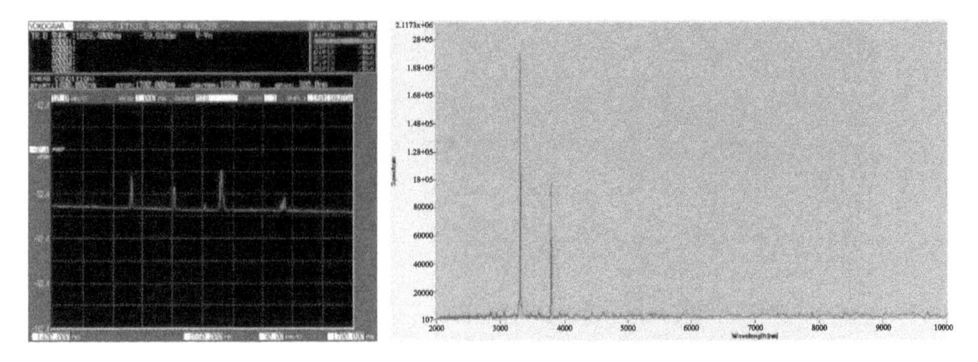

图 4.23　室温条件下 MgO:APLN 通道参量光输出光谱(耦合输出镜 M5 - 3)

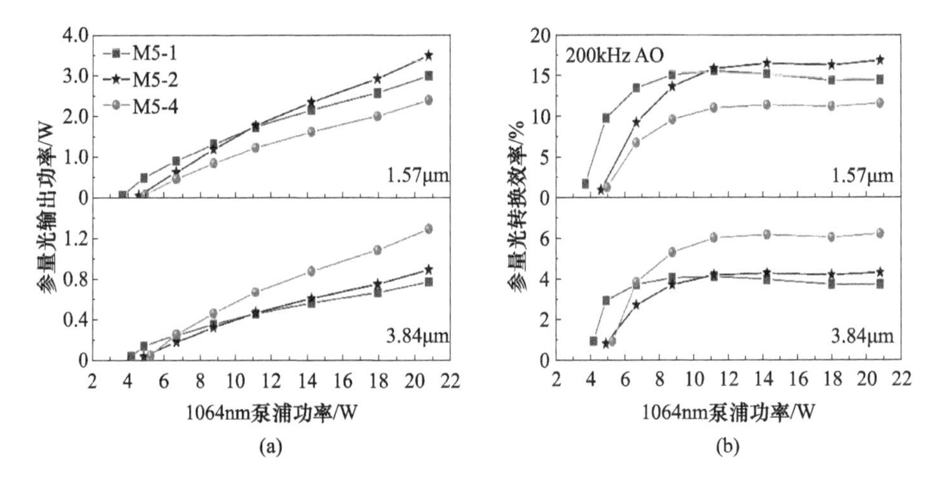

图 4.24　M5 不同膜系对应的参量光输出功率及其转换效率(声光调 Q,200kHz)

(a)1.57μm、3.84μm 参量光输出功率;(b)1.57μm、3.84μm 参量光转换效率。

从图 4.24 中可以看出,当未对输出参量光透过率限制时,使用 M5 - 2 膜系在 20.8W(经传输后注入晶体内的功率)最大泵浦功率作用下,分别获得了 3.5W 和 0.9W 的 1.57μm、3.84μm 参量光输出,对应光 - 光转换效率为 16.8% 和 4.3%,对输出参量光的效率提取要明显优于 M5 - 1,这也与内腔 CW - MOPO 所获得的结论一致,但二者相对功率比依然很大。而当使用限制 1.57μm 参量光透过率的 M5 - 4 输出镜时,尽管 1.57μm 参量光输出平均功率降低到 2.4W,但处于弱增益的 3.84μm 参量光效率得到了大幅提升,输出平均功率达到 1.31W,对应光 - 光转换效率为 6.25%,二者相对功率比更为接近。由于参量光获得的增益均由泵浦光经过三波混频作用转化而来,所以这种现象表明,脉冲强泵浦下,限制多光参量振荡中的高增益分支参量光输出功率,会促使更多的泵浦能量反向向低增益分支转化,间接平衡了两个分支参量光功率配比。

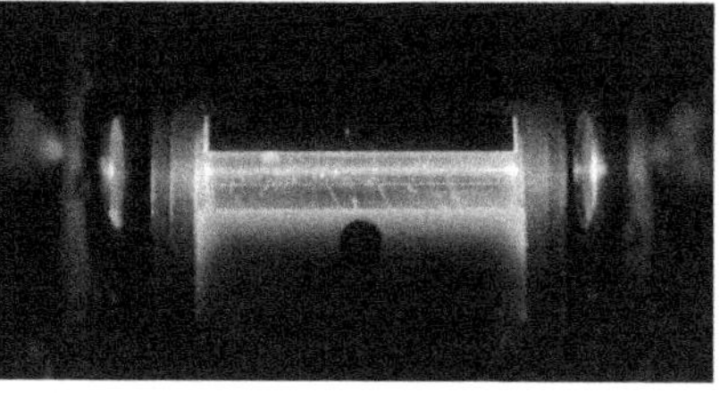

图 4.25 声光调 Q 高重频 1064nm 激光泵浦 MOPO 工作状态实物图

200kHz 高重频 1064nm 激光最大泵浦功率作用下的 MOPO 工作状态如图 4.25 所示，多光参量振荡过程伴随有混频现象，这些混频光相对较为微弱，基本对参量光的测试没有影响。继续使用输出镜 M5－4，固定最大泵浦功率不变，改变声光调 Q 重复频率，分别使用美国 Thorlabs 公司生产的 DET01CFC/M 型脉宽探测器和波兰 VIGO 公司生产的 PVMI－2TE－10.6 型红外探测器对两路参量光输出脉宽同时监测，测量得到不同重频下 1.57μm、3.84μm 参量光单脉冲输出能量及对应脉冲宽度的变化情况如图 4.25(a) 所示。

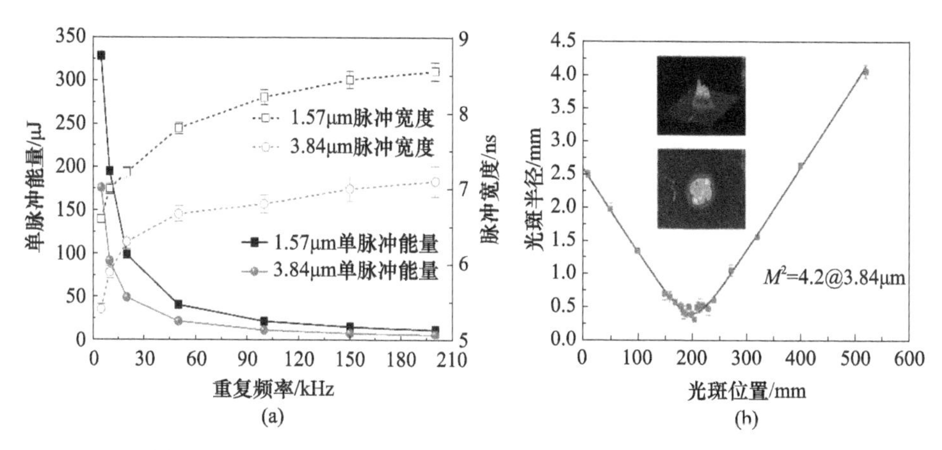

图 4.26 声光调 Q 不同重频下 1.57μm、3.84μm 参量光输出特性

(a)参量光输出能量及脉宽随重频变化；(b)3.84μm 参量光光束质量(200kHz)。

由图 4.26(a) 可知，1.57μm、3.84μm 参量光单脉冲输出能量及对应脉冲宽度的变化趋势与图 4.20(b) 声光调 Q 该趋势基本一致，两个参量光输出单脉冲能量随重频的增加单调递减，脉宽随之展宽，因为 1.57μm、3.84μm 参量光建立时间要晚于泵浦光时间，所以整个过程参量光脉宽始终小于泵浦光脉宽。将对应不同重频的参量光输出单脉冲能量转化为平均功率，整个重频变换过程中，参量光的输出功率并未出现下降，这主要得益于声光调 Q 激光器窄脉宽的稳定控制。在 200kHz 最高重频下，进一步应用以色列 OPHIR 公司生产的 PyrocamIII 型焦热电阵列相机对参量光光束质量 M^2 因子进行测量，沿参量光传输方向放置一个 200mm 焦距透镜,通过 90/10 刀口法测量聚焦镜后不同位置激光光斑大小,然后根据高斯光束传播方程拟合出光束束腰半径及远场发散角,即可算出被测光束的光束质量,图 4.26(b)为 3.84μm 参量光光束质量测量曲线,经计算 M^2 因子约为 4.2,同时监测得到 1.57μm 光束质量 M^2 因子约为 3.9,略优于 3.84μm 参量光,但二者相较 1064nm 泵浦光及低重频下输出参量光的光束质量,均表现出不同程度的恶化,这说明随着重频的增大,多光参量间能量耦合及传递过程的稳定性、同步性均受到影响。

在高重频声光调 Q 脉冲泵浦 APLN 实验基础上,将 1064nm 泵浦源更换为前文所述的 RTP 电光调 Q 激光器,由于该激光器在相对较低重频下的窄脉宽特性更为突出,因此将 RTP 电光调 Q 重频设置为 5kHz,测量得到不同膜系 M5 对应的 1.57μm 和 3.84μm 参量光输出平均功率及转换效率随 1064nm 泵浦激光注入功率的变化情况,如图 4.27 所示。与高重频声光调 Q 泵浦的实验结果类似,使用限制 1.57μm 参量光透过率的 M5-4 作为输出镜,能够获得更高效的 3.84μm 参量光输出,在 4.05W 最高泵浦功率下,1.57μm、3.84μm 参量光输出平均功率分别达到 0.62W 和 0.41W,对应光-光转换效率为 15.5% 和 10.25%,但与之区别的是三种膜系均不同的出现效率拐点,这其中以 M5-1 最为明显。这种现象说明高峰值功率泵浦光的注入,在带来效率提升的同时,使得晶体内部能量逆转换过早发生,无法维系在整个晶体长度内能量的正常转化。继续改变电光 Q 驱动的重复频率并监测每个重频下参量光输出脉宽,得到输出平均功率及脉宽的变化关系如图 4.28(a)所示。

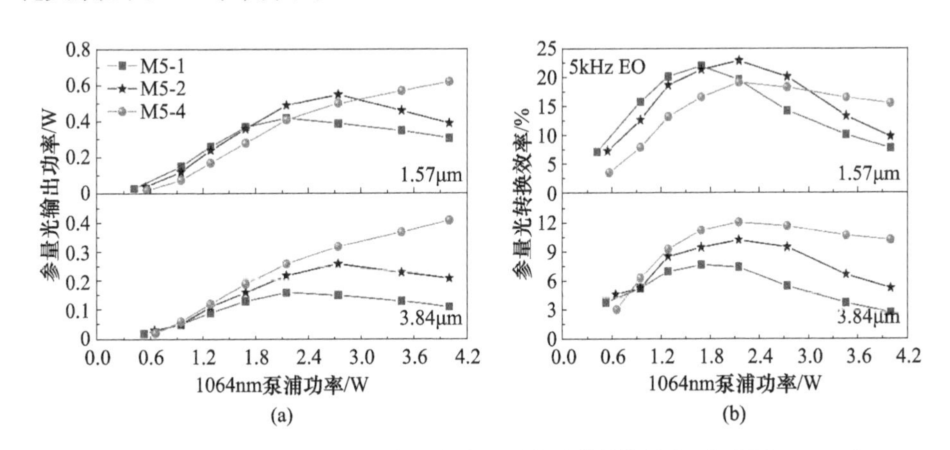

图 4.27 M5 不同膜系对应的参量光输出功率及其转换效率(电光调 Q,5kHz)
(a)1.57μm、3.84μm 参量光输出功率;(b)1.57μm、3.84μm 参量光转换效率。

由图 4.28(a)可知,5~20kHz 重频下 1.57μm、3.84μm 参量光输出平均功率变化趋势并不是单调递增,当重频调整到 50kHz 时,两个参量光的输出功率均获得大幅提升,继续增大重频,输出功率趋向于平稳,此时对该重频下3.84μm参量光光束质量进行测量,图4.28(b)为测量曲线,经计算M^2因子约为2.4,对比测量其他低于和高于50kHz重频的3.84μm参量光光束质量,均差于该重频,尤其在低重频下更为明显,如图4.29所示。这进一步表明50kHz重频以下,由于高峰值功率泵浦带来的能量逆转换造成多光参量能量耦合过程极不稳定,造成效率降低,光束质量的恶化。图4.30为测得的50kHz三波输出脉宽及脉冲序列,脉冲波形及序列峰-峰值稳定度相对较好。

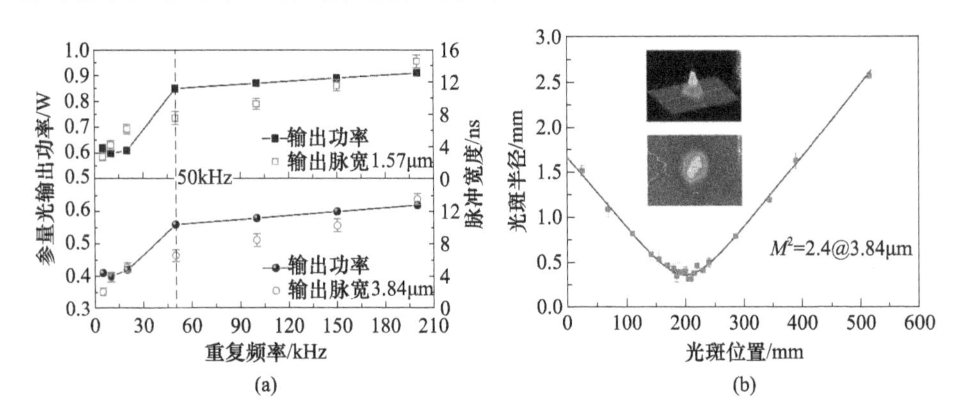

图4.28 电光调Q不同重频下1.57μm、3.84μm参量光输出特性
(a)参量光输出功率及脉宽随重频变化;(b)3.84μm参量光光束质量(50kHz)。

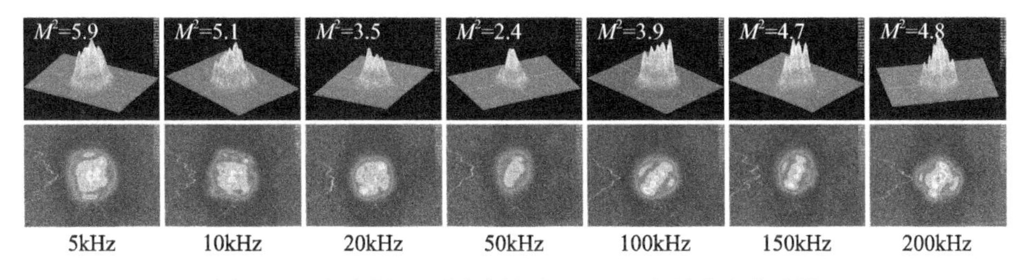

图4.29 电光调Q不同重频下3.84μm参量光光束质量

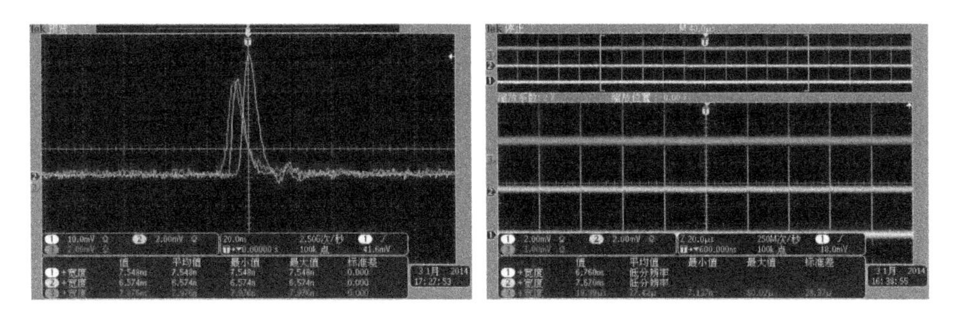

图4.30 50kHz电光调Q泵浦MOPO三波输出脉冲宽度与脉冲序列

4.2.4 双晶体串接 MOPO 对比分析

在外腔脉冲泵浦 MOPO 实验基础上,将双通道 MgO:QPLN/APLN 更换为前文所述的两块 MgO:PPLN 晶体,极化周期分别为 29.5μm 和 30.49μm,M4 与 M5-4 组成的多光参量振荡腔腔长适当拉长,为保证更好的聚焦效果,将耦合输出镜 M5-4 曲率更换为 150mm。1064nm 泵浦源采用高重频声光调 Q 激光器,重频设定在 200kHz,在最大泵浦功率下,分别测量双晶体未串接前与串接后的 1.57μm、3.84μm 参量光输出功率及转换效率,测量结果如图 4.31 所示。

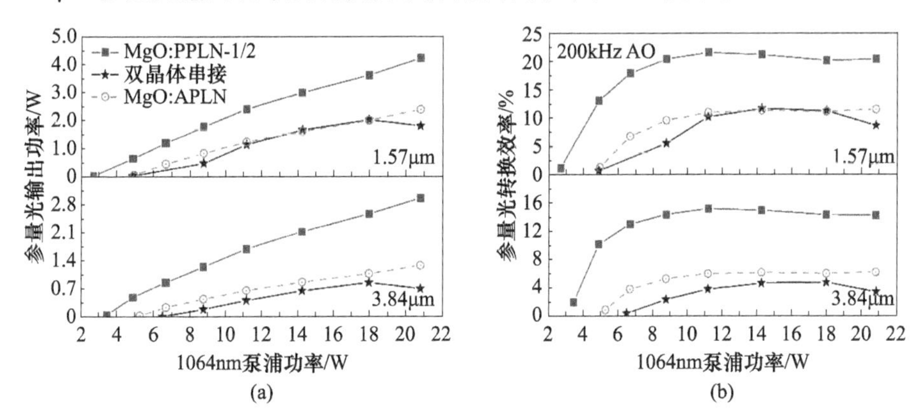

图 4.31 不同 MOPO 的参量光输出功率及其转换效率(声光调 Q,200kHz)
(a)1.57μm、3.84μm 参量光输出功率;(b)1.57μm、3.84μm 参量光转换效率。

当单独应用 MgO:PPLN-1 或 2 晶体时,分别实现了 4.24W 和 2.98W 的 1.57μm、3.84μm 参量光输出,对应光-光转换效率分别为 20.4% 和 14.3%,与 APLN-MOPO 相比,单 OPO 的输出功率和转换效率均要高于 MOPO 所对应的分支 OPO。但当把两块晶体在腔内进行串接后,往复泵浦光无法充分的利用,谐振参量光之间的互干扰等一系列问题的出现,使得提取效率大打折扣,致使 1.57μm、3.84μm 参量光输出功率分别降至 1.81W 和 0.72W,并且在高功率注入时出现功率与效率拐点。从上述实验结果可以看出,串接后形成的 MOPO 在输出功率及提取效率方面并非为对应单 OPO 的简单叠加,输出性能及结构紧凑性均要差于所设计的 APLN 单晶体,这进一步印证了基于多重准相位匹配技术 MOPO 的有效性与实用性。

参考文献

[1] 于永吉,陈薪羽,成丽波,等. 基于 MgO:APLN 的 1.57 μm/3.84 μm 连续波内腔多光参量振荡器研究[J]. 物理学报,2015,64(22):224215.

[2] Yu Y, Chen X, Cheng L, et al. Continuous – wave intracavity multiple optical parametric oscillator using an aperiodically poled lithium niobate around 1.57 and 3.84 μm[J]. IEEE Photonics Journal, 2017, 9(2): 150090.

[3] 于永吉,陈薪羽,王超,等. 基于 MgO:APLN 的多光参量振荡器实验研究及其逆转换过程演化分析[J]. 物理学报,2015,64(4):044203.

[4] Yu Y, Chen X, Cheng L, et al. High repetition rate multiple optical parametric oscillator by an aperiodically poled lithium niobate around 1.57 and 3.84 μm[J]. Optics and Laser Technology, 2017, 97: 187 – 190.

[5] Du K, Li D, Zhang H, et al. Electro – optically Q – switched Nd: YVO_4 slab laser with a high repetition rate and a short pulse width[J]. Optics Letters, 2003, 28(2): 87 – 89.

[6] Manni J G, Hybl J D, Ripin D J, et al. 100W Q – switched Cryogenically Cooled Yb: YAG Laser [J]. IEEE J. Quantum Electron, 2010, 46(1): 95 – 98.

[7] Wang C Y, Ji J H, Qi Y F, et al. Kilohertz Electro – optic Q – Switched Nd: YAG Ceramic Laser [J]. Chinese Physics Letters, 2006, 23(7): 1797 – 1802.

[8] Yu Y J, Chen X Y, Wang C, et al. A 200kHz Q – Switched adhesive – free bond composite Nd: YVO_4 Laser using a double – crystal RTP electro – optic modulator[J]. Chinese Physics Letters, 2012, 29(2): 024206.

[9] Yu Y J, Chen X Y, Wang C, et al. Double – crystal $RbTiOPO_4$ for simultaneous 200kHz Q – switching and second – harmonic generation in a direct – pumped Nd: YVO_4 laser[J]. Laser Physics Letters, 2013, 10(1): 015001.

[10] Yu Y J, Chen X Y, Wang C, et al.. High repetition rate 880nm diode – directly – pumped electro – optic Q – switched Nd: $GdVO_4$ laser with a double – crystal RTP electro – optic modulator [J]. Optics Communcations, 2013, 304: 39 – 42.

[11] Hong H, Huang L, Liu Q, et al. Compact high – power, TEM_{00} acousto – optics Q – switched Nd: YVO_4 oscillator pumped at 888nm[J]. Applied Optics, 2012, 51(3): 323 – 327.

[12] Liu Q, Yan X, Fu X, et al. 183W TEM_{00} mode acoustic – optic Q – switched MOPA laser at 850kHz[J]. Optics Express., 2009, 17(7): 5636 – 5644.

[13] Besotosnii V, Cheshev E, Gorbunkov M, et al. Diode end – pumped acousto – optically Q – switched compact Nd: YLF laser[J]. Applied Physics B, 2010, 101(1 – 2): 71 – 74.

第5章

多光参量振荡线宽压窄

5.1 多光参量振荡线宽压窄理论

采用光参量振荡技术使泵浦光与非线性光学晶体相互作用,从而获得参量光的输出。在这个二阶非线性转换过程中,满足动能守恒与能量守恒的参量光更易输出。而满足能量守恒不满足动量守恒的参量光也会有相应输出,且其谱线宽度远远大于自发辐射情况下的谱线宽度[1-6]。由于输出的参量光是由上述不同条件参量光的叠加,所以最终获得的参量光谱线宽度较宽。为了压窄输出参量光的谱线宽度,需要从理论上分析光学参量振荡器的谱线展宽因素,为下一步获得窄线宽中红外双波长激光的输出提供依据。

5.1.1 参量光线宽压窄模型

在单谐振 OPO 系统中,影响参量光线宽的因素有抽运光线宽、泵浦光高增益等。各种展宽因素引起的信号光频率色散的增益为[7-9]

$$g(\omega_{s0}+\Delta\omega_s)L_0=\sqrt{\Gamma^2(\omega_{s0})L_0^2-\frac{(\Delta kL_0)^2}{4}} \tag{5-1}$$

式中:$g(\omega_{s0}+\Delta\omega_s)$ 为信号光增益系数;ω_s 为信号光频率;ω_{s0} 为振荡信号光中心频率;Γ 为单位长度的增益系数;L_0 为晶体长度;Δk 为波矢失配量。

参量的总损耗为

$$\delta_{all}=\Gamma_{th}(\omega_{s0})L_0 \tag{5-2}$$

式中:Γ_{th} 为阈值单位长度的增益系数。

为实现信号光振荡,须满足

$$g(\omega_{s0}+\Delta\omega_s)L_0\geqslant\delta_{all} \tag{5-3}$$

波矢失配量 Δk 为

$$\Delta k = \Delta\omega_p \frac{\partial k_p(\omega_p)}{\partial \omega_p} - \Delta\omega_s \frac{\partial k_s(\omega_s)}{\partial \omega_s} - \Delta\omega_i \frac{\partial k_i(\omega_i)}{\partial \omega_i} \tag{5-4}$$

由式(5-1)~式(5-4)式可得到信号光谱线宽度为

$$\Delta\omega_s \left[\frac{\partial k_i(\omega_i)}{\partial \omega_i} - \frac{\partial k_s(\omega_s)}{\partial \omega_s} \right] = 2\Gamma_{th} \sqrt{N-1} \tag{5-5}$$

式中:k_s 和 k_i 分别为信号光和闲频光波矢大小;N 为超阈值倍数;$\Gamma_{th} = \chi_e \sqrt{2\omega_s\omega_i I_{th}/\varepsilon_0 c n_p n_s n_i}/c$,$\chi_e$ 为晶体最大有效非线性系数,c 为真空光速,I_{th}为阈值抽运光光强,ε_0 为真空介电常数,n_p、n_s、n_i 分别为泵浦光、信号光、闲频光的折射率。

由能量守恒可得

$$\Delta\omega_p = \Delta\omega_s + \Delta\omega_i \tag{5-6}$$

根据式(5-6)可以看出,泵浦光和信号光的谱宽对闲频光的谱宽产生主要影响。在单频激光泵浦单谐振光参量振荡器过程中,泵浦光的线宽可忽略不计,闲频光谱宽主要受振荡信号光谱宽的影响,因此闲频光谱宽表示为

$$\Delta\lambda_i = \left(\frac{\lambda_i}{\lambda_s}\right)^2 \Delta\lambda_s \tag{5-7}$$

式中:λ_i 和 λ_s 分别为闲频光和信号光的波长;$\Delta\lambda_s$ 为自由振荡的信号光谱宽。将两对信号光和闲频光的中心波长代入式(5-7),得到信号光和闲频光之间的关系曲线如图5.1和图5.2所示,进而寻找出以压缩信号光线宽间接实现闲频光线宽窄化的理论最佳压缩值。

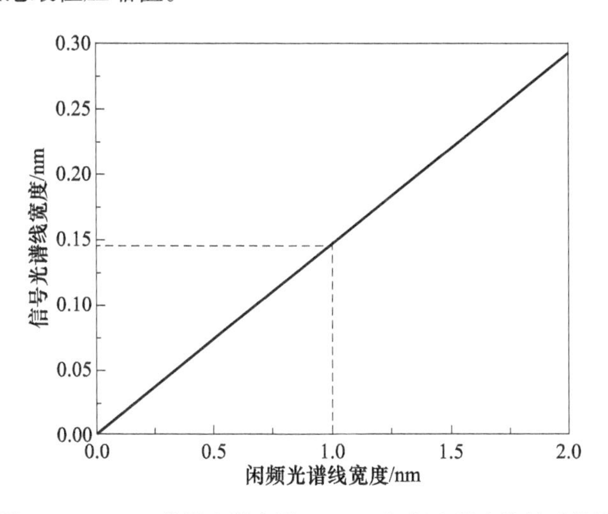

图5.1 1470nm信号光谱宽随3840nm闲频光谱宽的关系曲线

图5.1描述了1470nm信号光谱宽随3840nm闲频光谱宽的关系曲线。可以看出,想要获得小于1nm的3840nm闲频光,则1470nm信号光谱线宽度必须低

于0.14nm,也就是在F-P标准具压窄信号光时,其反射条纹的半高全宽大约是0.14nm。

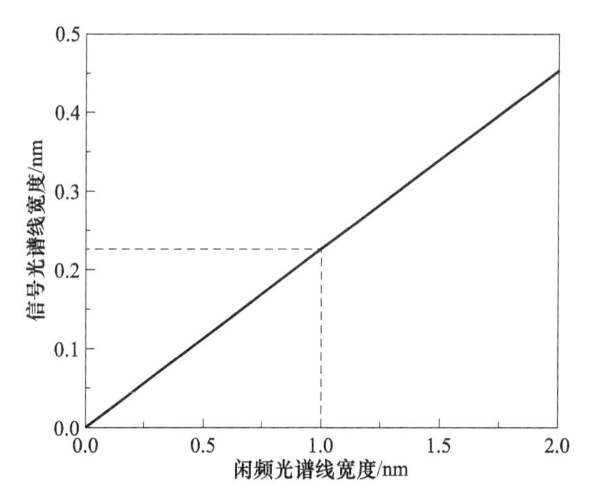

图5.2　1570nm信号光谱宽随3300nm闲频光谱宽的关系曲线

图5.2描述了1570nm信号光谱宽随3300nm闲频光谱宽的关系曲线。可以看出,想要获得小于1nm的3300nm闲频光,则1570nm信号光谱线宽度必须低于0.22nm,也就是在F-P标准具压窄信号光时,其反射条纹的半高全宽大约是0.22nm。

5.1.2　多光参量光线宽压仿真模拟

要实现双波长线宽的压窄,就需要在多光参量振荡腔内引入控制波长损耗的相关参数。采用在MOPO腔内引入F-P标准具,基于多光束干涉原理,使中心波长处的纵模因透过率高、损耗较低而实现振荡,其他波长的纵模因透过率低、损耗较高而被抑制,进而实现输出激光线宽的窄化。

F-P标准具的干涉原理图如图5.3所示。

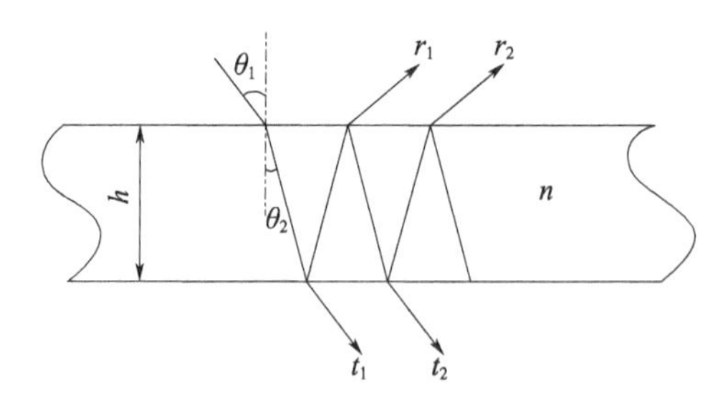

图5.3　F-P标准具的干涉原理分析图

由几何光学可知，相邻两波长激光 t_1 与 t_2 之间的光程差为

$$\Delta = 2nh\cos\theta \tag{5-8}$$

相位差为

$$\delta = \frac{2\pi\Delta}{\lambda} = \frac{4\pi nh\cos\theta}{\lambda} \tag{5-9}$$

式中：n 为标准具的折射率；h 为标准具的厚度；θ 为光束在 F－P 标准具里的折射角度；λ 为入射光波长。F－P 标准具的透射率公式为[10,11]

$$T = \frac{1}{1 + F\sin^2(\delta/2)} = \frac{1}{1 + F\sin^2(2\pi nh\cos\theta/\lambda)} \tag{5-10}$$

式中：F 为 F－P 标准具的精细度，$F = 4R/(1-R)^2$，R 为反射率。由式(5－10)可知改变 F－P 标准具角度以及厚度等参数可以调节特定波长的透过率。

透过率曲线中的两波峰(波谷)之间的波长差即 F－P 标准具的选频压缩范围，并将该范围用“自由光谱范围 FSR”的专业名词代指。其值计算方式为

$$\mathrm{FSR} = \frac{\lambda^2}{2nh} \tag{5-11}$$

通过式(5－11)可知，F－P 标准具选频压缩范围与波长、F－P 标准具材料折射率以及厚度有关。波长与材料折射率是指定的，所以厚度是决定着 F－P 标准具选频压缩范围的主要因素。接下来，我们基于以上公式对影响自由光谱范围的标准具厚度进行模拟分析。

对于单个波长在不同厚度的 F－P 标准具作用时对应透过率均不相同，并且，从双波长角度来看，被同一厚度 F－P 标准具作用时，双波长对应的透过率也不相同，如图 5.4 所示。所以，考虑改变 F－P 标准具的其他参数使双波长处对应的透过率同时达到最高。

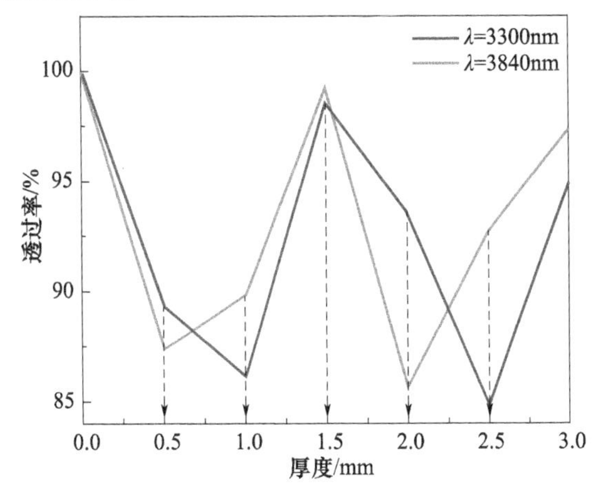

图 5.4 单标准具压窄双波长线宽时透过率随标准具厚度的变化曲线

由于腔内插入标准具的倾角会引起激光波长的变化,其变化量为

$$\Delta\lambda = \frac{-\lambda(\Delta\theta')^2}{2n^2} \tag{5-12}$$

式中:$\Delta\theta'$ 表示标准具倾角变化量。

因此,使用 F-P 标准具同时压窄双波长线宽时,想要双波长同时起到最佳压窄效果,就需要在其他参数固定时,通过改变 F-P 标准具的角度同时满足两个参量光在中心波长处的透过率达到最高。但是,不可避免的是会引入倾斜损耗,F-P 标准具的损耗为

$$\delta = \frac{4\alpha Rd}{n^2 D} \tag{5-13}$$

式中:D 为振荡光束直径。

由式(5-13)可知,厚度越薄,倾斜角度越小,F-P 标准具的倾斜损耗就越小,输出激光效率就会得到提高。以此作为接下来选取 F-P 标准具参数的参考依据。

首先,根据式(5-10)模拟厚度为 0.5mm、2mm、2.5mm 的 F-P 标准具作用于 1470nm 与 1570nm 两个信号光路时透过率随入射角度的变化曲线如图 5.5 所示,可以得到在双波长的透过率同时达到 100% 时,0.5mm、2mm、2.5mm 的 F-P 标准具角度都为 3.88°,此为不同厚度 F-P 标准具压窄双信号光线宽的最佳角度。

随后,根据得到的最佳角度模拟厚度分别为 0.5mm、2mm、2.5mm 的 F-P 标准具作用于 1470nm 与 1570nm 两个信号光路中时透过率随波长的变化关系,如图 5.6 所示。可见,在 F-P 标准具其他参数恒定,只变化其厚度时,两波谷间的波长之差随厚度增加而减少,透过峰的尖锐性也随之增加。因此,可以通过对其厚度的恰当选取,以改变 F-P 标准具的自由光谱范围 FSR,最终实现双波长激光谱线宽度的压窄。此外,相较于 1570nm 的信号光,F-P 标准具作用于 1470nm 的信号光的自由光谱范围 FSR 更窄,并且随着标准具厚度的增加,双信号光对应的 F-P 标准具自由光谱范围 FSR 的差值也逐渐缩小。

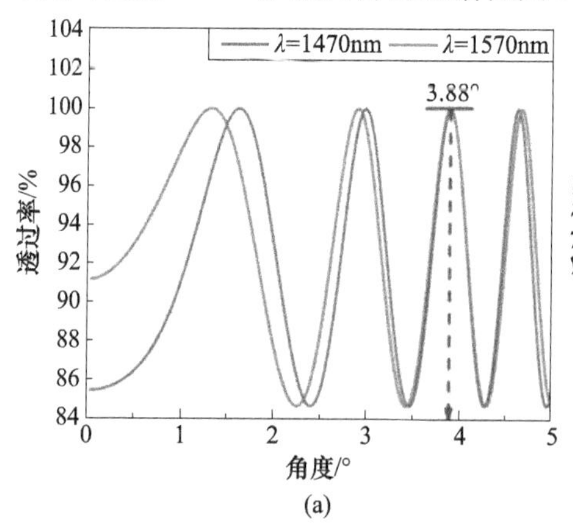

(a)

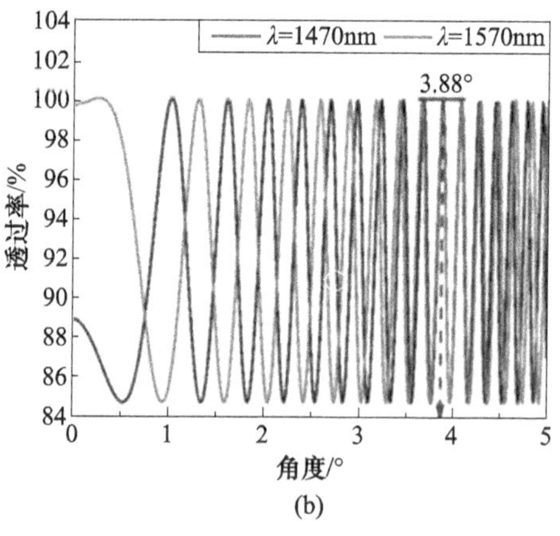

(b)

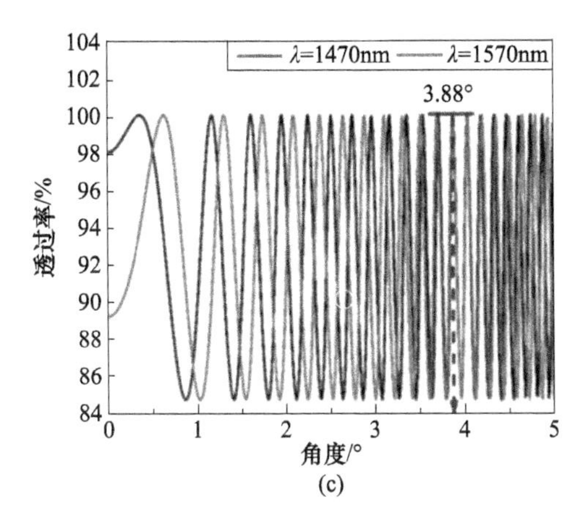

(c)

图 5.5　不同厚度的 F - P 作用于双信号光时透过率随入射角度的变化曲线
(a) $d = 0.5$mm;(b) $d = 2.0$mm;(c) $d = 2.5$mm。

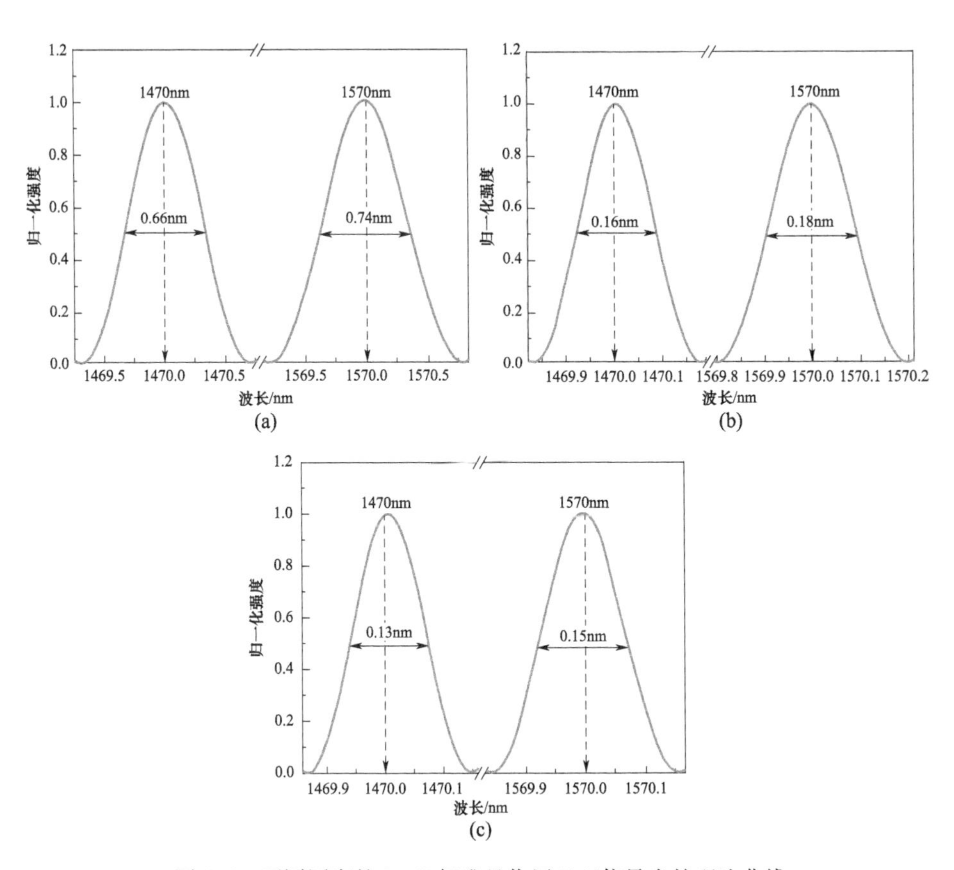

图 5.6　不同厚度的 F - P 标准具作用于双信号光的理论曲线
(a) $d = 0.5$mm;(b) $d = 2.0$mm;(c) $d = 2.5$mm。

已讨论 F－P 标准具的透射率随入射角和厚度的变化规律，下面对组合 F－P 标准具作用于双信号光时的透过率曲线进行了仿真和分析[12]。由于组合 F－P 标准具的透过率为两个 F－P 标准具透过率的乘积，则组合 F－P 标准具透过率公式为

$$T = T_1 T_2 = \frac{1}{1 + 4R/(1-R)^2 \sin^2(2\pi n h_1 \cos\theta_1/\lambda)} \cdot \frac{1}{1 + 4R/(1-R)^2 \sin^2(2\pi n h_2 \cos\theta_2/\lambda)} \tag{5-14}$$

根据式(5－14)，以厚度为 2.5mm 与 0.5mm 的双 F－P 标准具为例，模拟单个和组合的 F－P 标准具作用于双信号光时的透过率曲线，如图 5.7 所示。可以看出，组合 F－P 标准具透过率曲线的周期与单个 2.5mm F－P 标准具透过率曲线的周期相同，组合 F－P 标准具透过率曲线的峰值与单个 0.5mm F－P 标准具透过率曲线的峰值相同。组合 F－P 标准具有效地降低了中心波长处相邻峰值的透过率，依据此特点对后续单 F－P 标准具线宽压窄实验出现的相邻模式得到有效抑制。

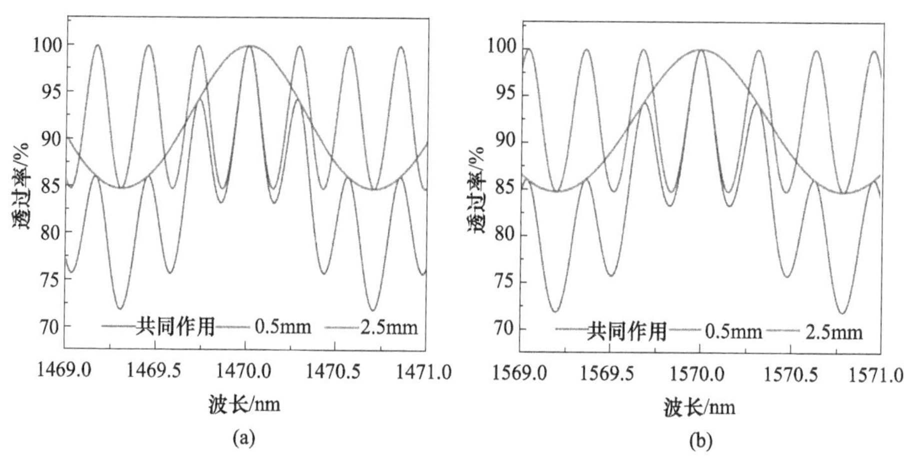

图 5.7　0.5mm 与 2.5mm 组合的组合标准具作用于双信号光的理论曲线
(a) $\lambda = 1470$nm；(b) $\lambda = 1570$nm。

随后，模拟 0.5mm、2mm、2.5mm 分别两两组合的双 F－P 标准具作用双信号光时透过率随波长的变化关系，如图 5.8 所示。可以看出 2mm 与 2.5mm 组合的双 F－P 标准具对于单个纵模的压窄效果更好。但是，考虑到实际中两个信号光的线宽基本在 1nm 左右，所以在插入双 F－P 标准具后除了中心波长的主峰，两边大概会出现 1 或 2 个小峰。因此，0.5mm 与 2.5mm 的组合 F－P 标准具更适合中红外双波长线宽的窄化。

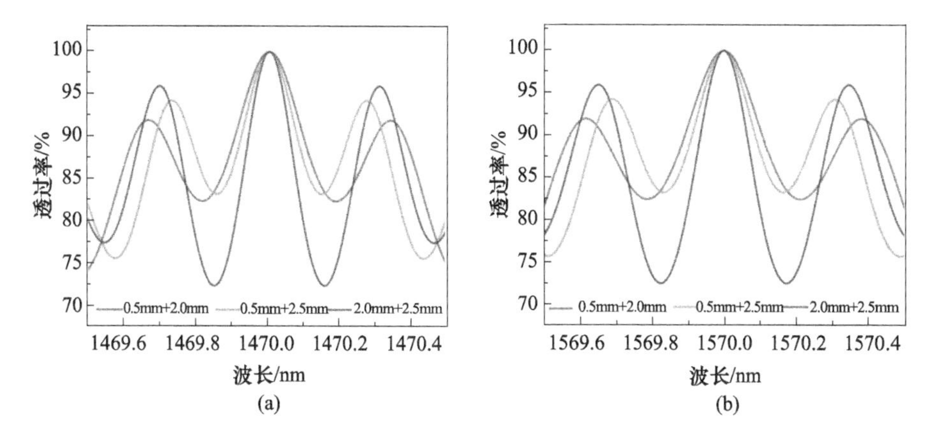

图5.8 不同厚度组合的组合标准具作用于双信号光的理论曲线
(a) $\lambda=1470$nm;(b) $\lambda=1570$nm。

5.2 多光参量振荡线宽压窄实验

本节将开展多光参量振荡线宽压窄实验。首先开展基于 MgO:APLN 内腔泵浦的3.30/3.84μm 中红外双波长多光参量振荡器实验研究,对自由振荡状态下的3.30/3.84μm 谱线宽度等相关输出参数进行测量。随后进行单/双 F-P 标准具压窄3.30/3.84μm 线宽的实验研究,测量实验相关输出参数,最终实现窄线宽中红外双波长激光的输出。

5.2.1 自由振荡3.30/3.84μm 多光参量振荡实验

实验所采用的腔型结构是由两部分组成的复合谐振腔(1064nm 谐振腔与多光参量振荡腔),即 MgO:APLN 既在1064nm 谐振腔内,又在多光参量振荡腔内,如图5.9所示。

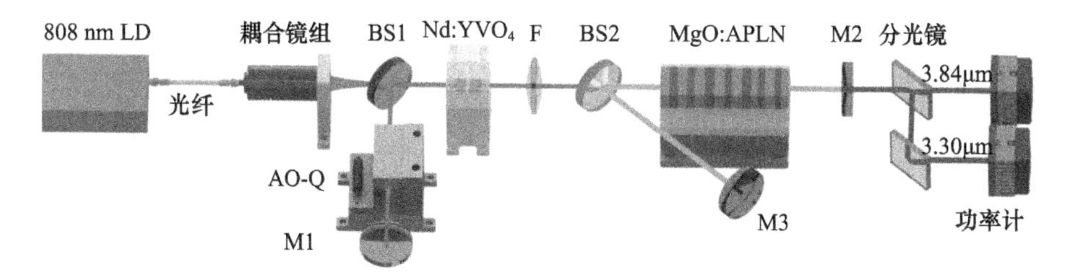

图5.9 基于内腔泵浦 MgO:APLN 的3.30/3.84μm 多光参量振荡器实验装置示意图

基于 MgO:APLN 内腔泵浦中红外双波长 MOPO 的实物装置图如图 5.10 所示。泵浦源采用德国 DILAS 公司生产的中心波长 808nm 光纤耦合 LD 连续泵浦源，传输光纤数值孔径为 0.22，纤芯直径为 400μm，通过耦合镜组聚焦到双端键合尺寸为 3mm×3mm×(4+16+4)mm 的 Nd:YVO_4 晶体（掺杂 0.25% 浓度的 Nd^{3+}）。将波长为 808nm 和 1064nm 的高透射率涂层应用于 Nd:YVO_4 晶体的两个端面。晶体的温度通过外部水冷器的循环冷却来控制。

谐振腔主要由两个子腔构成，分别是实现基频光振荡的 1064nm 谐振腔以及实现 1.57μm、3.30μm 和 1.47μm、3.84μm 两对参量光振荡的多光参量振荡腔。1064nm 谐振腔由全反镜 M1 和输出镜 M2 构成，增益介质 Nd:YVO_4 晶体放置于 808nm LD 附近处，为了增强整个振荡运转过程的稳定性，同时提高泵浦功率密度引入聚焦透镜 F。多光参量振荡腔由全反镜 M3（曲率半径 $R=-150$mm）和输出镜 M2（曲率半径 $R=-150$mm）构成，表 5-1 列出了所有腔镜的详细镀膜参数。尺寸为 $3\times3\times50mm^3$ 的 MgO:APLN（掺杂 5% 浓度的 MgO）非线性变频晶体放置在两个腔的重合部分，其两端覆盖有 1.064μm&1.4~1.7μm&3.3~4.2μm 的多色增透膜，晶体实物图及其参数如图 5.11 所示。晶体有两个晶格矢量，可以产生两对波长分别为 1.57μm&3.30μm 和 1.47μm&3.84μm 的参量光。通过将晶体放置在 OV50 恒温器内使其温度保持在 25℃。在 M1 和 BS1 之间，连接一个由英国古奇公司生产的声光 Q 开关晶体，重复频率调整到 40kHz。

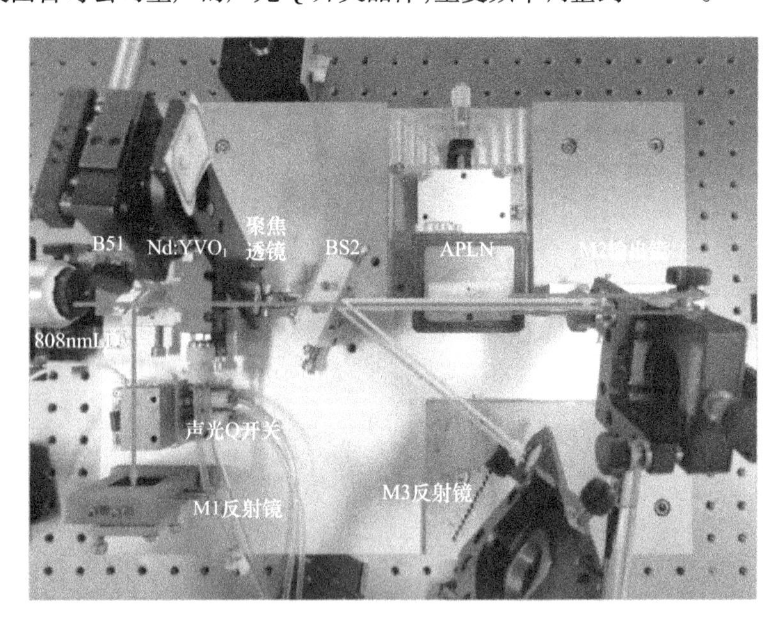

图 5.10 基于内腔泵浦 MgO:APLN 的 3.30/3.84μm 多光参量振荡器实物装置图

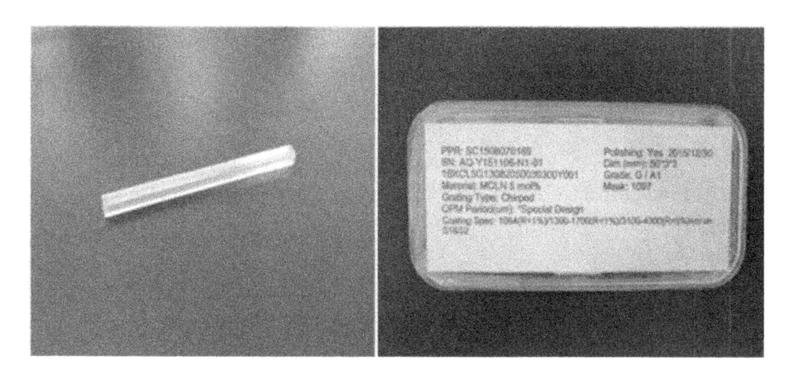

图 5.11 MgO:APLN 晶体实物图

表 5-1 基于内腔泵浦 MgO:APLN 的 MOPO 实验腔镜膜系参数

名称	材质	膜系参数
F	K9	HT@ 1064nm
M1	K9	HR@ 808nm, HR@ 1064nm
M2	CaF_2	HR@ 1064nm HR@ 1.4 ~ 1.7μm HT@ 3.1 ~ 4.2μm
M3	K9	HR@ 1.5 ~ 1.7μm, HR@ 3.1 ~ 4.2μm
BS1	CaF_2	HT 45°@ 808nm, HR@ 1064nm
BS2	CaF_2	HT@ 1064nm HR 15°@ 1.4 ~ 1.7μm, HR@ 3.1 ~ 4.2μm
注:HR 代表高反膜,HT 代表高透膜,HT 45°代表 45°高反膜,HR 15°代表 15°高反膜。		

基于上述参数,将实验装置调整到最佳状态。当重频为 40kHz,输入功率为 32.4W 时,使用波长精度为 0.05nm 的傅里叶光谱仪(谱线范围为 1 ~ 5.6μm)探测自由振荡下输出中红外激光的谱线,测得的光谱图如图 5.12 所示。可以发现,输出的中红外激光主要以 3.30μm 闲频光为主,3.84μm 闲频光存在增益较低问题。接下来,为实现中红外双波长等增益输出,需要使 1.47μm 信号光与 3.84μm 闲频光这对参量光的增益得到提高。通过对输出镜与尾镜中 3.30μm 闲频光所对应的 1.57μm 信号光透过率的调整,降低腔内 1.57μm 信号光的增益,从而减弱 1.57μm 信号光与 3.30μm 闲频光这对参量光的振荡。

调整腔镜对 1.57μm 信号光的透过率,当尾镜 M3 透过率($T \approx 60\%$)、输出镜 M2 透过率($T \approx 40\%$)时,输出中红外激光光谱图及功率如图 5.13 所示。3.30μm 闲频光与 3.84μm 闲频光基本实现等增益输出。3.30μm 与 3.84μm 相应的线宽分别为 2.98nm、3.15nm,如图 5.13(a)所示。为进一步获得输出中红外双波长激光单独的输出特性,在输出镜 M2 后成 45°角放置一个涂有 3.1 ~

3.4μm 高反射涂层、3.7 ~ 4.2μm 高透射涂层的分光镜。采用 OPHIR 生产的 F150A - BB - 26 - PPS 功率计对 3.30μm 和 3.84μm 的功率进行测量，结果如图 5.13(b)所示。3.30μm 与 3.84μm 的输出功率和转换效率随着入射功率的增加而增加，在最大入射功率为 43.84W 时，获得总的最大输出功率为 3.39W，其中，3.30μm 与 3.84μm 分别获得 1.29W、2.10W 的最大输出功率，对应的转换效率分别为 2.94%、4.79%，3.30μm 与 3.84μm 最大输出功率在 30min 内均方根(RMS)波动分别为 2.41%、2.58%。值得注意的是 3.30μm 在入射功率达到 36.31W 时，以及 3.84μm 在入射功率达到 34.32W 时，输出功率及转换效率都出现了凹点，即逆转换现象。

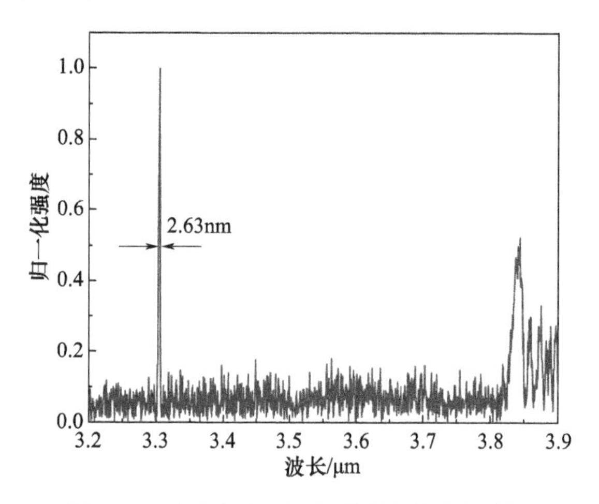

图 5.12　自由振荡下中红外激光输出光谱图

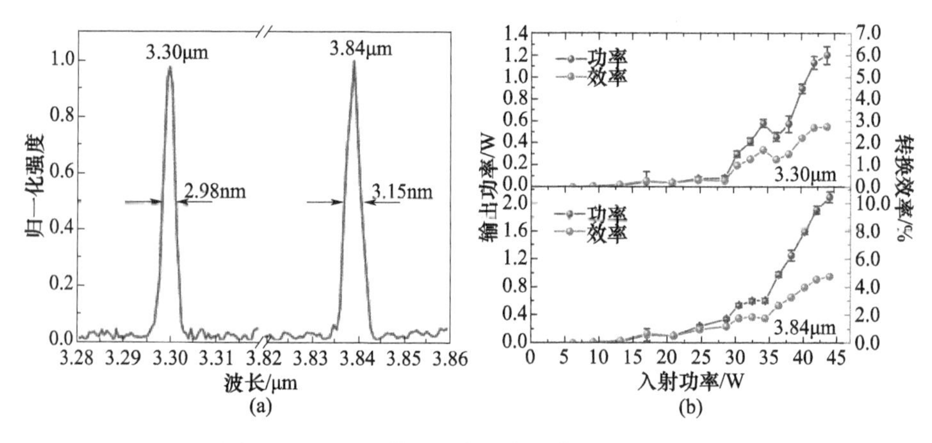

图 5.13　调整腔镜透过率后中红外激光输出参数

(a)光谱图；(b)输出功率及转换效率图。

使用 Pyrocam 热释电阵列相机测量了在获得最大输出功率时中红外双波长输出光的光斑，测量结果如图 5.14 所示。同时根据高斯光束传输方程计算出自由振荡时，3.30μm 在 x 和 y 方向的光束质量因子 M^2 分别为 3.38 和 3.43，3.84μm 在 x 和 y 方向的光束质量因子 M^2 分别为 3.39 和 3.46。

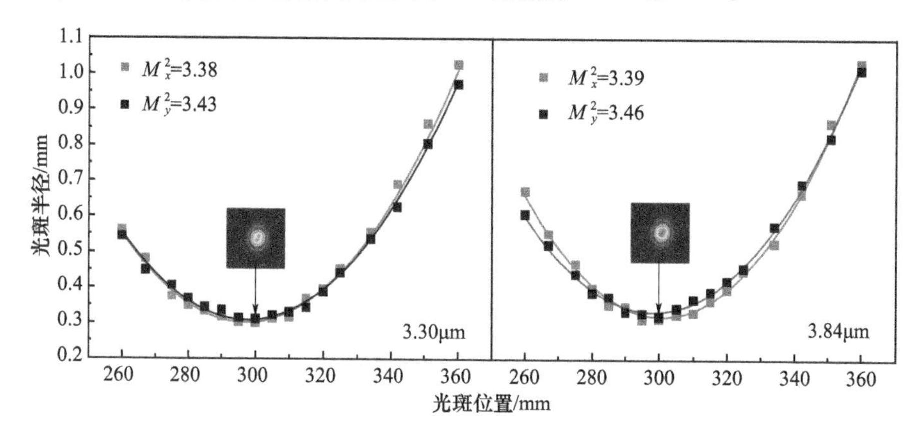

图 5.14 自由振荡下中红外双波长的光束质量

5.2.2 单 F－P 标准具的 3.30/3.84μm 窄线宽 MOPO 实验

基于 F－P 标准具的干涉原理，将 F－P 标准具作用于信号光路中，使中心波长处获得强增益，实现振荡，离中心波长较远的“杂波”不振荡，从而实现输出光的线宽窄化。F－P 标准件 1 对两个信号光作用的位置，应符合下列设置标准，必须确保 F－P 标准具 1 通过并且只通过 1.47μm 和 1.57μm 信号光。在这种条件下，只有 BS2－M3 区间可以满足要求，具体实验设计方案如图 5.15所示。

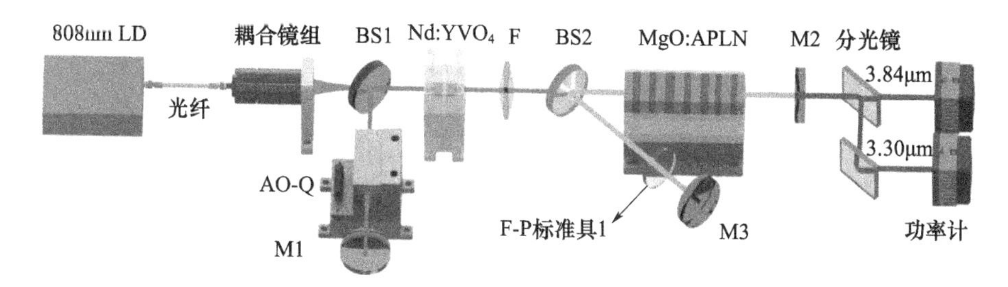

图 5.15 基于单 F－P 标准具对参量光线宽窄化实验设计方案

将不同厚度的 F－P 标准具分别作用于 MOPO 腔，基于单 F－P 标准具的窄线宽 MOPO 的实物装置图如图 5.16 所示。调整 F－P 标准具至最佳位置，在放置不同厚度 F－P 标准具后，对输出中红外激光的光谱进行测量，结果如图 5.17

所示。研究结果表明,随着 F-P 标准具厚度的增大,双波长光谱谱宽窄化程度更深,并验证了可以利用 F-P 标准具对信号光谱宽进行调控,从而达到窄线宽闲频光输出的目的。其中,信号光谱宽明显超过了 2.0mm 和 2.5mm F-P 标准具的自由光谱范围,这就造成了在参量光谱线所对应的波段上,存在着多条 F-P 标准具周期性的透过率曲线,使得输出光的中心峰附近存在着一些相邻的小峰。插入 2.5mm F-P 标准具后输出中红外双波长实现增益平衡时,3.30μm 和 3.84μm 压窄后的线宽分别为 0.73nm 和 0.81nm。由于 F-P 标准具的自由光谱范围小于自由振荡情况下的线宽,所以在光谱测量中存在严重的相邻模式。

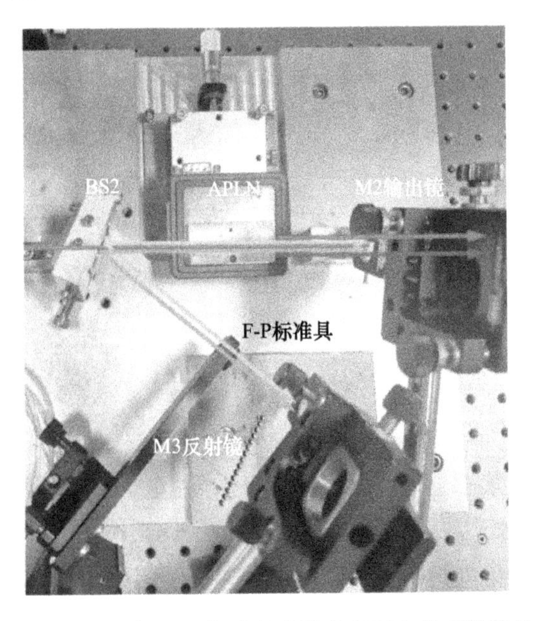

图 5.16　基于单 F-P 标准具窄线宽 MOPO 的实物装置图

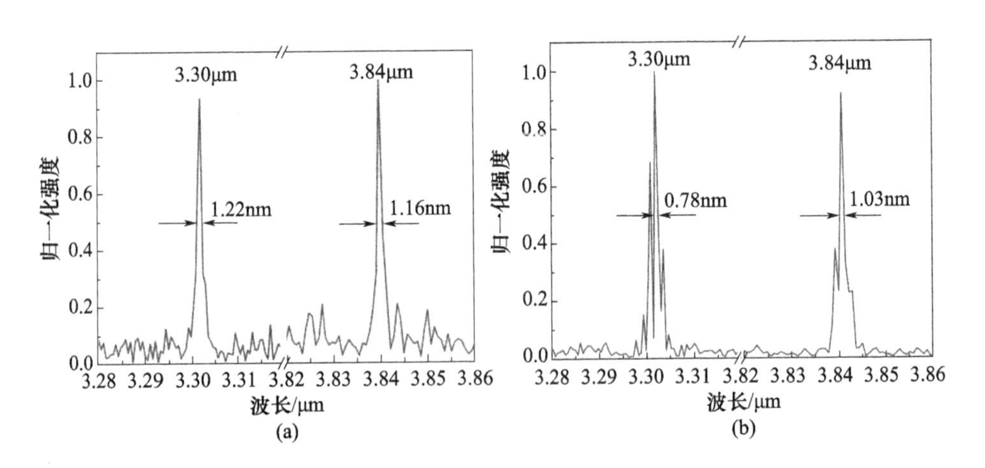

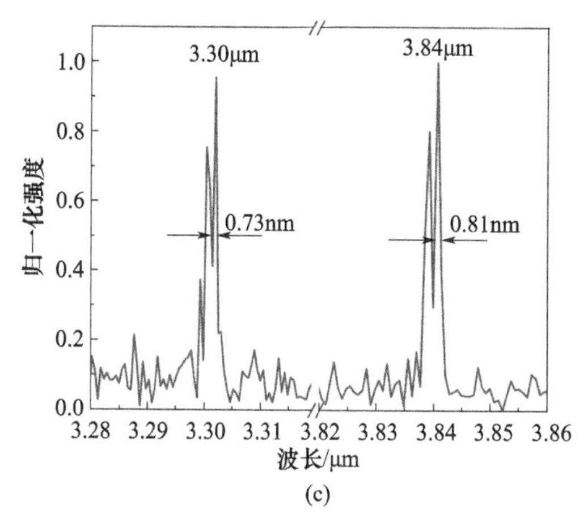

(c)

图5.17 插入不同厚度F-P标准具时参量光输出光谱图

(a)0.5mm;(b)2.0mm;(c)2.5mm。

使用功率计对插入2.5mm厚度的F-P标准具时参量光的输出功率进行测量,结果如图5.18所示。3.30μm的输出功率和相应的转换效率随着入射功率的增加而增加,与自由振荡状态下测得的结果图5.13(b)相比,抑制了逆转换现象。3.84μm的输出功率随着入射功率的增加而增加,但当入射功率高于41.90W时,转换效率随着入射功率的增加而降低,整个泵浦过程中最大转换效率为4.64%。在最大入射功率为43.84W时,获得总的最大输出功率为3.04W,其中,3.30μm和3.84μm的最大输出功率分别为1.07W和1.97W,相应的转换效率分别为2.44%和4.49%。在最大入射功率下,30min内输出功率的均方根波动在3.30μm为1.87%,在3.84μm为1.92%。

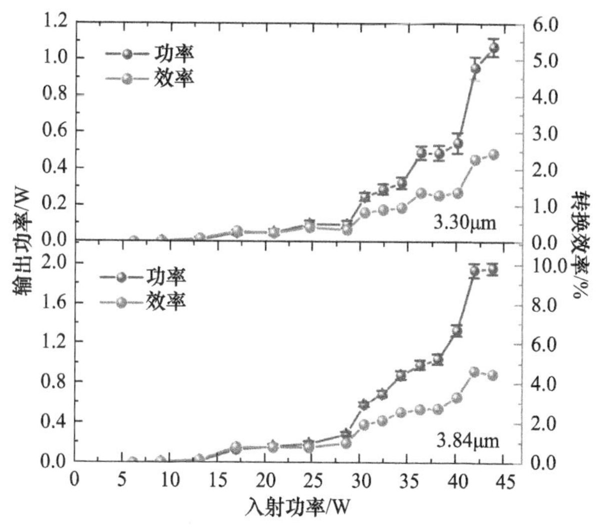

图5.18 插入2.5mm厚度的F-P标准具时参量光输出功率及相应转换效率

5.2.3 双 F – P 标准具的 3.30/3.84μm 窄线宽 MOPO 实验

为了进一步抑制邻模,对双 F – P 标准具光谱线宽控制优化的理论分析可知,将另一块 F – P 标准具 2 放置在图 5.15 的 F – P 标准具 1 附近,使双 F – P 标准具共同作用于 1.47μm 和 1.57μm 信号光,具体实验设计方案如图 5.19 所示。

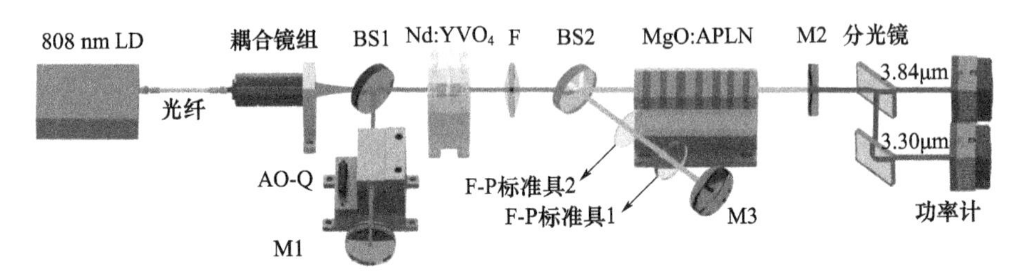

图 5.19　基于双 F – P 标准具对参量光线宽窄化实验设计方案

在 5.2.2 节实验的基础上再加入一片 F – P 标准具,厚度分别为 0.5mm 与 2mm,与 2.5mm F – P 标准具同时作用于信号波长,实验中 F – P 标准具的具体插入位置如图 5.20 所示。在图 5.21 中展示了插入 2.5mm + 0.5mm 与 2.5mm + 2.0mm 的两种组合标准具后,在 3.30μm 和 3.84μm 处的光谱图。可以看出加入 0.5mm F – P 标准具后,3.30μm 和 3.84μm 的线宽分别压窄至 0.71nm 和 0.79nm,抑制了相邻的模式。加入 2.0mm F – P 标准具后,仍然存在相邻模式,所以本研究选取 0.5mm + 2.5mm 的组合 F – P 标准具作为中红外双波长激光线宽的最佳压窄器件。

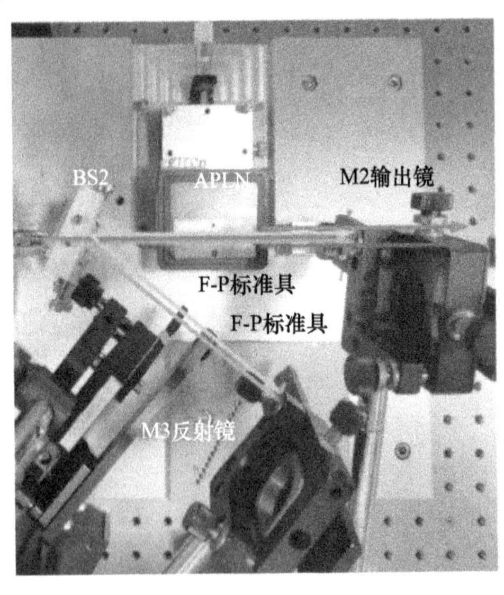

图 5.20　基于双 F – P 标准具对参量光光谱压窄实物装置图

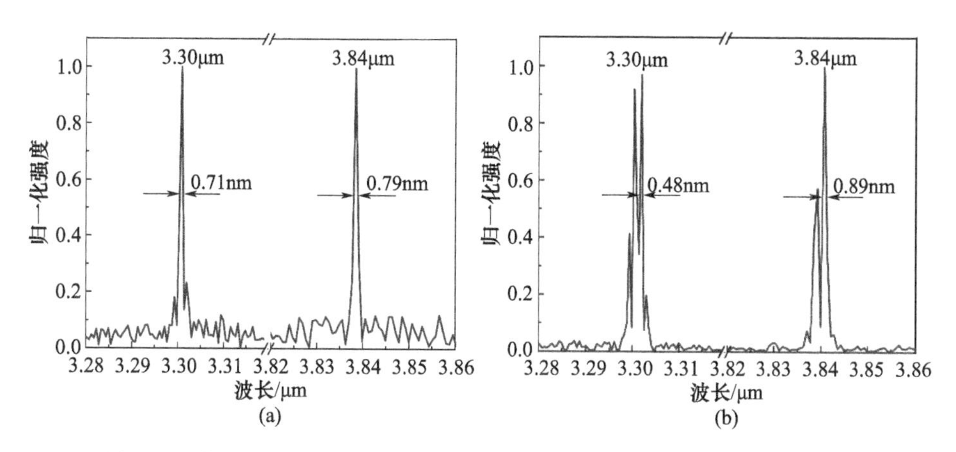

图 5.21　插入 2.5mm 与不同厚度的组合 F－P 标准具时参量光输出光谱图
(a)2.5mm＋0.5mm；(b)2.5mm＋2.0mm。

图 5.22 展示了插入 2.5mm 与 0.5mm 的组合 F－P 标准具后，双参量光的输出功率及相应转换效率的变化。当最大入射功率为 43.84W 时，得到 2.87W 的最大总输出功率，其中，3.30μm 和 3.84μm 获得的最大输出功率分别为 0.98W 和 1.89W，对应的转换效率分别为 2.24% 和 4.31%，在 30 min 内，最大输出功率的均方根波动分别为 0.87% 和 0.93%。从图 5.22 中可以看出，标准具 2 的引入不仅抑制了相邻模，而且与图 5.18 相比在一定程度上提高了功率稳定性，逆转换现象消失。

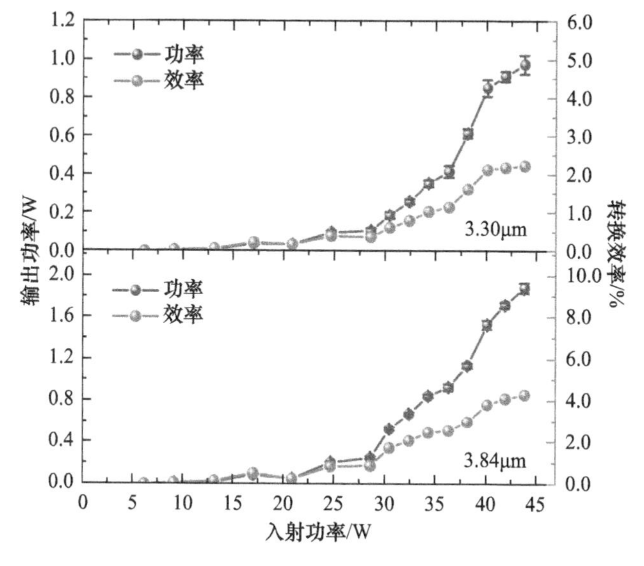

图 5.22　插入 2.5mm＋0.5mm 厚度的组合 F－P 标准具时参量光输出功率及相应转换效率

图5.23展示了信号光由2.5mm和0.5mm的组合F－P标准具作用时，3.30μm的x和y方向的光束质量因子M^2分别为1.43和1.47，3.84μm的x和y方向的光束质量因子M^2分别为1.45和1.46。由于F－P标准具的加入，只有符合干涉准则的中心波长能够通过F－P标准具，获得强增益实现振荡，而不符合准则原理中心波长附近的"杂波"被阻挡，不振荡，从而实现闲频光谱线变窄，光束质量得到优化，与图5.14相比，插入组合F－P标准具后激光输出模式更接近基频模式。

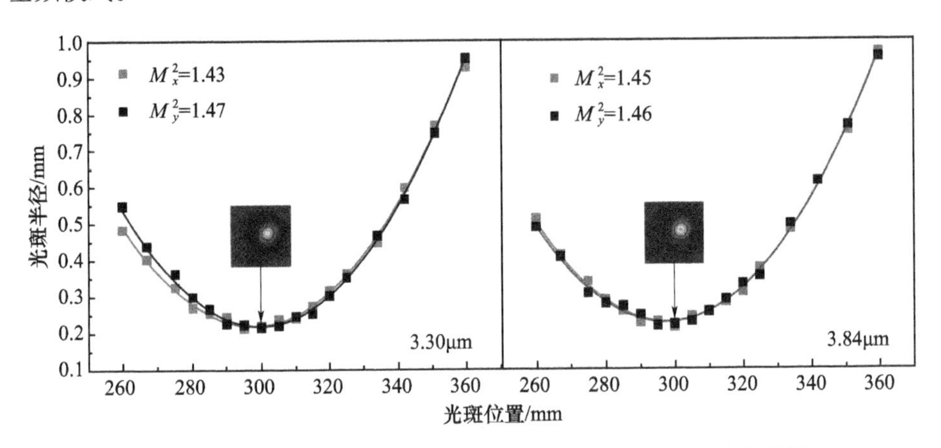

图5.23 使用组合F－P标准具后中红外双波长输出光的光束质量

使用Tektronix数字示波器（MDO3054）与美国Thorlabs公司生产的DET10A/M型光电探测器对使用2.5mm和0.5mm的组合F－P标准具后中红外双波长输出光的重复频率和脉冲宽度进行测量，结果如图5.24所示。在40kHz重频下3.30μm与3.84μm输出光的脉宽分别为11.6ns、10.8ns。

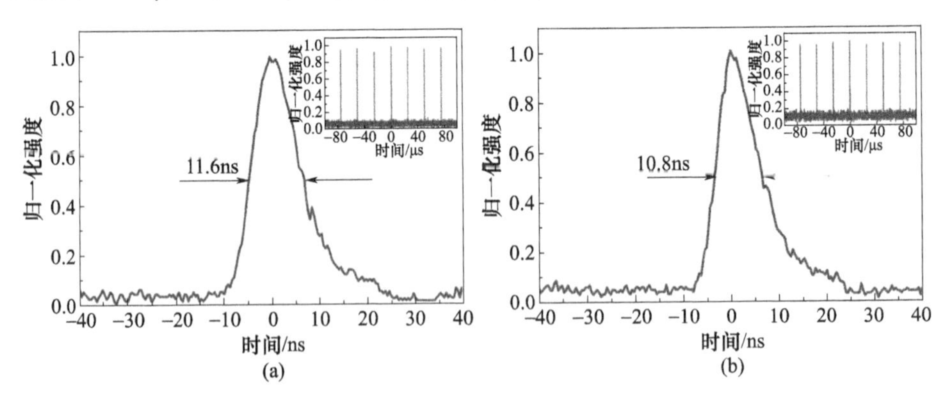

图5.24 中红外双波长的脉冲序列和相应的单脉冲轮廓

(a)3.30μm；(b)3.84μm。

对5.2.1节基于自由振荡内腔泵浦3.30/3.84μm MOPO实验、5.2.2节基于单F-P标准具的3.30/3.84μm窄线宽MOPO实验以及5.2.3节中基于双F-P标准具的3.30/3.84μm窄线宽MOPO实验的最佳效果进行总结对比，具体情况如表5-2所列。

表5-2 不同实验条件下的实验结果比较

F-P数量	F-P厚度	3.30/3.84μm线宽	邻模	功率 P_{in}=43.84W	转换效率	逆转换趋势	最大输出的均方根波动
无	—	2.98/3.15nm	无	1.29/2.10W	2.94/4.79%	有	2.41/2.58%
单	2.5mm	0.73/0.81nm	有	1.07/1.97W	2.44/4.49%	有	1.87/1.92%
双	2.5mm&0.5mm	0.71/0.79nm	无	0.98/1.89W	2.24/4.31%	无	0.87/0.93%

当MOPO处于自由振荡时，强光泵浦下产生的高增益与抽运光线宽造成相位失配量的增加，从而引起输出光线宽的展宽。并且在二极管808nm输入的能量密度高于基频光时，致使中红外双波长的能量出现回流现象，3.30μm在入射功率达到36.31W时，以及3.84μm在入射功率达到34.32W时，输出功率及转换效率都出现了凹点即逆转换现象。3.30μm与3.84μm输出光在30min内的功率均方根波动分别为2.41%与2.58%。

为了实现MOPO输出中红外双波长激光线宽的窄化，基于F-P标准具干涉选频原理，在信号光路中放置不同厚度的F-P标准具，通过比较，得到在2.5mm F-P标准具的作用下，获得的3.30μm与3.84μm输出光的线宽最窄，分别压窄至0.73nm与0.81nm，实现了通过对信号光线宽的压窄间接得到窄线宽闲频光的理论预期。在最大入射功率为43.84W时，3.30μm和3.84μm的最大输出功率分别为1.07W和1.97W。3.30μm的输出功率和相应的转换效率随着入射功率的增加而增加，与图5.13相比，抑制了逆转换现象，3.84μm的输出功率随着入射功率的增加而增加，但当入射功率高于41.90W时，转换效率随着入射功率的增加而降低，整个泵浦过程中最大转换效率为4.64%。在最大入射功率下，30min内输出功率的均方根波动在3.30μm为1.87%，在3.84μm为1.92%。这种现象表明：在这个过程中，F-P标准具的加入，会造成一些能量损失，同时影响到各个光波场的能量密度。虽然较自由振荡时中红外双波长输出功率的稳定性得到了一定的改善，但是2.5mm F-P标准具对能量密度调控的能力有限，3.84μm的逆转换趋势依然存在。并且由于2.0mm及2.5mm F-P标准具的自由光谱范围远远小于参量光的真实线宽，致使双波长输出光中心波长旁边出现相邻峰。

在5.2.3节中，为了抑制邻模，基于5.2.2节最佳效果实验，加入另一片不同厚度的 F－P 标准具，通过比较，得到在 0.5mm F－P 标准具与 2.5mm F－P 标准具共同作用于两个信号光路时，输出中红外双波长的线宽无邻模，最终 3.30μm 与 3.84μm 的线宽分别压窄至 0.71nm 与 0.79nm，最大泵浦下的输出功率分别为 0.98W 与 1.89W，30min 内功率均方根波动分别为 0.87% 与 0.93%。与单 F－P 标准具线宽窄化实验结果相比，邻模现象得到抑制，不过中红外双波长激光的输出功率有所下降，但其线宽与功率稳定性都有了改善。因此采用组合 F－P 标准具的线宽压窄实验，是基于 5.2.1 节及 5.2.2 节实验得到的比较理想和完善的实验结果

参考文献

[1] Li D, Yu Y. Narrow linewidth 2.1 μm optical parametric oscillator with intra－cavity configuration based on wavelength－locked 878.6 nm in－band pumping[J]. Optics and Laser Technology, 2020, 131: 106412.

[2] Bian Q, Bo Y, Zuo J W, et al. High－power wavelength－tunable and power－ratio－controllable dual－wavelength operation at 1319nm and 1338nm in a Q－switched Nd:YAG laser[J]. Photonics Research, 2022, 10(10): 2287－2292.

[3] Han J L, Zhang J, Shan X N, et al. High－power narrow－linewidth diode laser pump source based on high－efficiency external cavity feedback technology[J]. Chinese Optics Letters, 2022, 20(8): 081401.

[4] Zhang Z L, Zhao Y F, Liu H, et al. Study on linewidth compression at 3.8 μm with multiple F－P etalon pumped by compound intra－cavity optical parametric oscillator[J]. Infrared Physics and Technology, 2022, 123: 104234.

[5] Vodopyanov K L, Ganikhanov F, Maffetone J P, et al. $ZnGeP_2$ optical parametric oscillator with 3.8－12.4 μm tunability[J]. Optics Letters, 2000, 25(11): 841－3.

[6] Bian J T, Kong H, Ye Q, et al. Narrow－linewidth $BaGa_4Se_7$ optical parametric oscillator[J]. Chinese Optics Letters, 2022, 20(4): 041901.

[7] Brosnan S, Byer R. Optical parametric oscillator t threshold and linewidth studies[J]. IEEE Journal of Quantum Electronics 1979, 15(6): 415～431.

[8] Guha S, Wu F J, Falk J. The effects of focusing on parametric oscillation[J]. IEEE Journal of Quantum Electronics, 1982, 18(5): 907～912.

[9] Terry J A C, Cui Y, Yang Y, et al. Low－threshold operation of an all－solid－state KTP optical parametric oscillator[J]. Journal of the Optical Society of America B, 1994, 11(5): 758～769.

[10] Jin L, Jin Y, Yu Y. Orthogonally polarized dual－wavelength single longitudinal mode Pr:YLF laser at 607 nm and 604 nm[J]. Optics Communications, 2023, 530: 129180.

[11] 张雪,葛文琦,余锦,等. 脉冲单纵模激光器中标准具精度与选模性能[J]. 强激光与粒子束,2017,29(4):041004.

[12] Yang Y, Wang Z, Liu H. Mid – infrared dual – wavelength power regulation and linewidth narrowing using an F – P etalon in a multi – optical parametric oscillator based on MgO:APLN[J]. Infrared Physics and Technology, 2023, 134:104889.

第 6 章

多光参量振荡耦合透过率调控

6.1 耦合透过率调控逆转换方法

参量振荡腔输出镜透过率直接决定腔内泵浦光与参量光功率密度。通过改变输出镜透过率调节腔内泵浦光与参量光功率密度,实现抑制逆转换和调节增益的目标[1-5]。耦合透过率调控因其结构简单、效果显著是一种常见的被动调控逆转换方法。但在实际运转过程中,一旦多光参量振荡超出最佳工作范围,耦合透过率调控就无法对泵浦光与参量光功率密度做出调整,进而影响逆转换抑制效果。

6.1.1 信号光与闲频光耦合透过率调控方法

泵浦光单次通过晶体,其参量振荡转换效率偏低,无法获得高效率多波长参量光输出。如图 6.1 所示,多光参量振荡器(MOPO)中 MgO:APLN 晶体置于两块腔镜之间。因两块腔镜的反馈作用使得泵浦光与参量光能在腔内反复振荡,提高了通过晶体的泵浦光、参量光功率密度,增大了参量光转换效率。同时,优化输出镜透过率不仅可以实现选模输出,还可调节腔内泵浦光与参量光功率密度,实现调控逆转换的目标。

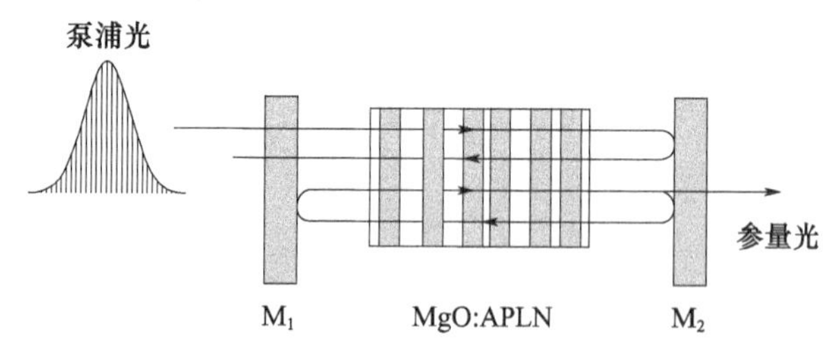

图 6.1　多光参量振荡器示意图

如图6.1所示,多光参量振荡器中,泵浦光、参量光在谐振腔内往返振荡,且泵浦光脉宽远大于光线在腔内往返一周的时间。泵浦光在时间上被分为多段,每段时长为腔内往返一周所需的时间。第一段泵浦光射入谐振腔,正向经过晶体转换为参量光,部分参量光从输出镜射出,输出参量光电场强度为

$$E_j^{\text{out}}(z = L) = \sqrt{1 - R_j}E_j^{\text{circ}}(z = L) \tag{6-1}$$

式中:E_j^{circ} 为腔内各光的电场强度。剩余泵浦光和参量光反向通过晶体,到达输入镜后剩余泵浦光射出,其余的参量光反射回谐振腔,与第二段泵浦光混合再次射入晶体。射入晶体的电场强度为

$$E_j^{\text{r}}(z = 0) = \sqrt{R_j}E_j^{\text{in}}(z = 0) + \sqrt{1 - R_j}E_j^{\text{circ}}(z = 0) \tag{6-2}$$

式中:E_j^{in} 为新入射泵浦光的电场强度。各段泵浦光依次射入谐振腔,直至所有泵浦光完全射入谐振腔。

前面在2.3.3节设计的无啁啾结构的MgO:APLN晶体内可实现双光参量振荡,将1064nm泵浦光转换为1.47μm、3.84μm和1.57μm、3.30μm两组参量光。由于腔镜的存在,多光参量振荡器具备选择输出波长的能力。先考虑一种较为复杂的信号光与闲频光耦合透过率调控方法,此种方法下多光参量振荡器输出跨周期1.57μm和3.84μm两个参量光。此种方法对腔镜膜系的要求极高,既要能够做到选模输出,还要提供足够的正反馈,保持腔内较高的泵浦光与参量光功率密度。先假设MgO:APLN晶体长度50mm。腔镜M1所镀膜系为HT@1064nm、HR@1.47μm/1.57μm/3.3μm/3.84μm,腔镜M2所镀膜系为HR@1064nm/3.3μm、$T=40\%$@1.57μm、HT@3.84μm。其中HT代表高透膜,HR代表高反膜。由腔镜M1和腔镜M2组成的参量振荡腔长度设定为200mm。假设泵浦光为1064nm高斯型脉冲激光,重复频率为70kHz。腔镜M2在不同的1.47μm透过率下,信号光与闲频光调控方法1.57μm和3.84μm输出能量场如图6.2所示,由图可知,由于腔镜的反馈叠加作用,导致1.57μm和3.84μm功率密度较无反馈放大器结构更为复杂,功率密度波形即没有明确的比例关系,也没有明显的升降趋势。

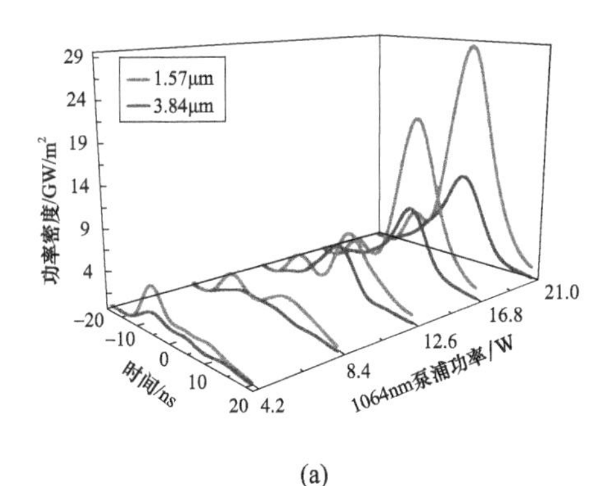

(a)

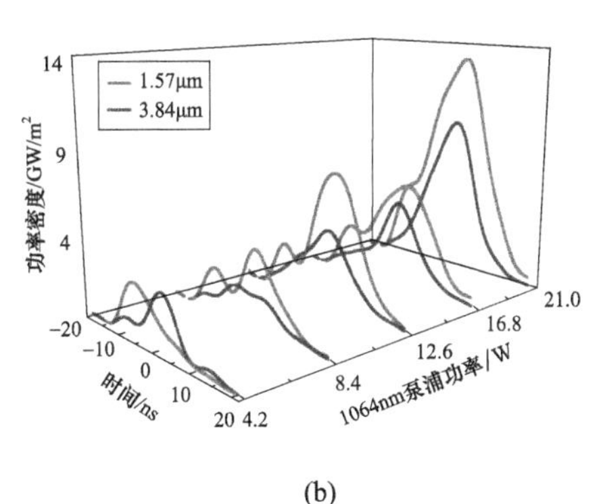

(b)

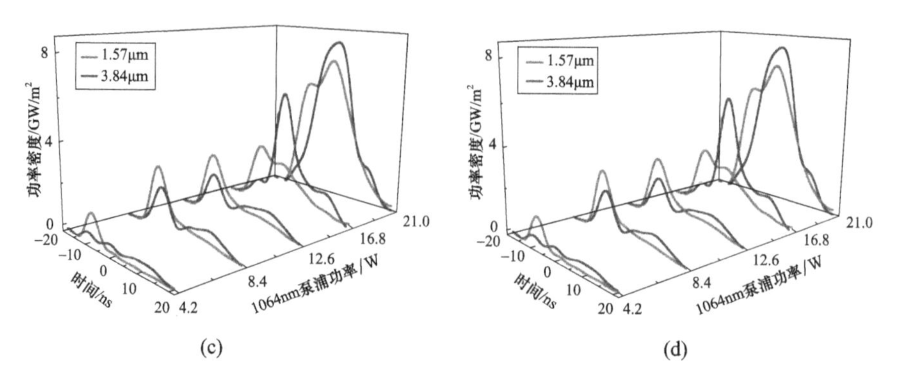

图6.2　不同1.47μm输出透过率下信号光与闲频光调控方法输出能量场
(a)T=80%@1.47μm;(b)T=60%@1.47μm;(c)T=40%@1.47μm;(d)T=20%@1.47μm。

为了宏观上描述信号光与闲频光调控方法输出情况,依据上面输出能量场的模拟值,计算得到1.57μm和3.84μm输出功率随1.47μm透过率的变换规律,如图6.3所示,总体上1.57μm和3.84μm输出功率随泵浦功率密度的增加而提高。对比不同透过率下的输出功率,发现1.57μm和3.84μm的输出功率随腔镜M2的1.47μm透过率增加而逐渐增大。当1.47μm透过率为80%时,1.57μm和3.84μm输出功率最大,分别达到5.5W和1.95W,输出功率比值为2.82。这说明增加腔镜M2的1.47μm透过率降低了多光参量振荡腔内1.47μm的功率密度,促进了泵浦光向两组参量光转换,进而提高了参量光转换效率,模拟证实可通过改变输出镜的一个参量光的透过率,实现对跨周期参量光输出功率的调节。泵浦功率16W附近,1.47μm透过率为20%、40%和60%,1.57μm和3.84μm输出功率出现凹陷;1.47μm透过率为80%,1.57μm和3.84μm输出功率未出现凹陷。这是因为1.47μm透过率为20%-60%时,谐振腔内只有少部分1.47μm参量光射出腔外,导致腔内参量光功率密度过高,进而引发逆转换现象,降低输出功率,而透过率达到80%时,大部分1.47μm参量光由腔镜射出,减少了腔内1.47μm参量光功率密度,抑制了逆转换现象。

然后,模拟研究晶体长度对信号光与闲频光调控方法输出功率的影响。假设谐振腔长度恒定为200mm。不同MgO:APLN晶体长度下1.57μm和3.84μm输出功率模拟值如图6.4所示。MgO:APLN晶体最佳长度为50mm。当MgO:APLN晶体长度小于最佳长度50mm时,低泵浦功率下泵浦光可以被充分的利用,因此输出功率相对较高;泵浦功率提高后,晶体长度过短就无法为多光参量振荡提供足够的作用距离,导致输出功率下降。晶体长度为60mm时,多光参量振荡过程作用距离过长,易于发生逆转换现象,进而降低了1.57μm和3.84μm的输出功率。

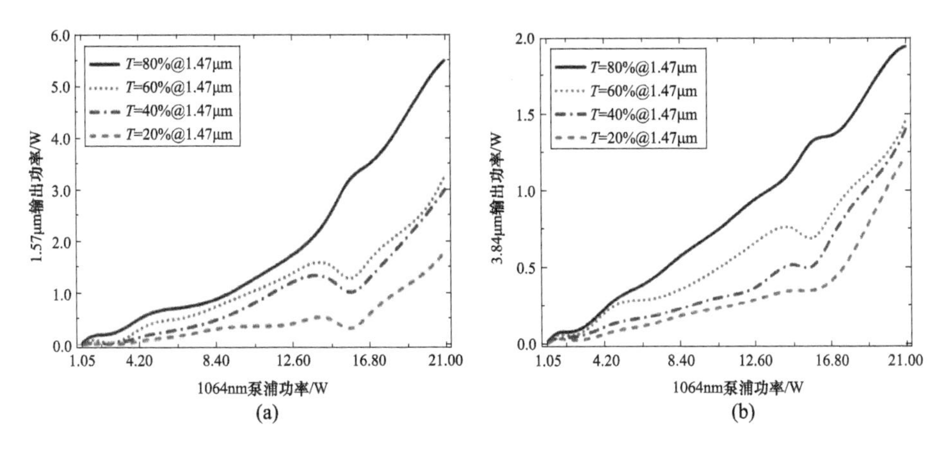

图 6.3　不同 1.47μm 透过率下信号光与闲频光调控方法输出功率模拟值

(a)1.57μm;(b)3.84μm。

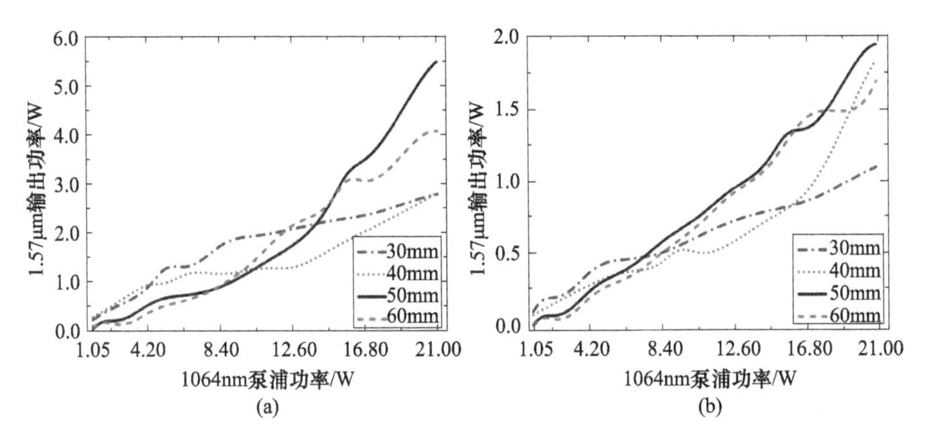

图 6.4　不同晶体长度下信号光与闲频光调控方法输出功率模拟值

(a)1.57μm;(b)3.84μm。

最后,模拟研究谐振腔长度对输出功率的影响。保持 MgO:APLN 晶体长度为 50mm、1.57μm 和 3.84μm 输出功率随谐振腔长度的变化规律如图 6.5 所示。谐振腔长度为 200mm 时,1.57μm 和 3.84μm 输出功率随泵浦功率的增加而增长。由式(6-1)和式(6-2)可知,泵浦光脉冲宽度不变的情况下,谐振腔长度越短,谐振腔内参量光的耦合叠加次数越多。尤其是泵浦光功率密度较高时,耦合叠加次数越多,泵浦光消耗也越快,后期参量振荡会因腔内泵浦光功率密度过小而引发逆转换现象,降低了参量振荡转换效率。这就是谐振腔长度小于 200mm,高泵浦功率下 1.57μm 和 3.84μm 输出功率下降的主要成因。

对比图 6.3~图 6.5,发现每种参数组合都有适用的逆转换调控范围。信号光与闲频光调控方法的最佳参数组合为 1.47μm 透过率为 80%、晶体长度为

50mm、谐振腔长度为 200mm。此种参数组合能确保在整个泵浦功率范围内都可实现逆转换调控,达到抑制逆转换的目的。

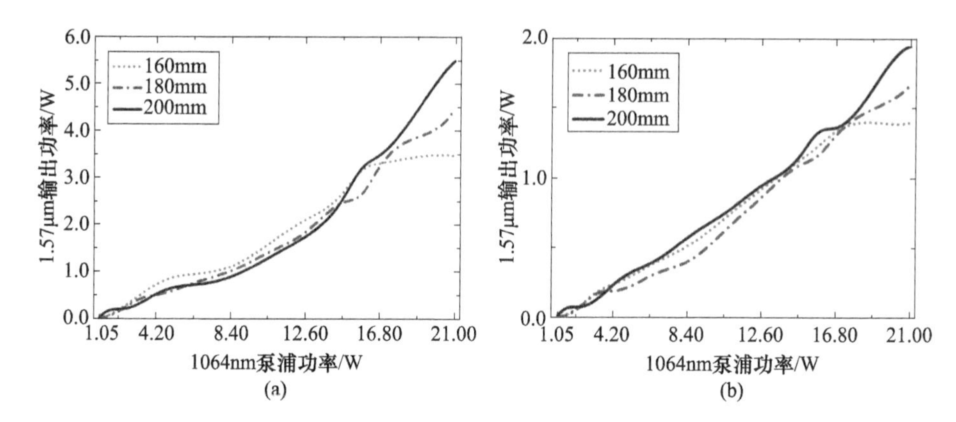

图 6.5　不同谐振腔长度下信号光与闲频光调控方法输出功率模拟值
(a) 1.57μm;(b) 3.84μm。

综上,输出镜的透过率、晶体长度、谐振腔长度等因素都会被动改变参量振荡腔内泵浦光与参量光的功率密度配比,进而影响信号光与闲频光调控方法 1.57μm 和 3.84μm 参量光输出功率。因此,通过模拟优化各种参数能够提升多光参量振荡器的输出特性。相较于晶体长度和谐振腔长度,输出镜的透过率对输出功率的影响更大,实际多光参量振荡器逆转换调控结构设计中应优先考虑输出镜透过率优化问题。

6.1.2　双闲频光耦合透过率调控方法

6.1.1 节对输出 1.57μm 和 3.84μm 的信号光与闲频光调控方法进行了研究。但差分吸收激光雷达等应用领域需要利用同谱区的多波长激光进行后续的测量、检测等工作。本节将对同谱区输出情况开展理论研究。

利用图 6.1 所示结构,双闲频光调控方法可获得同谱区 3.30μm 和 3.84μm 双参量光输出[6]。其中 MgO:APLN 晶体仍采用 2.3.3 节设计的无啁啾结构,晶体长度为 50mm,谐振腔长度为 200mm。腔镜 M1 所镀膜系为 HT@ 1064nm,HR@ 1.47μm/1.57μm/3.3μm/3.84μm。腔镜 M2 所镀膜系为 HT@ 1064nm,HR@ 1.47μm,HT@ 3.30μm/3.84μm。3.30μm 和 3.84μm 激光输出功率随腔镜 M2 的 1.57μm 透过率变化趋势如图 6.6 所示。其中,图 6.6(a)和(b)分别为 3.30μm 和 3.84μm 输出功率随 1.57μm 透过率和 1064nm 泵浦功率的变化情况。泵浦功率取最大值 24W 时,3.30μm 和 3.84μm 激光输出功率随 1.57μm 透过率变换曲线如图 6.7 所示。

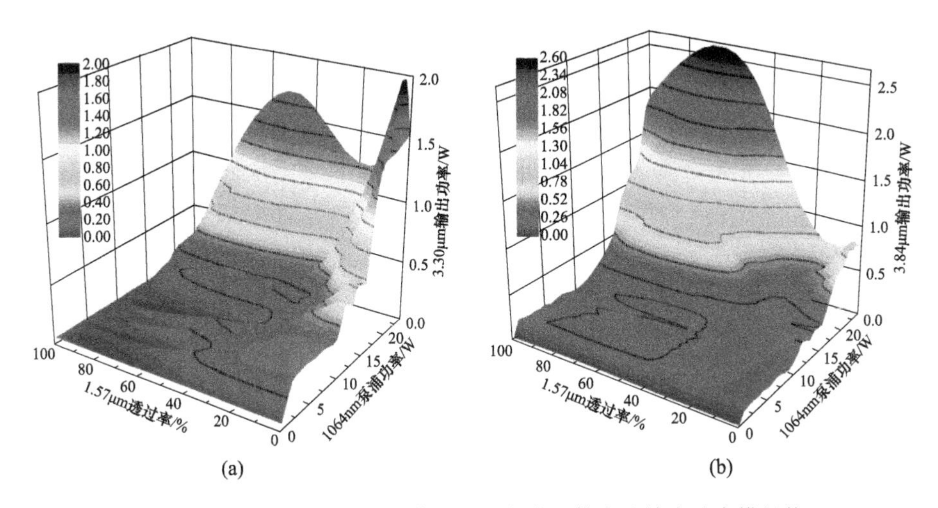

图 6.6 不同 1.57μm 透过率下双闲频光调控方法输出功率模拟值

(a)3.30μm;(b)3.84μm。

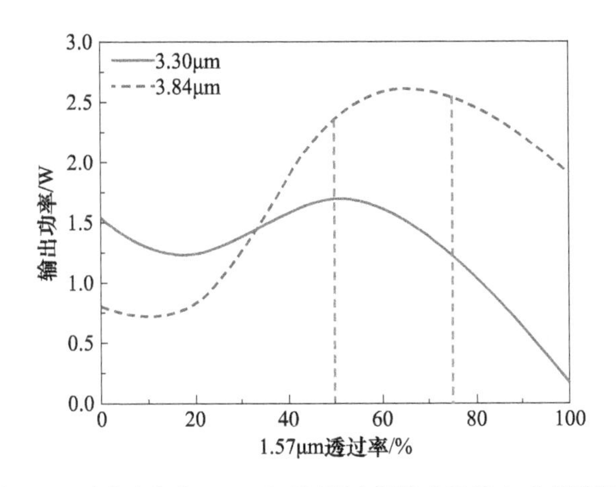

图 6.7 泵浦功率为 24W 时双闲频光调控方法输出功率模拟值

如图 6.6 所示,泵浦功率小于 15W 时,3.30μm 和 3.84μm 输出功率增长较慢;泵浦功率大于 15W 后,3.30μm 和 3.84μm 输出功率增长较快。泵浦功率在 17~19W,1.57μm 透过率在 58%~94% 之间,3.30μm 输出功率出现明显下降,表明此条件下 3.30μm 出现了逆转换。泵浦功率在 2.5~12.5W,1.57μm 透过率在 47%~89% 之间,由于逆转换现象导致 3.84μm 输出功率出现明显下降。这表明 3.30μm 和 3.84μm 逆转换发生条件不相同。如图 6.7 所示,最大泵浦功率下,3.30μm 和 3.84μm 随 1.57μm 透过率增加呈现出先降、后升、再下降趋势。综合图 6.6 和图 6.7,发现 1.57μm 透过率在 50%~75% 之间时,3.30μm 和 3.84μm 输出功率较高,无明显的逆转换现象,表明此透过率区间内逆转换受到了抑制。

进一步将腔镜 M2 的 1.57μm 透过率设定为 70%，模拟研究腔镜 M2 的 1.47μm 透过率对输出功率的影响。3.30μm 和 3.84μm 输出功率随 1.47μm 透过率变化情况，如图 6.8(a)和(b)所示。泵浦功率为 24W 时，3.30μm 和 3.84μm 输出功率模拟值如图 6.9 所示。泵浦功率小于 12.5W，1.47μm 透过率小于 50%，3.30μm 和 3.84μm 输出功率存在小起伏。泵浦功率在 17.5～20W，1.47μm 透过率小于 65%，3.30μm 和 3.84μm 输出功率产生峰值。如图 6.9 所示，最高泵浦功率下，3.30μm 输出功率随 1.47μm 透过率增加呈先升后降趋势，3.84μm 输出功率随 1.47μm 透过率缓慢增长。综合图 6.8 和图 6.9，1.47μm 透过率在 15%～45%之间时，高泵浦功率下 3.30μm 和 3.84μm 输出功率较高，且差值较小，无功率起伏现象，表明此透过率区间为最佳透过率区间。

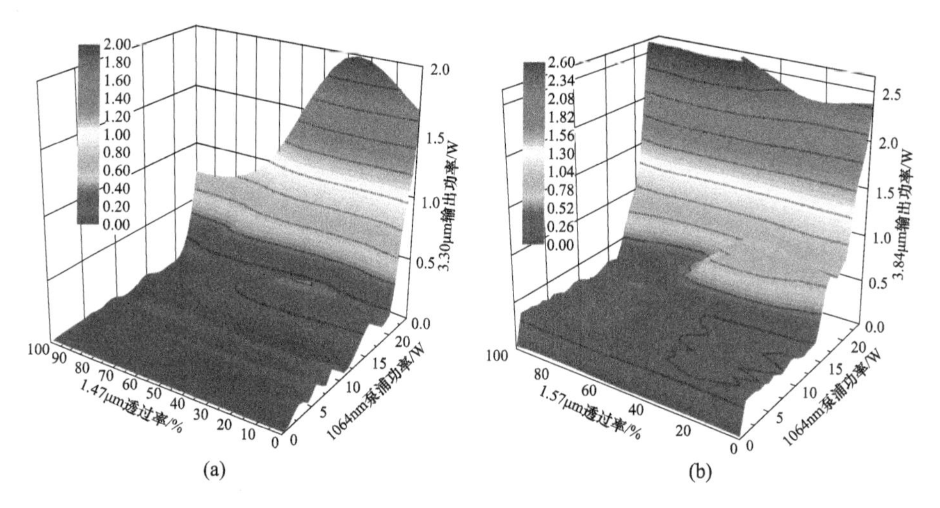

图 6.8 不同 1.47μm 透过率下双闲频光调控方法输出功率模拟值

(a)3.30μm；(b)3.84μm。

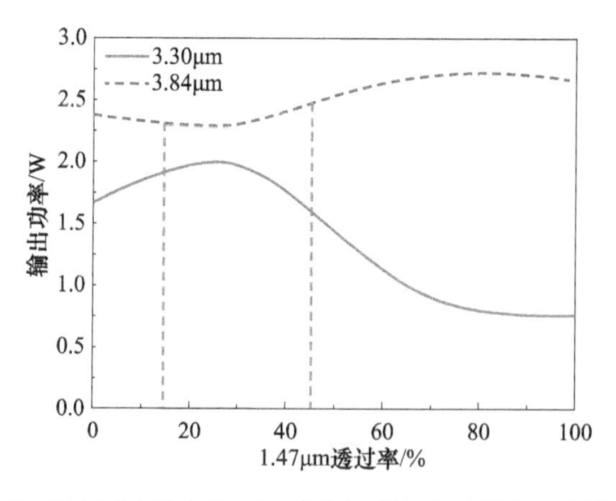

图 6.9 泵浦功率为 24W 时双闲频光调控方法输出功率模拟值

综上,双闲频光调控方法可以采用优化输出镜透过率的方式实现逆转换调控,获得较高的同谱区双波长激光输出。同信号光与闲频光调控方法相比,双闲频光调控方法还可有效地降低输出功率差值。上述模拟结果表明耦合透过率调控结构存在最佳工作范围,超出工作范围后逆转换调控效果会大幅下降。

6.2 多光参量振荡耦合透过率调控逆转换实验

6.1 节对耦合透过率调控方法进行了研究,分析信号光与闲频光、双闲频光调控方法的输出功率模拟值,确定了耦合透过率调控方法的最佳参数。基于上述研究成果,开展耦合透过率调控实验研究,测量不同输出镜透过率下两个参量光的实际输出功率。

6.2.1 信号光与闲频光耦合透过率调控实验

MgO:APLN 晶体在多光参量振荡器中起到极其重要的作用,它的性能直接影响多光参量振荡器输出波长、转换效率、光斑质量等特性。为实现两组参量光同时振荡,本实验采用的 MgO:APLN 晶体实物如图 6.10 所示。晶体中 MgO 的掺杂浓度为5%。晶体的整体尺寸为 $50\times3\times3\text{mm}^3$。两端面抛光,并镀有 $T>99\%$ @1.064μm、$T>99\%$ @1.4~1.7μm、$T>95\%$ @3.3~4.2μm 的多色增透膜。

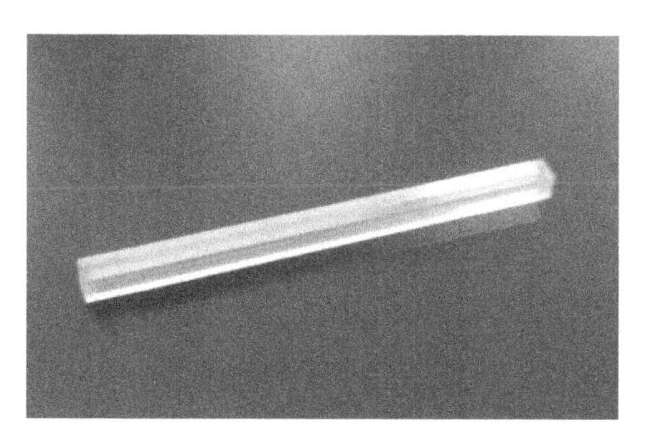

图 6.10 MgO:APLN 晶体实物图

MgO:APLN 晶体极化结构直接决定了相位失配量的补偿能力,进而影响输出参量波长的选取。显微镜(Leica DMI5000M)下观察到的晶体极化结构,如图 6.11 所示。此极化结构经傅里叶变换获得 MgO:APLN 晶体的相位失配量和傅里叶系数,如图 6.12 所示,在相位失配量为 $0.2135\mu\text{m}^{-1}$ 和 $0.2041\mu\text{m}^{-1}$ 处,MgO:

APLN 晶体的傅里叶系数达到峰值，分别为 0.43 和 0.42。这表明此晶体具备两个倒格矢，可实现两组参量光同时振荡。泵浦光波长为 1064nm，晶体工作温度为 25℃下，MgO:APLN 晶体内有 1.47μm、3.84μm 和 1.57μm、3.30μm 两组参量光同时振荡，与最初的实验设计相吻合。

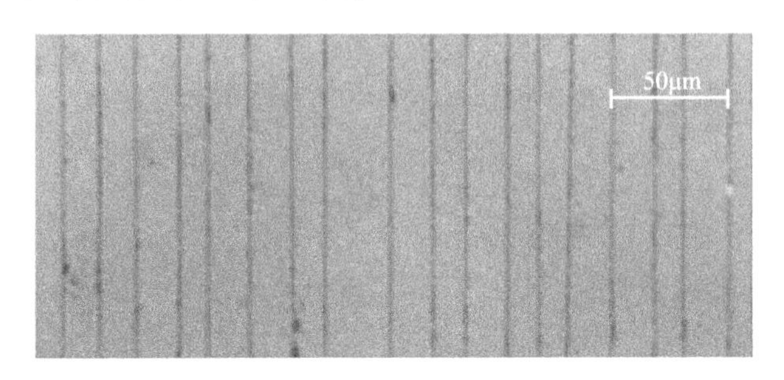

图 6.11　MgO:APLN 晶体极化结构

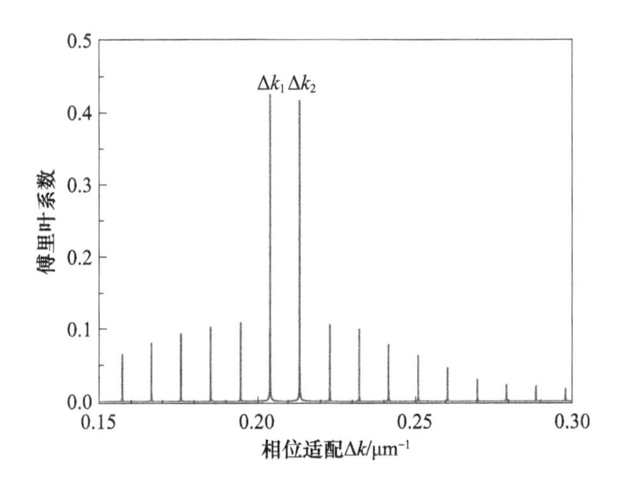

图 6.12　MgO:APLN 晶体相位失配量和傅里叶系数

由式(2-36)可知，MgO:APLN 晶体的折射率为温度的函数，因而多光参量振荡过程中的相位失配量与温度相关。在实际工作过程中，MgO:APLN 晶体内部会不断积累热量，导致晶体内温度升高，进而引发输出参量光波长漂移。为了消除此现象，必须利用控温装置保持晶体温度恒定。图 6.13 为 MgO:APLN 晶体的温控结构。MgO:APLN 晶体侧面包裹铟膜，

图 6.13　MgO:APLN 晶体温控装置

放置于中国台湾 HCP 公司所生产的 OV50 温控器中,温度控制范围为 0 ~ 200℃。

信号光与闲频光耦合透过率调控实验装置,如图 6.14 所示。MgO:APLN 晶体前后分别放置由 CaF_2 制成的腔镜 M1 和 M2。腔镜 M1 和 M2 的镀膜情况如表 6-1 所列。腔镜 M2 膜系中,1064nm 和 3.30μm 波长采用高反膜,1.57μm 采用透过率 40% 的增透膜,3.84μm 采用高透膜,仅 1.47μm 波长膜系透过率不同。之所以这样选取膜系,是想通过改变 1.47μm 的透过率调节腔内各参量光功率密度,实现耦合透过率调控。上述膜系选取导致实验装置的输出参量光包含 1.47μm、1.57μm 和 3.84μm,其中 1.57μm 和 3.84μm 为所需的输出激光,因此需要插入镜片对输出参量光进行分光。镜片 L1 与 L2 以 45°放置。镜片 L1 镀有 HT@ 1.47μm、HR 45°@ 1.57μm、HT@ 3.3 ~ 3.9μm 膜,用于分离 1.57μm 参量光。镜片 L2 镀有 HT@ 3.30μm、HR 45°@ 3.84μm 膜,用于分离 3.84μm 参量光。其中,HR 45°代表 45°全反膜,HR 代表高反膜,HT 代表高透膜。

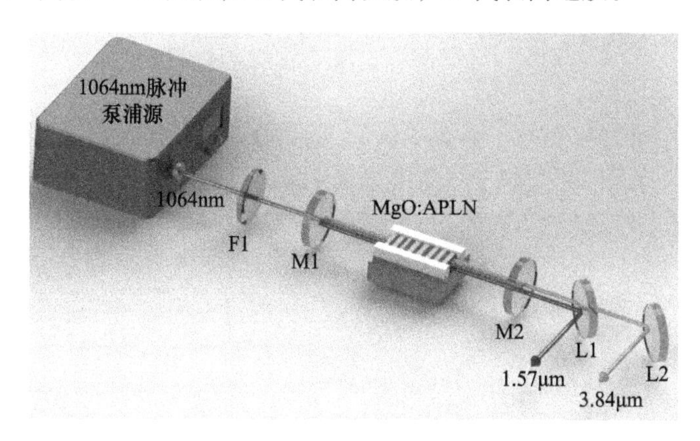

图 6.14 信号光与闲频光耦合透过率调控实验装置示意

表 6-1 信号光与闲频光耦合透过率调控实验腔镜膜系

腔镜	膜系
腔镜 M1	HT@ 1064nm, HR@ 1.47μm/1.57μm/3.30μm/3.84μm
腔镜 M2	1. HR@ 1064nm/3.30μm, T = 80% @ 1.47μm, T = 40% @ 1.57μm, HT@ 3.84μm
	2. HR@ 1064nm/3.30μm, T = 60% @ 1.47μm, T = 40% @ 1.57μm, HT@ 3.84μm
	3. HR@ 1064nm/3.30μm, T = 40% @ 1.47μm, T = 40% @ 1.57μm, HT@ 3.84μm
HR:高反膜,HT:高透膜。	

当 MgO:APLN 晶体温度设定在 25℃时,利用日本横河 AQ6375 型光谱分析仪(光谱范围 1200 ~ 2400nm,波长精度 ±0.05nm)和瑞士 ARCoptix 公司 FTIR-C-20-120 型傅里叶光谱仪(光谱范围 2.5 ~ 12μm,波长精度 <0.1cm^{-1})测量镜片 L1 和 L2 反射光光谱。如图 6.15 所示,输出的参量光波长为 1.57μm 和

3.84μm,表明 MgO:APLN 晶体内已发生了双光参量振荡,生成两组参量光,实验结果与理论设计相吻合。

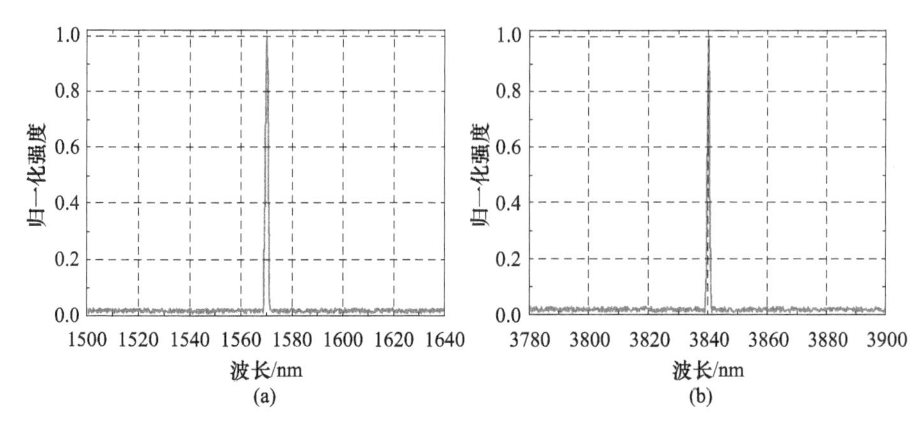

图 6.15 信号光与闲频光耦合透过率调控实验输出光谱
(a)1.57μm;(b)3.84μm。

由腔镜 M1 和 M2 组成了参量谐振腔,腔长设定为 200mm。腔镜 M2 分别采用腔镜 M2-1、M2-2 和 M2-3,即不同 1.47μm 透过率下信号光与闲频光调控实验输出功率及转换效率,如图 6.16 所示。其中,功率模拟值为 6.1.1 节仿真结果。1.57μm 和 3.84μm 实际输出功率小于模拟值,且实验值与模拟值变化趋势一致,两者皆随泵浦功率增大而提高。1.47μm 透过率为 80%,即采用腔镜 M2-1 时,1.57μm、3.84μm 的最大输出功率分别为 4.62W 和 1.64W,输出功率比值为 2.8,对应转换效率为 22.2% 和 7.8%。泵浦功率在 6.3~10.5W 时,1.57μm 转换效率略有下降,3.84μm 转换效率快速增加,说明此段泵浦功率下两组参量振荡间发生增益竞争现象,导致 1.57μm 参量振荡被抑制,3.84μm 参量振荡得到增强。采用腔镜 M2-2,即 1.47μm 透过率设定在 60% 时,1.57μm、3.84μm 最大输出功率分别为 2.48W 和 1.18W,输出功率比值为 2.1,对应转换效率为 11.8% 和 5.6%。1.57μm 和 3.84μm 转换效率变换趋势保持一致,说明此种条件下两组参量振荡未发生明显的增益竞争现象。1.47μm 透过率降为 40%,即采用腔镜 M2-3 时,1.57μm、3.84μm 最大输出功率分别为 2.15W 和 1.11W,输出功率比值为 1.9,对应转换效率为 10.2% 和 5.3%。泵浦功率为 12.6~18.9W 时,1.57μm 转换效率出现凹陷,这是由于两组参量振荡的增益竞争导致 1.57μm 参量振荡发生逆转换。综合比较三组实验输出结果,发现增大输出镜 1.47μm 透过率降低了腔内 1.47μm 的功率密度,导致了腔内参量光功率密度降低,促进了 1064nm 向两组参量光转换,进而提高了 1.57μm 和 3.84μm 输出功率,这表明通过改变输出镜的单一参量光透过率可调节跨周期参量光输出功率。

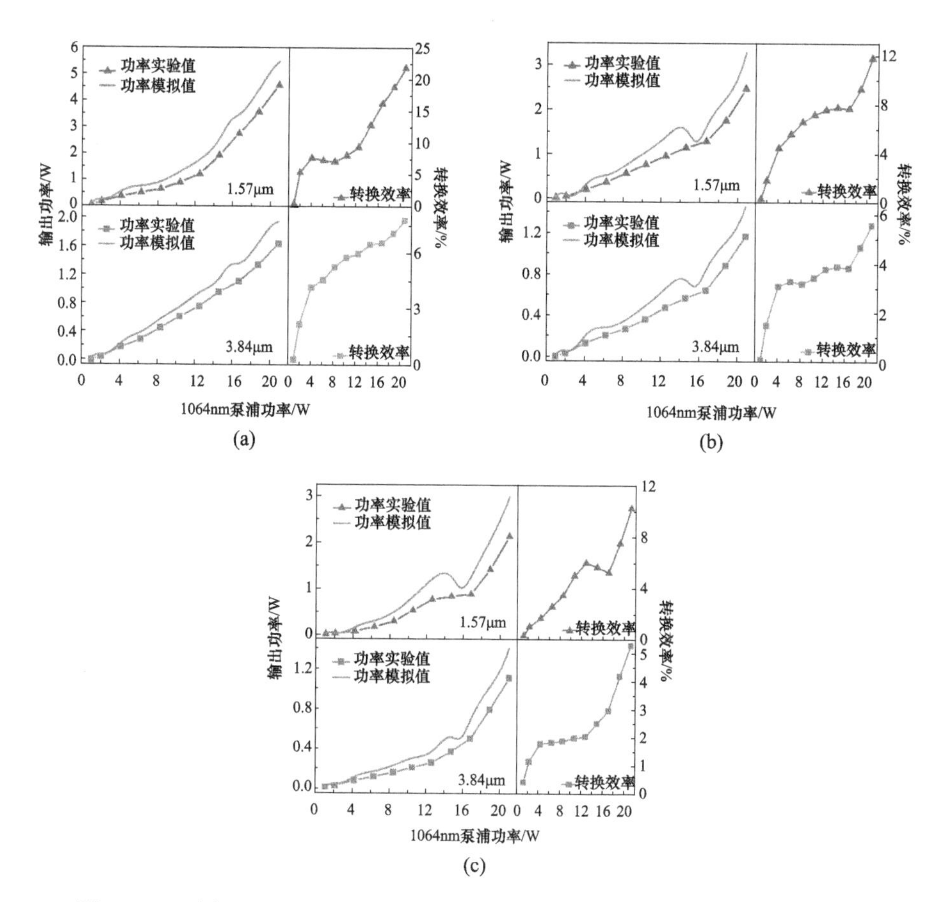

图6.16 不同1.47μm透过率下信号光与闲频光调控实验输出功率和转换效率
(a)$T=80\%$@1.47μm;(b)$T=60\%$@1.47μm;(c)$T=40\%$@1.47μm。

参量振荡腔腔镜M2采用腔镜M2-1。不同谐振腔长度下信号光与闲频光调控实验输出功率和转换效率测量值如图6.17所示。1.57μm和3.84μm输出功率实验值略小于模拟值。当谐振腔长度为160mm时,如图6.17(a)所示,1.57μm、3.84μm随1064nm泵浦功率增加而增大,最大输出功率达2.90W和1.26W,输出功率比值为2.3。但泵浦功率大于16W,两个参量光的转换效率降低,说明此时发生逆转换现象。谐振腔长度为180mm时,1.57μm、3.84μm输出功率和转换效率都随泵浦功率增加而增长。泵浦功率为21W时,1.57μm、3.84μm最大输出功率为3.78W和1.45W,输出功率比值2.6,对应转换效率为18.0%和6.9%。对比图6.16(a)和图6.17(a)、(b),三种不同腔长(200mm、180mm、160mm)下1.57μm、3.84μm输出功率与转换效率发现参量振荡腔长度降低后,腔内参量光的耦合叠加次数增多,使得腔内参量光功率密度过高,引发逆转换现象导致输出参量光转换效率下降。

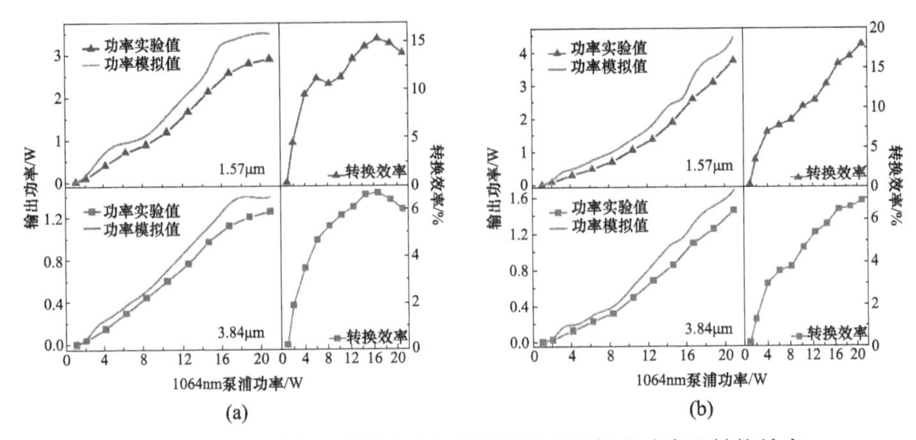

图 6.17 不同腔长下信号光与闲频光调控实验输出功率和转换效率

(a)160mm;(b)180mm。

对比图 6.16 和图 6.17 可知,1.57μm 和 3.84μm 输出功率实验值与模拟值差值较小,且变化趋势相吻合,由此证实多光参量振荡能量耦合模型具备精准反演 MgO:APLN 晶体内能量耦合过程的能力。两组参量振荡之间存在逆转换与增益竞争,导致在特定泵浦功率下转换效率降低。同时,由于输出激光的波长差过大,1.57μm 输出功率远大于 3.84μm 输出功率,输出功率比值皆大于 1.9。

信号光与闲频光调控实验采用腔镜 M1 和 M2-1。参量振荡腔腔长为 200mm,泵浦功率为 21W 时,利用以色列 OPHIR 公司的 Pyrocam III 型焦热电阵列相机观测两个参量光光斑。光斑如图 6.18 所示。此种情况下,1.57μm 光斑顶端存在多个小峰,3.84μm 光斑顶端较平整。

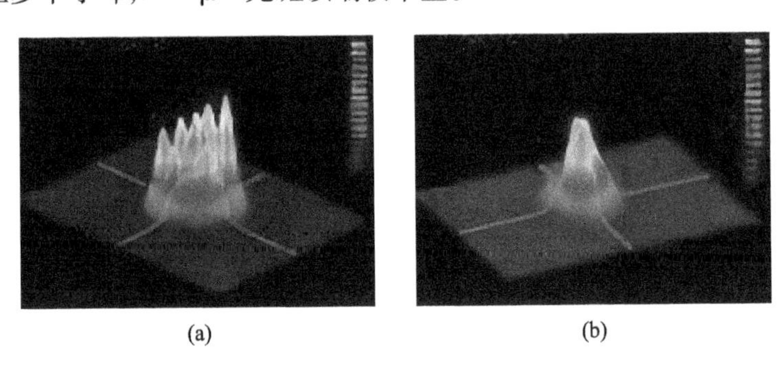

(a) (b)

图 6.18 信号光与闲频光调控实验输出光斑

(a)1.57μm;(b)3.84μm。

6.2.2 双闲频光耦合透过率调控实验

图 6.19 为双闲频光耦合透过率调控实验装置示意图。腔镜的膜系如表 6-2

所列。与信号光与闲频光调控实验相比,仅腔镜 M2 的透过率发生了变化,3.30μm 膜系由高反膜改为高透膜,以确保 3.30μm 激光输出,且 1.57μm 透过率不再为恒定值。选取上述膜系是想通过同时调整 1.47μm 和 1.57μm 透过率,改变腔内泵浦光与信号光功率密度配比。为在两组参量光中分离出所需的同谱区激光输出,谐振腔后放置两块镜片 L1 和 L2,两个镜片与传播方向呈 45°角。镜片 L1 镀有 HT@1.0~1.6μm、45°HR@ 3.30μm、HT@3.84μm 膜,镜片 L2 镀有 HT@1.0~1.6μm、HR 45°@3.84μm 膜。

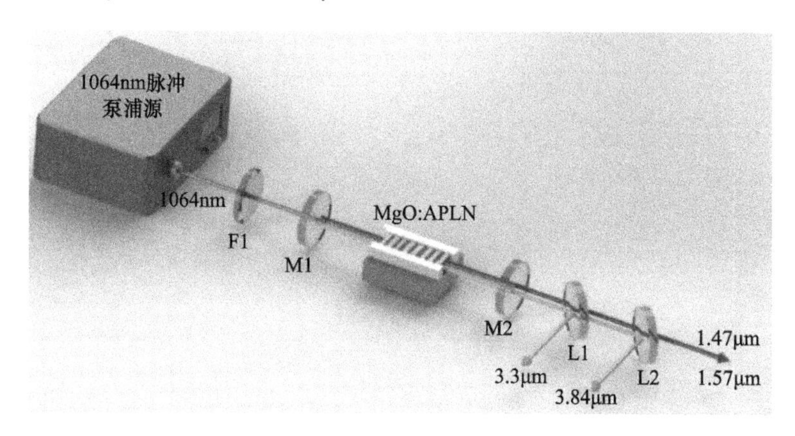

图 6.19　双闲频光耦合透过率调控实验装置示意图

表 6-2　双闲频光耦合透过率调控实验装置腔镜膜系

腔镜	膜系
腔镜 M1	HT@1064nm,HR@1.47μm/1.57μm/3.30μm/3.84μm
腔镜 M2	1. HR@1064nm,HR@1.47μm,T=50%@1.57μm,HT@3.30μm/3.84μm
	2. HR@1064nm,HR@1.47μm,T=65%@1.57μm,HT@3.30μm/3.84μm
	3. HR@1064nm,HR@1.47μm,T=70%@1.57μm,HT@3.30μm/3.84μm
	4. HR@1064nm,T=20%@1.47μm,T=70%@1.57μm,HT@3.30μm/3.84μm
注:HR:高反膜,HT:高透膜。	

MgO:APLN 晶体工作温度设定在 25℃。使用瑞士 ARCoptix 公司 FTIR-C-20-120 型傅里叶光谱仪(波长精度 <0.1cm^{-1},光谱范围 2.5~12μm)对镜片 L1 和 L2 反射光光谱进行测量。测量结果如图 6.20 所示,两个参量光的波长分别为 3.30μm 和 3.84μm。与设计目标获得同谱区双参量光输出相吻合。

参量振荡谐振腔长度为 200mm。腔镜 M2 选择腔镜 M2-1,即腔镜镀 1.47μm 高反膜,透过率为 50% 的 1.57μm 增透膜。此种输出镜透过率下,3.3μm 和 3.84μm 输出功率如图 6.21 所示。由图可知,3.3μm、3.84μm 输出功率模拟值与实验值相吻合。3.3μm、3.84μm 输出功率和转换效率随 1064nm 泵浦功率增加而增长，且3.84μm输出功率与转换效率皆比3.3μm大。当泵浦功率为22W时，3.3μm、3.84μm最大输出功率为0.98W和2.07W，对应转换效率为4.1%和8.5%，输出功率比值为0.47。

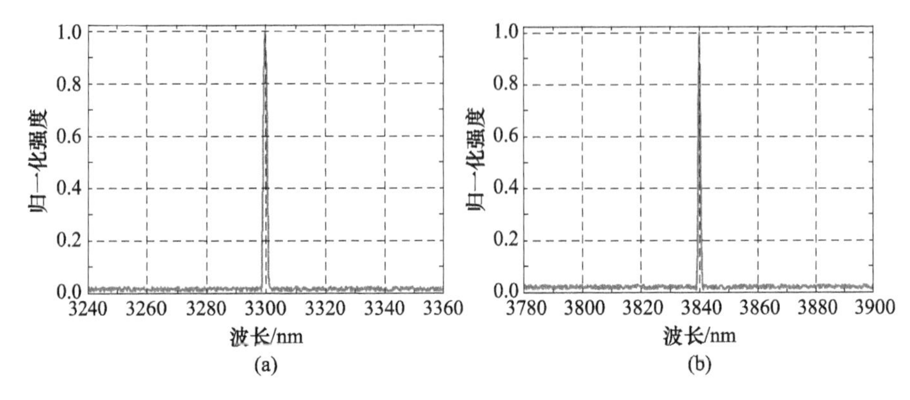

图6.20 参量光光谱图

(a)3.30μm；(b)3.84μm。

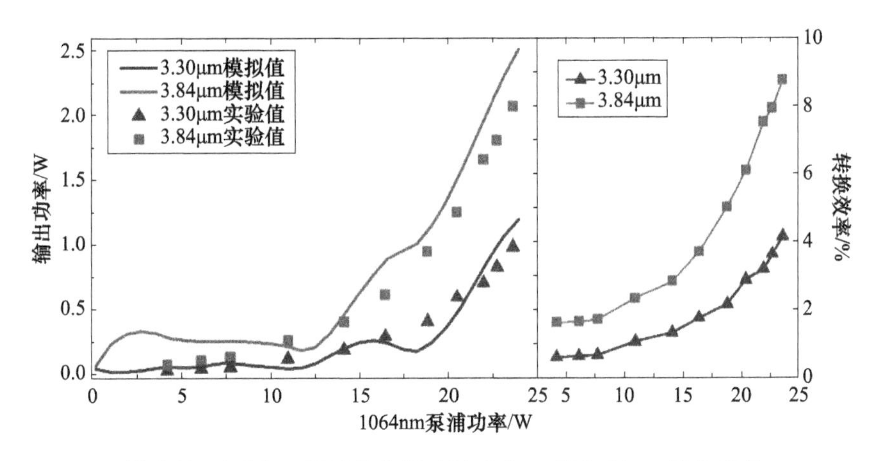

图6.21 1.57μm透过率为50%时，3.3μm和3.84μm输出功率

当腔镜M2选择腔镜M2-2，即1.57μm透过率提高到65%时，3.30μm和3.84μm输出功率如图6.22所示。此种情况下，3.30μm、3.84μm输出功率和转换效率仍随泵浦功率增长。当泵浦功率为22W时，3.30μm、3.84μm最大输出功率为1.24W和2.16W，对应转换效率为5.2%和9.1%，输出功率比值为0.57。

进一步提高1.57μm透过率至70%，即腔镜M2选择腔镜M2-3。此种输出镜透过率下，3.30μm和3.84μm输出功率如图6.23所示，由图可知，当泵浦功率为11.0W时，3.84μm转换效率发生凹陷；泵浦功率为18.9W时，3.30μm转换效率发生凹陷，说明两种泵浦功率下由于增益竞争导致引发了逆转换现象。当泵浦功率为22W时,3.30μm、3.84μm输出功率为1.39W和1.95W,对应转换效率为5.9%和8.2%,输出功率比值为0.71。

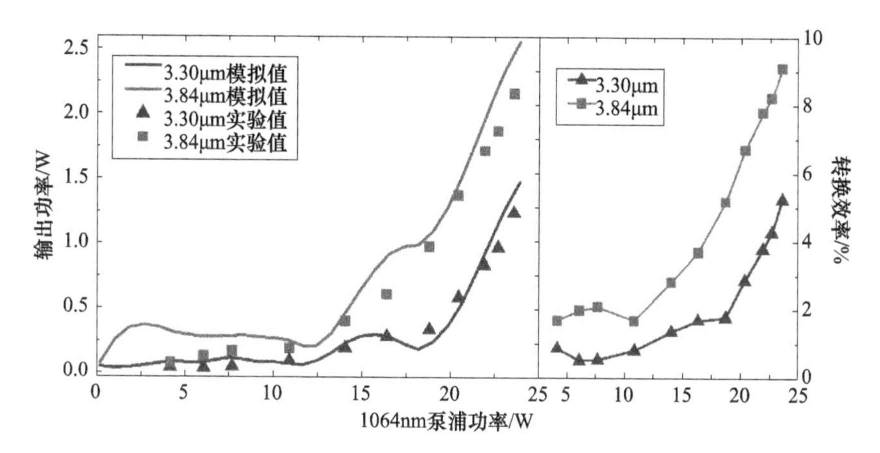

图6.22 1.57μm透过率为65%时3.3μm和3.84μm输出功率

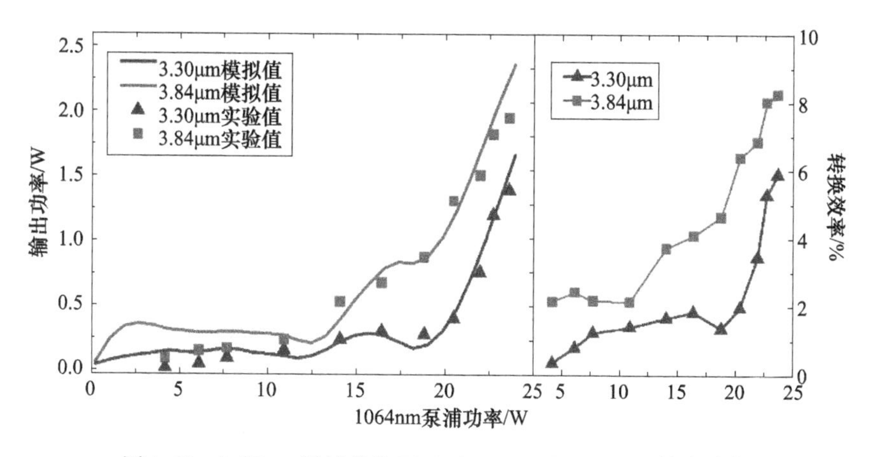

图6.23 1.57μm透过率为70%时3.3μm和3.84μm输出功率

最后,腔镜M2采用M2-4,即1.47μm透过率为20%,1.57μm透过率为70%。3.30μm和3.84μm输出功率如图6.24所示,由图可知,当泵浦功率为18.9W时,由于逆转换导致3.30μm和3.84μm转换效率下降。当泵浦功率为22W时,3.30μm、3.84μm输出功率为1.60W和2.05W,对应转换效率为6.8%和8.7%,输出功率比值为0.78。

对比图6.21至图6.24发现,3.30μm和3.84μm输出功率实验值围绕模拟值做小幅震荡,因此可以认为实验值与6.1.2节模拟值相吻合。同时,双闲频光调控实验实际输出功率不是由输出镜单一参量光透过率决定的,而是由输出镜两个参量光透过率共同决定的。这与信号光与闲频光调控实验中单一参量光透过率可调节跨周期参量光输出功率不同。产生如此差别的原因有两个方面:一方面所需的目标参量光不同,双闲频光调控实验要获得 3.30μm 和 3.84μm 激光输出,输出镜镀 3.30μm 高透膜,信号光与闲频光调控实验需获得 1.57μm 和 3.84μm 激光输出,输出镜镀 3.30μm 高反模;另一方面,两个实验 1.47μm 和 1.57μm 透过率组合不同,双闲频光调控实验中 1.47μm 透过率偏低、1.57μm 透过率偏高。上述实验结果表明,腔镜透过率对参量光输出功率、逆转换产生严重影响。因此,通过合理地设置腔镜透过率,可以达到被动调控逆转换的目的,实现逆转换抑制和增益调节。

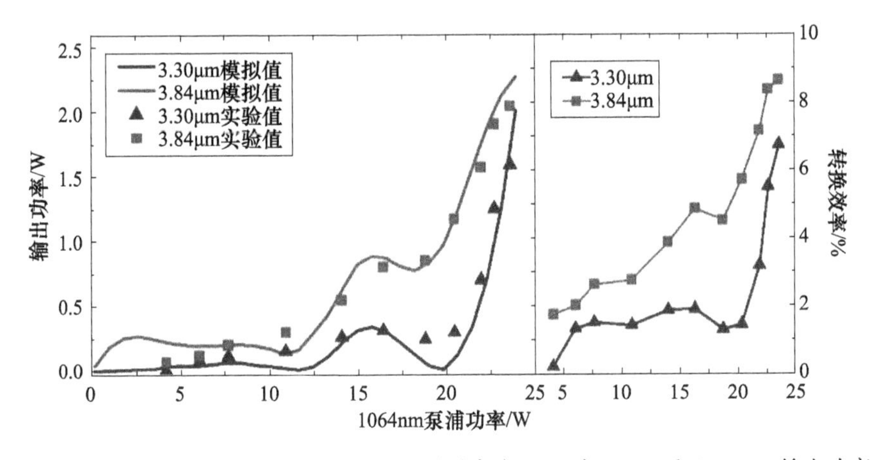

图 6.24　1.47μm 透过率为 20%、1.57μm 透过率为 70% 时 3.3μm 和 3.84μm 输出功率

参考文献

[1] 刘航,于永吉,王宇恒,等. 基于含时分步积分算法反演单体 MgO:APLN 多光参量振荡能量场[J]. 物理学报,2019,68(24):244202.

[2] 于永吉,陈薪羽,王超,等. 基于 MgO:APLN 的多光参量振荡器实验研究及其逆转换过程演化分析[J]. 物理学报,2015,64(4),044203.

[3] Yu Y,Chen X,Cheng L,et al. Continuous – Wave Intracavity Multiple Optical Parametric Oscillator Using an Aperiodically Poled Lithium Niobate Around 1.57 and 3.84 μm[J]. IEEE Photonics Journal,2017,9(2),150090。

[4] 于永吉,陈薪羽,成丽波,等. 基于 MgO:APLN 的 1.57 μm/3.84 μm 连续波内腔多光参量振荡器研究[J]. 物理学报,2015,64(22):224215.

[5] Liu J H,Liu Q,Gong M L. Back conversion in optical parametric process[J]. Acta Physics Sinica,2011,60(2):024215.

[6] Zhang Z, Liu H, Wang Y, et al. Theoretical and experimental study on gain competition adjustment of intracavity pumped dual - wavelength optical parametric oscillator using an aperiodically poled lithium niobate at approximately 3.30 and 3.84 μm[J]. Infrared Physics and Technology, 2022, 123: 104167.

第7章

多光参量振荡电光偏振模态转换调控

7.1 电光偏振模态转换调控逆转换方法

耦合透过率调控方法属于被动调控手段。输出镜透过率确定后,就无法根据多光参量振荡实际运转状况而进行主动调整。泵浦光功率密度与闲频光功率密度配比超出最佳工作范围后,易引发逆转换现象,降低参量光输出功率。同时,在确定的输出镜膜系下,又很难通过调节泵浦功率而大幅度改变两个参量光的输出功率比值。电光偏振模态转换调控方法就能克服上述被动调控的缺陷,实现逆转换主动调控。电光偏振模态转换调控结构包含两个电光偏振转换器。当参量振荡实际运转状况发生改变后,利用电光偏振模态转换器主动改变参量光偏振态,调节腔内参与振荡的参量光功率密度,达到抑制逆转换和调节输出功率比值的目的。

7.1.1 多光参量振荡电光偏振模态转换调控结构

由多重准相位匹配理论可知,e光偏振的泵浦光、信号光与闲频光参与多光参量振荡时,能有效地利用MgO:APLN晶体的最大有效非线性系数 d_{33},获得更大的参量光功率输出。依据上述原理设计出的电光偏振模态转换调控结构,克服了耦合透过率调控缺陷,实现高效的逆转换调控与增益调节。电光偏振模态转换调控结构如图7.1所示。在参量振荡腔内放置两个电光偏振转换器,改变腔内1.47μm、3.30μm参量光的偏振态,调节参与振荡e光比例。之所以选择改变1.47μm、3.30μm的e光比例的原因为:两组参量振荡之间,调节1.47μm的e光比例目的是抑制1064nm泵浦光向1.47μm、3.84μm转换,同时要促进泵浦光向另一组参量光(1.57μm、3.30μm)转换。同一组参量振荡内,调节3.30μm的e光比例目的为促进1064nm泵浦光向参量光1.57μm、3.30μm转换。通过调节1.47μm、3.30μm的e光比例,改善参与振荡各参量光功率密度配比,达到抑制逆转换、调节输出功率比值的目的。电光偏振模态转换调控结构中，$Nd:YVO_4$ 高重复频率声光调Q激光器作为泵浦源。腔镜M1、M2和M3组成环形参量振荡谐振腔。腔镜M1、M2和M3的膜系如表7－1所列。谐振腔三边分别放置MgO:APLN晶体、1.47μm光电偏振转换器（EO PC 1）和3.30μm光电偏振转换器（EO PC 2）。1.47μm光电偏振转换器和3.30μm光电偏振转换器分别只对1.47μm、3.30μm参量光进行偏振态旋转[1,2]。

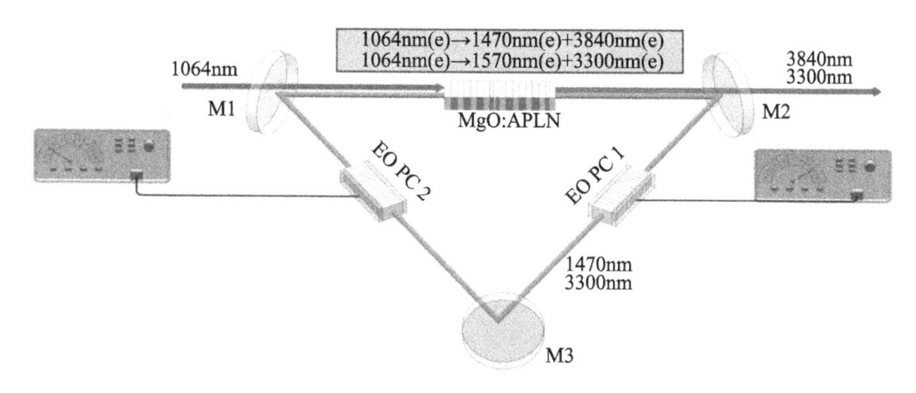

图7.1 电光偏振模态转换调控结构示意图

表7－1 腔镜膜系参数

腔镜	膜系
腔镜M1	HT@1064nm，HR@1.47μm/1.57μm/3.3μm/3.84μm
腔镜M2	HR@ 1064nm，T = 10% @ 1.47μm，T = 20% @ 1.57μm，T = 50% @ 3.3μm，HT @3.84μm
腔镜M3	HR@1064nm/1.47μm/1.57μm/3.3μm/3.84μm
HR：高反膜，HT：高透膜。	

电光偏振模态转换调控方法工作原理如图7.2所示。1064nm泵浦光从腔镜M1射入参量振荡谐振腔。1064nm泵浦光首先在MgO:APLN晶体内转换成e光偏振1.47μm、3.84μm和1.57μm、3.30μm参量光。全部3.84μm和部分3.30μm由腔镜M2射出谐振腔外。剩余泵浦光、参量光经腔镜M2射入1.47μm光电偏振转换器。在1.47μm光电偏振转换器内1.47μm偏振态旋转θ_1，由e光偏振转变为e光与o光偏振的组合。同时，其余参量光未发生旋转。经腔镜M3反射的参量光射入3.30μm光电偏振转换器后，仅3.30μm偏振态旋转θ_2。腔镜M1作用下，剩余参量光与新入射的泵浦光再次射入MgO:APLN晶体，1.47μm和3.3μm的e光偏振分量继续参与振荡，获得增益放大，而1.47μm和3.30μm的o光偏振分量不参与振荡，功率密度保持不变。这样在谐振腔内完成了一次振荡，连续重复上述振荡，直到脉冲泵浦光完全射入谐振腔，获得稳定的参量光输出。

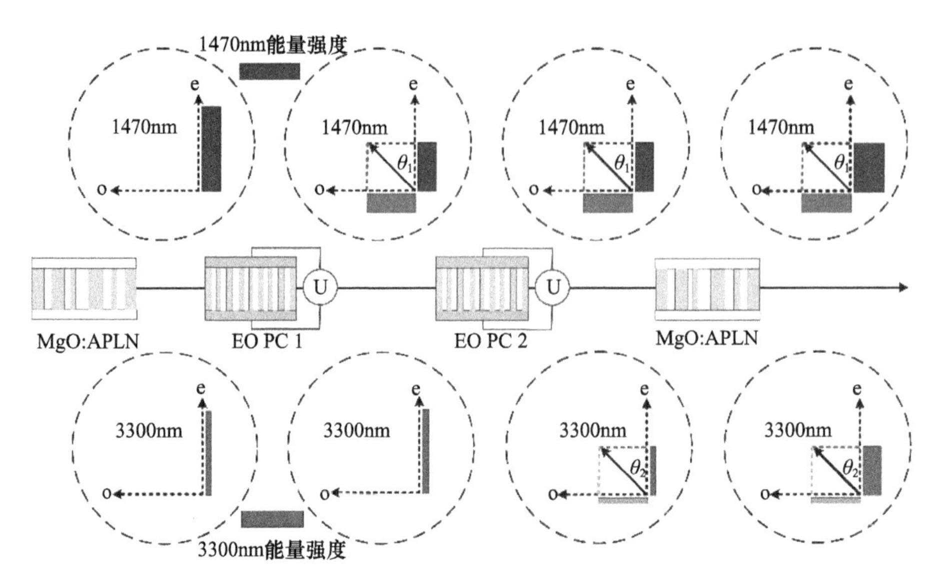

图 7.2　电光偏振模态转换调控方法原理示意图

7.1.2　电光偏振模态转换器优化设计

$MgO:LiNbO_3$ 晶体不仅具备优良非线性频率变换特性，同时还是极佳的光电晶体。$MgO:LiNbO_3$ 晶体外加 y 向电场后，其折射率主轴方向发现改变，折射率大小未发生变化。利用此种特性，y 向电场作用在周期极化 MgO:PPLN 晶体上，晶体内正晶畴和负晶畴折射率主轴会形成周期性摇摆，实现对入射光偏振态的旋转。

1. 晶体的电光效应

自然界中某些晶体外加电场后，其内部结构发生变化，进而引发光学性质的改变，最终导致晶体折射率发生显著变化。这种由外加电场引起的晶体折射率变化的现象称为电光效应。能够发生光电效应的晶体统称为电光晶体。

电光晶体的折射率 $n(E)$ 是外加电场 E 的函数。电光晶体折射率因电场发生的微小变换可以用泰勒级数来表示[3-6]，即

$$n(E) = n + c_1E + c_2E^2 + \cdots \tag{7-1}$$

式中：n 为未加载电场时的折射率；c_1 和 c_2 为常数。

在式(7-1)中，由外加电场一次方项 c_1E 引起的折射率变化，称为线性电光效应或普克尔效应(Pockels)；由外加电场二次方项 c_2E^2 引起的折射率变化，称为二次电光效应或克尔效应(Kerr)。对于大多数电光材料，线性电光效应比二次电光效应更加显著。

在各向异性的介质中，电位移矢量 $\boldsymbol{D}$ 与电场矢量 $\boldsymbol{E}$ 之间的关系为

$$\boldsymbol{D} = \varepsilon_0 \boldsymbol{\varepsilon} \boldsymbol{E} \tag{7-2}$$

另一种表示形式为

$$\begin{bmatrix} D_x \\ D_y \\ D_z \end{bmatrix} = \varepsilon_0 \begin{bmatrix} \varepsilon_{xx} & \varepsilon_{xy} & \varepsilon_{xz} \\ \varepsilon_{yx} & \varepsilon_{yy} & \varepsilon_{yz} \\ \varepsilon_{zx} & \varepsilon_{zy} & \varepsilon_{zz} \end{bmatrix} \begin{bmatrix} E_x \\ E_y \\ E_z \end{bmatrix} \tag{7-3}$$

由式(7-3)可以看出,介电张量 $\boldsymbol{\varepsilon}$ 可以用一个 3×3 的矩阵表示。同时,介电张量 $\boldsymbol{\varepsilon}$ 为对称张量,只有六个独立张量元。经过正交变换可转变为对角张量,只有三个对角张量元不为零,则式(7-3)可化简为

$$\begin{bmatrix} D_X \\ D_Y \\ D_Z \end{bmatrix} = \varepsilon_0 \begin{bmatrix} \varepsilon_{XX} & 0 & 0 \\ 0 & \varepsilon_{YY} & 0 \\ 0 & \varepsilon_{ZY} & 0 \end{bmatrix} \begin{bmatrix} E_X \\ E_Y \\ E_Z \end{bmatrix} \tag{7-4}$$

式中:X、Y、Z 为正交变换后形成的新坐标系。在这个新的坐标系中,晶体的介电张量是由矩阵主轴描述的,所以这个新的坐标系被称为主轴坐标系(Principal-axis system)。

光波在各向异性介质内传播,单位体积内的能量密度为

$$U = \frac{1}{2}\boldsymbol{D}\cdot\boldsymbol{E} = \frac{1}{2}\varepsilon_0 \sum_{ij} \varepsilon_{ij} E_i E_j \tag{7-5}$$

在主轴坐标系中,能量密度 U 也可用电位移矢量 $\boldsymbol{D}$ 表述:

$$U = \frac{1}{2\varepsilon_0}\left[\frac{D_X^2}{\varepsilon_{XX}} + \frac{D_Y^2}{\varepsilon_{YY}} + \frac{D_Z^2}{\varepsilon_{ZZ}}\right] \tag{7-6}$$

令

$$x = \left(\frac{1}{2\varepsilon_0 U}\right)^{\frac{1}{2}} D_X, y = \left(\frac{1}{2\varepsilon_0 U}\right)^{\frac{1}{2}} D_Y, z = \left(\frac{1}{2\varepsilon_0 U}\right)^{\frac{1}{2}} D_Z \tag{7-7}$$

$$n_x^2 = \varepsilon_{XX}, n_y^2 = \varepsilon_{YY}, n_z^2 = \varepsilon_{ZZ} \tag{7-8}$$

将式(7-7)和式(7-8)代入式(7-6),获得了主轴坐标系下,未加载电场时晶体的折射率椭球:

$$\frac{x^2}{n_x^2} + \frac{y^2}{n_y^2} + \frac{z^2}{n_z^2} = 1 \tag{7-9}$$

式中:x、y、z 为晶体的主轴方向;n_x、n_y、n_z 为折射率椭球的主折射率。当晶体外加电场后,其折射率椭球发生形变,此时折射率椭球为

$$\left(\frac{1}{n^2}\right)_1 x^2 + \left(\frac{1}{n^2}\right)_2 y^2 + \left(\frac{1}{n^2}\right)_3 z^2 + 2\left(\frac{1}{n^2}\right)_4 yz + 2\left(\frac{1}{n^2}\right)_5 xz + 2\left(\frac{1}{n^2}\right)_6 xy = 1 \tag{7-10}$$

利用折射率椭球查找各向异性光学材料的折射率的步骤:光波在晶体内沿任意传播方向,绘制垂直波矢且经过椭球中心平面,该平面与折射率椭球相交于

一个椭圆。椭圆的长短轴大小代表在晶体中沿该方向传播时的折射率,长短轴方向代表电位移矢量 $\boldsymbol{D}$ 的偏振方向。

研究外加电场时光学特性的变化,这里引入张量 $\boldsymbol{\eta}$,满足

$$\boldsymbol{E} = \frac{1}{\varepsilon_0}\boldsymbol{\eta}\boldsymbol{D} \tag{7-11}$$

式中:张量 $\boldsymbol{\eta}$ 是张量 $\boldsymbol{\varepsilon}$ 的反转矩阵,即 $\boldsymbol{\eta} = (\varepsilon)^{-1}$。折射率椭球可以用张量元 η_{ij} 来表示

$$\eta_{11}x^2 + \eta_{22}y^2 + \eta_{33}z^2 + 2\eta_{23}yz + 2\eta_{13}xz + 2\eta_{12}xy = 1 \tag{7-12}$$

式中:$\left(\frac{1}{n^2}\right)_1 = \eta_{11}$;$\left(\frac{1}{n^2}\right)_2 = \eta_{22}$;$\left(\frac{1}{n^2}\right)_3 = \eta_{33}$;$\left(\frac{1}{n^2}\right)_4 = \eta_{23} = \eta_{32}$;$\left(\frac{1}{n^2}\right)_5 = \eta_{13} = \eta_{31}$;$\left(\frac{1}{n^2}\right)_6 = \eta_{12} = \eta_{21}$。

张量元 η_{ij}还可以用级数表达。当电场强度为 E_k时,张量元 η_{ij}表达式为

$$\eta_{ij} = \eta_{ij}^{(0)} + \sum_k \gamma_{ijk}E_k + \sum_{kl} s_{ijkl}E_kE_l + \cdots \tag{7-13}$$

式中:γ_{ijk}为描述线性电光效应的张量元;s_{ijkl}为描述二阶电光效应的张量元。由于张量 $\boldsymbol{\varepsilon}$ 是实矩阵且中心对称,所以它的逆矩阵 $\boldsymbol{\eta}$ 也是中心对称的实矩阵。这样,三阶张量元 γ_{ijk}可由二维矩阵元素 γ_{hk}描述,其中

$$h = \begin{cases} 1 & ij = 11 \\ 2 & ij = 22 \\ 3 & ij = 33 \\ 4 & ij = 23,32 \\ 5 & ij = 13,31 \\ 6 & ij = 12,21 \end{cases} \tag{7-14}$$

在外加电场作用下,折射率椭球各系数发生线性变化,其变化量为

$$\Delta\left(\frac{1}{n^2}\right)_i = \sum_{j=1}^{3} \gamma_{ij}E_j \tag{7-15}$$

式(7-5)可用矩阵形式表示为

$$\begin{bmatrix} \Delta(1/n^2)_1 \\ \Delta(1/n^2)_2 \\ \Delta(1/n^2)_3 \\ \Delta(1/n^2)_4 \\ \Delta(1/n^2)_5 \\ \Delta(1/n^2)_6 \end{bmatrix} = \begin{bmatrix} \gamma_{11} & \gamma_{12} & \gamma_{13} \\ \gamma_{21} & \gamma_{22} & \gamma_{23} \\ \gamma_{31} & \gamma_{32} & \gamma_{33} \\ \gamma_{41} & \gamma_{42} & \gamma_{43} \\ \gamma_{51} & \gamma_{52} & \gamma_{53} \\ \gamma_{61} & \gamma_{62} & \gamma_{63} \end{bmatrix} \begin{bmatrix} E_x \\ E_y \\ E_z \end{bmatrix} \tag{7-16}$$

式中:γ_{ij}为晶体的线性电光系数,i 取值 1、2、…6,j 取值 1、2、3。

下面讨论 $LiNbO_3$ 晶体的电光效应。$LiNbO_3$ 为负单轴铁电晶体，其 $n_x = n_y = n_o$，$n_z = n_e$，$n_o > n_e$。未加载电压的情况下，主轴坐标系下其折射率椭球为

$$\frac{x^2}{n_o^2} + \frac{y^2}{n_o^2} + \frac{z^2}{n_e^2} = 1 \tag{7-17}$$

$LiNbO_3$ 晶体属于经典的 $3m$ 点群结构，其电光系数张量为

$$\boldsymbol{\gamma} = \begin{bmatrix} 0 & -\gamma_{22} & \gamma_{13} \\ 0 & \gamma_{22} & \gamma_{13} \\ 0 & 0 & \gamma_{33} \\ 0 & \gamma_{51} & 0 \\ \gamma_{51} & 0 & 0 \\ \gamma_{22} & 0 & 0 \end{bmatrix} \tag{7-18}$$

式中：独立的张量元只有 γ_{13}、γ_{22}、γ_{33}、γ_{51} 四个。

在外加电场作用下，由式(7-14)和式(7-16)可得折射率椭球的变化量为：

$$\left(\Delta \frac{1}{n^2}\right)_i = \begin{pmatrix} 0 & -\gamma_{22} & \gamma_{13} \\ 0 & \gamma_{22} & \gamma_{13} \\ 0 & 0 & \gamma_{33} \\ 0 & \gamma_{51} & 0 \\ \gamma_{51} & 0 & 0 \\ \gamma_{22} & 0 & 0 \end{pmatrix} \begin{pmatrix} E_x \\ E_y \\ E_z \end{pmatrix} \tag{7-19}$$

将式(7-19)代入式(7-10)，得到新的折射率椭球方程：

$$\begin{aligned} &\left(\frac{1}{n_o^2} - \gamma_{22}E_y + \gamma_{13}E_z\right)x^2 + \left(\frac{1}{n_o^2} + \gamma_{22}E_y + \gamma_{13}E_z\right)y^2 \\ &+ \left(\frac{1}{n_e^2} + \gamma_{33}E_z\right)z^2 + 2\gamma_{51}E_y yz - 2\gamma_{51}E_x xz - 2\gamma_{22}E_x xy = 1 \end{aligned} \tag{7-20}$$

在 $LiNbO_3$ 晶体中，γ_{13} 为 9.6、γ_{22} 为 6.8、γ_{33} 为 30.9、γ_{42} 和 γ_{51} 为 32.6，单位为 10^{-12} m/V。由式(5-20)可知，$LiNbO_3$ 晶体折射率变化量不仅受电场强度影响，还与电场的方向有关。这里我们详细探讨施加电场后，$LiNbO_3$ 晶体折射率的变化情况：

1）外加 z 向电场

外加 z 向电场时，即 $E_x = E_y = 0$，$E_z \neq 0$，式(7-20)可化简为

$$\left(\frac{1}{n_o^2} + \gamma_{13}E_z\right)x^2 + \left(\frac{1}{n_o^2} + \gamma_{13}E_z\right)y^2 + \left(\frac{1}{n_e^2} + \gamma_{33}E_z\right)z^2 = 1 \tag{7-21}$$

外加 z 向电场后，新的折射率椭球方程只有 x^2、y^2 和 z^2 项，没有 xy、yz 和 xz 交叉项，因此折射率椭球大小发生改变，而主轴方向未发生改变。新的折射率为

$$\begin{cases} n'_x = n_o - \dfrac{1}{2}\gamma_{13}n_o^3E_z \\ n'_y = n_o - \dfrac{1}{2}\gamma_{13}n_o^3E_z \\ n'_z = n_e - \dfrac{1}{2}\gamma_{33}n_o^3E_z \end{cases} \tag{7-22}$$

2)外加 y 向电场

外加 y 向电场时,即 $E_x = E_z = 0, E_y \neq 0$,式(7-20)可化简为

$$\left(\frac{1}{n_o^2} - \gamma_{22}E_y\right)x^2 + \left(\frac{1}{n_o^2} + \gamma_{22}E_y\right)y^2 + \frac{1}{n_e^2}z^2 + 2\gamma_{51}E_y yz = 1 \tag{7-23}$$

为简化折射率椭球方程,先进行坐标轴变换

$$\begin{cases} x = x' \\ y = y'\cos\theta - z'\sin\theta \\ z = y'\sin\theta + z'\cos\theta \end{cases} \tag{7-24}$$

将式(7-24)代入式(7-23)后,新主轴系下折射率椭球方程为

$$\left(\frac{1}{n_o^2} - \gamma_{22}E_y\right)x'^2 + \left(\frac{1}{n_o^2} + \gamma_{51}E_y\tan\theta + \gamma_{22}E_y\right)y'^2 + \left(\frac{1}{n_e^2} - \gamma_{51}E_y\tan\theta\right)z'^2 = 1 \tag{7-25}$$

其中

$$\tan2\theta = \frac{2\gamma_{51}E_y}{\dfrac{1}{n_o^2} - \dfrac{1}{n_e^2}} \tag{7-26}$$

由于 θ 数值较小,可以近似为

$$\theta = \frac{\gamma_{51}E_y}{\dfrac{1}{n_o^2} - \dfrac{1}{n_e^2}} \tag{7-27}$$

在新的坐标系下三个主轴方向的折射率为

$$\begin{cases} n'_x = n_o + \dfrac{1}{2}\gamma_{22}n_o^3E_y \\ n'_y = n_o - \dfrac{1}{2}\gamma_{51}n_o^3E_y\tan\theta - \dfrac{1}{2}\gamma_{22}n_o^3E_y \\ n'_z = n_e + \dfrac{1}{2}\gamma_{51}n_e^3E_y\tan\theta \end{cases} \tag{7-28}$$

式中:γ_{22} 远比其他电光系数小,可主动忽略包含 γ_{22} 的项,因此外加 y 向电场后,晶体的光轴在 yz 平面上偏转 θ 角,而折射率大小不改变,如图 7.3 所示。

3)外加 y 向和 z 向电场

外加电场既包含 y 向分量,又包含 z 向分量,即 $E_x = 0, E_y \neq 0, E_z \neq 0$,则式(7-20)可化简为

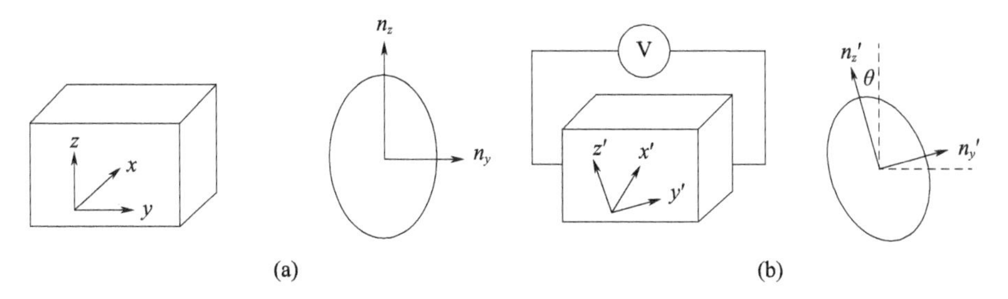

图 7.3 y 向电场下晶体折射率的变化
(a)未加载电场;(b)加载 y 向电场。

$$\left(\frac{1}{n_o^2}-\gamma_{22}E_y+\gamma_{13}E_z\right)x^2+\left(\frac{1}{n_o^2}+\gamma_{22}E_y+\gamma_{13}E_z\right)y^2+\left(\frac{1}{n_e^2}+\gamma_{33}E_z\right)z^2+2\gamma_{51}E_y yz=1 \tag{7-29}$$

参照外加 y 向电场情况,进行相同的坐标轴变换,则

$$\begin{aligned}&\left(\frac{1}{n_o^2}-\gamma_{22}E_y+\gamma_{13}E_z\right)x'^2+\left(\frac{1}{n_o^2}+\gamma_{22}E_y+\gamma_{51}E_y\tan\theta+\gamma_{13}E_z\right)y'^2\\&+\left(\frac{1}{n_e^2}-\gamma_{51}E_y\tan\theta+\gamma_{33}E_z\right)z'^2=1\end{aligned} \tag{7-30}$$

最终,新的坐标系下,三个主轴方向的折射率

$$\begin{cases}n'_x=n_o+\dfrac{1}{2}\gamma_{22}n_o^3E_y-\dfrac{1}{2}\gamma_{13}n_o^3E_z\\ n'_y=n_o-\dfrac{1}{2}\gamma_{51}n_o^3E_y\tan\theta-\dfrac{1}{2}\gamma_{22}n_o^3E_y+\dfrac{1}{2}\gamma_{13}n_o^3E_z\\ n'_z=n_e+\dfrac{1}{2}\gamma_{51}n_e^3E_y\tan\theta-\dfrac{1}{2}\gamma_{33}n_e^3E_z\end{cases} \tag{7-31}$$

2. 基于电光效应的偏振耦合理论

在耦合模理论中,介质的介电张量周期性变化可看作一种微扰。随空间变化的介电张量可表示为[7]

$$\varepsilon(x,y,z)=\varepsilon_0(x,y)+\Delta\varepsilon(x,y,z) \tag{7-32}$$

式中:等号右边第一项为未受微扰的部分;第二项为微扰部分,在 z 向上呈周期性变化。

在未受微扰介质中,假定光波的电场简正模已知,则介质在 z 方向上是均匀的,光波的简正模为

$$E_m(x,y)\mathrm{e}^{\mathrm{i}(\omega t-\beta_m z)} \tag{7-33}$$

对约束模来说,该简正模需要满足以下条件

$$\left[\frac{\partial^2}{\partial x^2}+\frac{\partial^2}{\partial y^2}+\omega^2\mu\varepsilon_0(x,y)-\beta_m^2\right]E_m(x,y)=0 \tag{7-34}$$

利用简正模的完备正交性,未受微扰介质中传播的一般光波电场可表示为简正模的线性组合:

$$\boldsymbol{E}=\sum_{m}A_{m}E_{m}(x,y)\mathrm{e}^{\mathrm{i}(\omega t-\beta_{m}t)} \tag{7-35}$$

式中:A_m 为常数。

由于微扰 $\Delta\varepsilon(x,y,z)$ 的存在,电介质将产生一个微扰极化:

$$\Delta\boldsymbol{P}=\Delta\varepsilon(x,y,z)\cdot E_{m}(x,y)\mathrm{e}^{-\mathrm{i}(\omega t-\beta_{m}z)} \tag{7-36}$$

如果该极化作为一种分布源可以把光波能量导入(或导出)到另一个 k 模式中,则认为电介质微扰 $\Delta\varepsilon(x,y,z)$ 使得 m 模式与 k 模式之间发生了耦合作用。在这种情况下,受微扰作用,光场的简正模系数变为 z 的函数,即

$$\boldsymbol{E}=\sum_{m}A_{m}(z)E_{m}(x,y)\mathrm{e}^{\mathrm{i}(\omega t-\beta_{m}t)} \tag{7-37}$$

式中:$A_m(z)$ 为模式耦合引起的第 m 个模的耦合模复振幅,将其代入有微扰介质的波动方程

$$\{\nabla^{2}+\omega^{2}\mu[\varepsilon_{0}(x,y)+\Delta\varepsilon(x,y,z)]\}\boldsymbol{E}=0 \tag{7-38}$$

利用式(5-34),可以得到

$$\begin{aligned}&\sum_{k}\left[\frac{\mathrm{d}^{2}}{\mathrm{d}x^{2}}A_{k}(z)+2\mathrm{i}\beta_{k}\frac{\mathrm{d}}{\mathrm{d}z}A_{k}(z)\right]E_{k}(x,y)\mathrm{e}^{\mathrm{i}\beta_{k}z}\\&=\omega^{2}\mu\sum_{l}\Delta\varepsilon(x,y,z)\cdot A_{1}(z)E_{1}(x,y)\mathrm{e}^{\mathrm{i}\beta_{l}z}\end{aligned} \tag{7-39}$$

由于介质的微扰很小,则耦合模振幅 $A_k(z)$ 满足慢变化条件(或抛物线近似)

$$\left|\frac{\mathrm{d}^{2}}{\mathrm{d}z^{2}}A_{k}(z)\right|\ll\left|\beta_{k}\frac{\mathrm{d}}{\mathrm{d}z}A_{k}(z)\right| \tag{7-40}$$

忽略式(5-39)中的二阶导数项,则

$$2\mathrm{i}\sum_{k}\beta_{k}\frac{\mathrm{d}A_{k}(z)}{\mathrm{d}z}E_{k}(x,y)\mathrm{e}^{\mathrm{i}\beta_{k}z}=\omega^{2}\mu\sum_{l}\Delta\varepsilon(x,y,z)\cdot A_{1}(z)E_{1}(x,y)\mathrm{e}^{\mathrm{i}\beta_{l}z} \tag{7-41}$$

与 $E_k^*(x,y)$ 相乘得到的标量积后,再对 x 和 y 积分,得到

$$\langle k|k\rangle\frac{\mathrm{d}A_{k}(z)}{\mathrm{d}z}=-\frac{\omega^{2}\mu}{2\mathrm{i}\beta_{k}}\sum_{l}\langle k|\Delta\varepsilon|l\rangle A_{1}(z)\mathrm{e}^{-\mathrm{i}(\beta_{k}-\beta_{l})z} \tag{7-42}$$

其中

$$\begin{aligned}&\langle k|k\rangle=\iint E_{k}^{*}\cdot E_{k}\mathrm{d}x\mathrm{d}y=\frac{2\omega\mu}{|\beta_{k}|}\\&\langle k|\Delta\varepsilon|l\rangle=\iint E_{k}^{*}\cdot\Delta\varepsilon(x,y,z)\cdot E_{1}\mathrm{d}x\mathrm{d}y\end{aligned} \tag{7-43}$$

由于介质的微扰在 z 方向是周期性的,可以把 $\Delta\varepsilon(x,y,z)$ 展成傅里叶级数

$$\Delta\varepsilon(x,y,z)=\sum_{m\neq0}\varepsilon_{m}(x,y)\mathrm{e}^{\mathrm{i}m\frac{2\pi}{\Lambda}z} \tag{7-44}$$

将式(7-43)和式(7-44)代入式(7-42),得到

$$\frac{\mathrm{d}A_k(z)}{\mathrm{d}z} = \mathrm{i}\frac{\beta_k}{|\beta_k|}\sum_l\sum_m C_{kl}^{(m)}A_1(z)\mathrm{e}^{-\mathrm{i}(\beta_k-\beta_l-m\frac{2\pi}{\Lambda})z} \tag{7-45}$$

式中: $C_{kl}^{(m)}$ 为耦合系数,定义为

$$C_{kl}^{(m)} \equiv \frac{\omega}{4}\langle k|\varepsilon_m|l\rangle = \frac{\omega}{4}\iint E_k^* \cdot \varepsilon_m(x,y) \cdot E_1\mathrm{d}x\mathrm{d}y \tag{7-46}$$

式(7-46)反映了由介质微扰的第 m 个傅里叶分量产生的第 k 个模和第 l 个模之间的耦合作用的大小。

一般情况下,大部分耦合情况只涉及两个模:模1和模2,那么式(7-45)可以简化为

$$\begin{cases}\dfrac{\mathrm{d}A_1}{\mathrm{d}z} = \mathrm{i}\dfrac{\beta_1}{|\beta_1|}C_{12}^{(m)}A_2\mathrm{e}^{-\mathrm{i}\Delta\beta z}\\ \dfrac{\mathrm{d}A_2}{\mathrm{d}z} = \mathrm{i}\dfrac{\beta_2}{|\beta_2|}C_{21}^{(m)}A_1\mathrm{e}^{\mathrm{i}\Delta\beta z}\end{cases} \tag{7-47}$$

其中

$$\Delta\beta = \beta_1 - \beta_2 - m\frac{2\pi}{\Lambda} \tag{7-48}$$

耦合系数 $C_{12}^{(m)}$ 和 $C_{21}^{(-m)}$ 由式(7-46)得到。如果介电张量的微扰 $\Delta\varepsilon(x,y,z)$ 为厄密的,则耦合系数满足

$$C_{12}^{(m)} = [C_{21}^{(-m)}]^* \tag{7-49}$$

如果未受到微扰的简正模是平面波,即介电张量只是沿 z 向的函数,那么介质微扰的傅里叶系数为常数,这时,耦合系数变为

$$C_{12}^{(m)} = \frac{\omega^2\mu}{2\sqrt{|\beta_1\beta_2|}}\boldsymbol{e}_1^* \cdot \varepsilon_m \cdot \boldsymbol{e}_2 \tag{7-50}$$

式中:$\boldsymbol{e}_1$ 和 $\boldsymbol{e}_2$ 为平面光波电场振动方向的单位矢量。

在耦合模方程式(7-48)中,因子 $\beta_1/|\beta_1|$ 和 $\beta_2/|\beta_2|$ 的符号决定耦合模的传播方向。通常,按传播方向耦合分为两类:同向耦合和逆向耦合。

1)同向耦合

当耦合模沿同一方向(沿 $+z$ 方向)传播时,称为同向耦合。因子 $\beta_1/|\beta_1|$ 和 $\beta_2/|\beta_2|$ 的值均为 +1。此时耦合模方程为[8],

$$\begin{cases}\dfrac{\mathrm{d}A_1}{\mathrm{d}z} = \mathrm{i}\kappa A_2\mathrm{e}^{-\mathrm{i}\Delta\beta z}\\ \dfrac{\mathrm{d}A_2}{\mathrm{d}z} = \mathrm{i}\kappa^* A_1\mathrm{e}^{\mathrm{i}\Delta\beta z}\end{cases} \tag{7-51}$$

式中:耦合系数 $\kappa = C_{12}^{(m)}$ 。由于 A_1 和 A_2 是模1和模2的复振幅,所以 $|A_1|^2$ 和

$|A_2|^2$ 为模 1 和模 2 的能流，应满足能量守恒定律：

$$\frac{\mathrm{d}}{\mathrm{d}z}(|A_1|^2 + |A_2|^2) = 0 \tag{7-52}$$

对式(7－51)进行求解，可以得到耦合模方程的通解：

$$\begin{aligned} A_1(z) &= \left\{\left[\cos sz + \mathrm{i}\frac{\Delta\beta}{2s}\sin sz\right]A_1(0) + \mathrm{i}\frac{\kappa}{s}\sin sz A_2(0)\right\}\mathrm{e}^{-\mathrm{i}\frac{\Delta\beta}{2}z} \\ A_2(z) &= \left\{\mathrm{i}\frac{\kappa^*}{s}\sin sz A_1(0) + \left[\cos sz - \mathrm{i}\frac{\Delta\beta}{2s}\sin sz\right]A_2(0)\right\}\mathrm{e}^{\mathrm{i}\frac{\Delta\beta}{2}z} \end{aligned} \tag{7-53}$$

式中：$A_1(0)$ 和 $A_2(0)$ 为 $z=0$ 处的模振幅；s 的表达式为

$$s^2 = \kappa^*\kappa + \left(\frac{\Delta\beta}{2}\right)^2 \tag{7-54}$$

由式(7－53)可看出，经过距离 z 后，模 2 耦合到模 1 的能量交换律 T_{12} 为

$$T_{12} = \frac{|\kappa|^2}{|\kappa|^2 + (\Delta\beta/2)^2}\sin^2\sqrt{|\kappa|^2 + (\Delta\beta/2)^2 z} \tag{7-55}$$

其最大值为 $\dfrac{|\kappa|^2}{|\kappa|^2 + (\Delta\beta/2)^2}$，且最大值随 $\Delta\beta$ 的增大而减小。只有当 $\Delta\beta=0$，即满足相位匹配条件时，两个模式之间才能发生完全的能量交换。

2）逆向耦合

两个耦合模沿相反方向传播时，称为逆向耦合。因子 $\beta_1/|\beta_1|$ 和 $\beta_2/|\beta_2|$ 的值分别为 $+1$ 和 -1。这种情况下，耦合模方程为

$$\begin{cases} \dfrac{\mathrm{d}A_1}{\mathrm{d}z} = \mathrm{i}\kappa A_2\mathrm{e}^{-\mathrm{i}\Delta\beta z} \\ \dfrac{\mathrm{d}A_2}{\mathrm{d}z} = -\mathrm{i}\kappa^* A_1\mathrm{e}^{\mathrm{i}\Delta\beta z} \end{cases} \tag{7-56}$$

此时，沿 $+z$ 方向的净能流为 $|A_1|^2 - |A_2|^2$，能量守恒要求

$$\frac{\mathrm{d}}{\mathrm{d}z}(|A_1|^2 - |A_2|^2) = 0 \tag{7-57}$$

逆向耦合的边界条件：在 $z=0$ 处，$A_1=A_1(0)$；在 $z=L$ 处，$A_1=A_1(L)$，则式(7－56)的通解为

$$\begin{aligned} A_1(z) = &\left\{\frac{s\cosh[s(L-z)] + \mathrm{i}(\Delta\beta/2)\sinh[s(L-z)]}{s\cosh(sL) - \mathrm{i}(\Delta\beta/2)\sinh(sL)}A_1(0)\right. \\ &\left.+ \frac{\mathrm{i}\kappa\mathrm{e}^{-\mathrm{i}(\Delta\beta/2)L}\sinh(sz)}{s\cosh(sL) - \mathrm{i}(\Delta\beta/2)\sinh(sL)}A_2(L)\right\}\mathrm{e}^{-\mathrm{i}(\Delta\beta/2)z} \\ A_2(z) = &\left\{\frac{\mathrm{i}\kappa^*\sinh[s(L-z)]}{s\cosh(sL) - \mathrm{i}(\Delta\beta/2)\sinh(sL)}A_1(0)\right. \\ &\left.+ \mathrm{e}^{-\mathrm{i}(\Delta\beta/2)L}\frac{s\cosh(sz) - \mathrm{i}(\Delta\beta/2)\sinh(sz)}{s\cosh(sL) - \mathrm{i}(\Delta\beta/2)\sinh(sL)}A_2(L)\right\}\mathrm{e}^{\mathrm{i}(\Delta\beta/2)z} \end{aligned} \tag{7-58}$$

式中：$s^2 = \kappa^* \kappa - \left(\frac{\Delta\beta}{2}\right)^2$

在 $0 \leqslant z \leqslant L$ 的区间内，模式之间的能量交换率 T_{12} 为

$$T_{12} = \frac{|\kappa|^2 \sinh(sL)}{s^2 \cosh^2(sL) + (\Delta\beta/2)^2 \sinh^2(sL)} \tag{7-59}$$

显然，T_{12} 随 $\Delta\beta$ 的增大而减小。在 $\Delta\beta = 0$，即满足相位匹配条件，且 L 无限大时，两个模式之间发生完全能量交换。

3. 基于 MgO:PPLN 电光偏振模态转换器参数优化设计

由 $MgO:LiNbO_3$ 晶体的电光效应可知，$MgO:LiNbO_3$ 晶体加载 y 向电场后，晶体的光轴在 yz 平面上偏转 θ 角，而折射率大小不改变。周期极化 $MgO:LiNbO_3$（MgO:PPLN）晶体在 y 向电场作用下，晶体中正晶畴和负晶畴的会形成一个周期变化的摇摆角，与双折射波片组成的 Šolc 滤波器结构一致。因此，如图 7.4 所示，由加载纵向电压的 MgO:PPLN 晶体构成的电光偏振转换器（electro - optical polarization mode converters，EOPC）如 Šolc 滤波器[9]一样可对入射光进行偏振态转换。

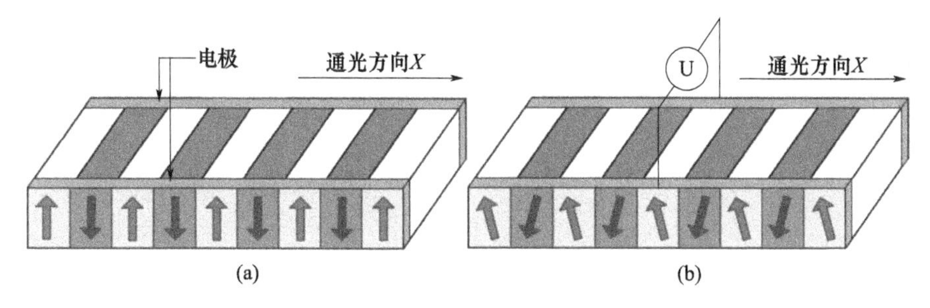

图 7.4 电光偏振转换器示意图

（a）未加载电场；（b）加载 y 向电场。

MgO:PPLN 晶体的主轴折射率分别为 n_1、n_2 和 n_3。光波沿 x 轴传播，且传播方向平行于晶体的 z 轴（c 轴）。晶片在主轴坐标系下的介电张量为[10]

$$\boldsymbol{\varepsilon} = \varepsilon_0 \begin{bmatrix} n_1^2 & 0 & 0 \\ 0 & n_2^2 & 0 \\ 0 & 0 & n_3^2 \end{bmatrix} \tag{7-60}$$

式中：ε_0 为真空中的介电常数。令 φ 为晶轴和 x、y 轴之间的夹角，在 xyz 坐标系中，晶片的介电张量可以表示为

$$\boldsymbol{\varepsilon} = \varepsilon_0 \boldsymbol{R}(\varphi) \begin{bmatrix} n_1^2 & 0 & 0 \\ 0 & n_2^2 & 0 \\ 0 & 0 & n_3^2 \end{bmatrix} \boldsymbol{R}^{-1}(\varphi) \tag{7-61}$$

式中：$\boldsymbol{R}(\varphi)$为坐标旋转矩阵，即

$$\boldsymbol{R}(\varphi)=\begin{bmatrix}\cos\varphi & -\sin\varphi & 0\\ \sin\varphi & \cos\varphi & 0\\ 0 & 0 & 1\end{bmatrix} \tag{7-62}$$

且$\boldsymbol{R}^{-1}(\varphi)=\boldsymbol{R}(-\varphi)$。

将式(7-61)所表示的介电张量$\boldsymbol{\varepsilon}$分解为$\boldsymbol{\varepsilon}_0$与$\Delta\boldsymbol{\varepsilon}$的和，其中

$$\boldsymbol{\varepsilon}_0=\boldsymbol{\varepsilon}_0\begin{bmatrix}n_1^2 & 0 & 0\\ 0 & n_2^2 & 0\\ 0 & 0 & n_3^2\end{bmatrix} \tag{7-63}$$

$$\Delta\boldsymbol{\varepsilon}=\varepsilon_0(n_2^2-n_1^2)\begin{bmatrix}\sin^2\varphi & -\sin\varphi\cos\varphi & 0\\ -\sin\varphi\cos\varphi & -\sin^2\varphi & 0\\ 0 & 0 & 0\end{bmatrix} \tag{7-64}$$

由于$n_2^2-n_1^2$通常要比n_2^2和$n_2^2-n_1^2$小得多，因此可以把$\Delta\boldsymbol{\varepsilon}$看作是介质的微扰。MgO:PPLN晶体正负畴的方位角φ分别为θ和$-\theta$。由此介质的微扰$\Delta\boldsymbol{\varepsilon}$是关于$z$的周期函数。$\Delta\boldsymbol{\varepsilon}$的对角线矩阵元保持不变，故它不存在周期性变化部分。MgO:PPLN晶体占空比k，取值范围在0和1之间。在y向电场作用下，MgO:PPLN晶体介电张量产生周期性微扰，

$$\Delta\boldsymbol{\varepsilon}=\boldsymbol{\varepsilon}_0\begin{bmatrix}0 & -\frac{1}{2}(n_2^2-n_1^2)\sin2\theta & 0\\ -\frac{1}{2}(n_2^2-n_1^2)\sin2\theta & 0 & 0\\ 0 & 0 & 0\end{bmatrix}f(x) \tag{7-65}$$

式中：θ为正负晶畴的偏转角度，由式(7-29)给出；$f(x)$为x的周期性方波函数，即

$$f(x)=\begin{cases}+1, & 0<x<k\Lambda\\ -1, & k\Lambda<x<\Lambda\end{cases} \tag{7-66}$$

式中：Λ为极化周期宽度。

未受微扰介质中的简正模为平面波，因此简正模是x偏振平面波e^{ik_1z}和y偏振的平面波e^{ik_2z}，对应的波数为

$$k_{1,2}=\frac{\omega}{c}n_{1,2} \tag{7-67}$$

周期性函数$f(x)$按傅里叶级数展开

$$f(x)=\sum_{m\neq0}-\frac{\mathrm{i}(1-\cos m\pi)}{m\pi}\mathrm{e}^{\mathrm{i}m\frac{2\pi}{\Lambda}x} \tag{7-68}$$

将式(7-68)代入式(7-65)，可得到微扰$\Delta\boldsymbol{\varepsilon}$的傅里叶系数

$$\varepsilon_m = \frac{\boldsymbol{\varepsilon}_0}{2}(n_2^2 - n_1^2)\sin 2\theta \begin{bmatrix} 0 & 1 & 0 \\ 1 & 0 & 0 \\ 0 & 0 & 0 \end{bmatrix} \frac{\mathrm{i}(1-\cos m\pi)}{m\pi} = \boldsymbol{\varepsilon}_0 n_\mathrm{o}^2 n_\mathrm{e}^2 \gamma_{51} E_y \frac{\mathrm{i}(1-\cos m\pi)}{m\pi} \tag{7-69}$$

电光偏振转换器是基于同向耦合设计的，因此满足同向耦合的偏振模耦合方程，即

$$\begin{cases} \dfrac{\mathrm{d}A_1}{\mathrm{d}z} = \mathrm{i}\kappa A_2 \mathrm{e}^{-\mathrm{i}\Delta\beta x} \\ \dfrac{\mathrm{d}A_2}{\mathrm{d}z} = \mathrm{i}\kappa^* A_1 \mathrm{e}^{\mathrm{i}\Delta\beta x} \end{cases} \tag{7-70}$$

其中

$$\Delta\beta = (k_2 - k_1) - G_m \text{ 和 } G_m = \frac{2\pi m}{\Lambda} \tag{7-71}$$

式中：A_1 为模 1 的复振幅，对应 y 向偏振的简正模；A_2 为模 2 的复振幅，对应 z 向偏振的简正模。耦合常数 κ 为

$$\kappa(x) = \frac{\omega^2\mu_0}{2\sqrt{k_1 k_2}}\Delta\varepsilon(x) = \frac{\pi}{\lambda}(n_\mathrm{o} n_\mathrm{e})^{\frac{3}{2}}\gamma_{51} E_y \frac{\mathrm{i}(1-\cos m\pi)}{m\pi} \tag{7-72}$$

式中：奇数次耦合时，$m=1,3,5\cdots$，κ 不为零；偶数次耦合时，$m=2,4,6\cdots$，κ 为零。

如图 7.5 所示，初始条件设定为在 $z=0$ 处，$A_1(0)=1$ 和 $A_2(0)=0$，即初始入射光只包含 e 光偏振，不包含 o 光偏振。其中 A_1 为 e 光偏振简正模的模振幅，A_2 为 o 光偏振简正模的模振幅，代入式(7-70)得到

$$\begin{cases} A_1(z) = \mathrm{e}^{-\mathrm{i}(\Delta\beta/2)x}\left[\cos sx + \mathrm{i}\dfrac{\Delta\beta}{2s}\sin sx\right] \\ A_2(z) = \mathrm{e}^{\mathrm{i}(\Delta\beta/2)x}(\mathrm{i}\kappa^*)\dfrac{\sin sx}{s} \end{cases} \tag{7-73}$$

其中

$$s^2 = \kappa\kappa^* + (\Delta\beta/2)^2 \tag{7-74}$$

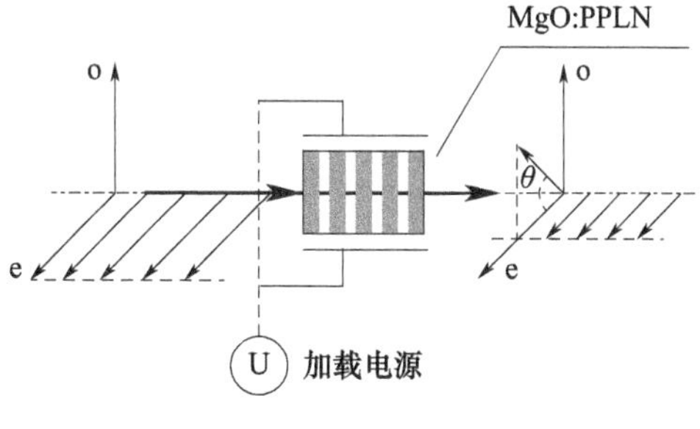

图 7.5 y 向电场驱动 MgO:PPLN 偏振模态转换示意图

MgO:PPLN 电光偏振模态转换器的 e 光转换效率 T 与偏振态旋转角 θ 的关系式为[6,7,8]

$$T = \left|\frac{A_1(L)}{A_1(0)}\right|^2 = \cos^2\theta = |\kappa|^2 \frac{\sin^2 sL}{s^2} \tag{7-75}$$

式中:L 为作用距离。

由式(7-75)可知,偏振态旋转角 θ 与相位失配量 $\Delta\beta$、耦合常数 κ、作用距离 L、占空比 k 有关。

在电光偏振模态转换调控结构中,两个电光偏振转换器需要同时满足以下重要技术指标:(1)两个电光偏振转换器只分别针对 1.47μm 和 3.30μm 两个波段的激光进行偏振态旋转,不对其他波段激光发生偏振态转换作用。(2)1.47μm 和 3.30μm 两个波段偏振态旋转角度可以主动控制。前者保证仅 1.47μm 和 3.30μm 的 e 光偏振比例发生了改变,进而只影响多光参量振荡过程中 1.47μm 和 3.30μm 的功率密度。后者为实现主动调控 1.47μm 和 3.30μm 的功率密度。

MgO:PPLN 晶体极化周期、占空比和作用距离是决定电光偏振转换器性能的重要参数。下面要对两个电光偏振转换器进行优化,确定最佳的参数选取。并在最佳结构下对电光偏振转换器进行电场强度和光谱特性分析。

1)1.47μm 电光偏振转换器

电光偏振转换器工作温度设定在 50℃。MgO:PPLN 晶体加载 y 向电场强度为 160V/mm。极化周期占空比设为 0.5。假设入射光只包含 e 光偏振,不包含 o 光偏振。利用式(7-72)、式(7-74)和式(7-75)可模拟获得光电偏振转换器偏振态旋转角。不同极化周期下,1.47μm 光电偏振转换器偏振态旋转角随作用距离的变化曲线如图 7.6 所示。由图 7-6 可知,偏振态旋转角呈现为多个连续的对称脉冲波,且每个脉冲波所对应的作用距离相等。极化周期在 19.69~19.71μm 时,脉冲波波峰高度、脉冲宽度随作用距离的增加而增长。当极化周期为 19.71μm 时,旋转角度可达到最大值 90°。1.47μm 偏振态旋转角度从 0°转变到 90°,再转变到 0°,即完成一次周期性变化时,作用距离经历了 42.9mm。当极化周期为 19.72μm 时,其波峰高度和脉冲宽度都介于极化周期 19.69μm 和 19.70μm 时的状态。由式(7-71)可知,当极化周期选为 19.71μm 时,位相差 $\Delta\beta$ 为 0。极化周期选为 19.69μm、19.70μm 和 19.72μm 时,位相差 $\Delta\beta$ 不为 0,且相位差 $\Delta\beta$ 由小到大依次是 19.70μm、19.72μm 和 19.69μm。由此证实了,偏振态旋转角峰值和脉宽与位相差 $\Delta\beta$ 呈反比。位相差 $\Delta\beta$ 越小,旋转角峰值和脉宽越大。唯有位相差 $\Delta\beta$ 为 0 时,偏振态旋转角可以在 0°到 90°之间变化。为实现 1.47μm 激光在极限的 0°~90°之间任意取值,MgO:PPLN 晶体极化周期确定为 19.71μm。

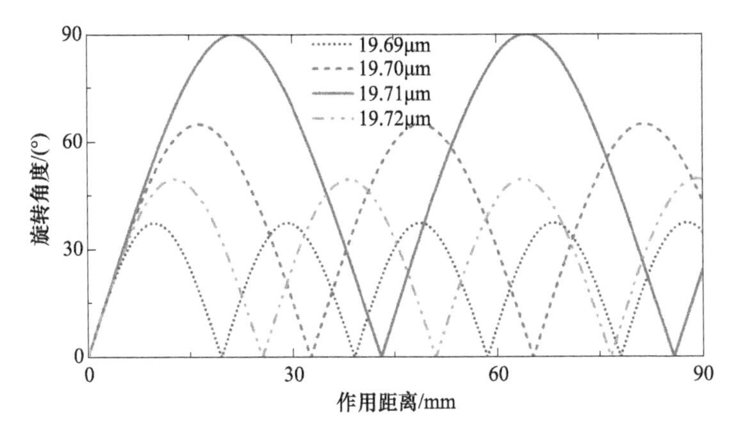

图7.6　不同极化周期下1.47μm电光偏振转换器偏振态旋转角

进一步，模拟优化MgO:PPLN晶体的占空比。电光偏振转换器的工作温度、电场强度、极化周期分别设定为50℃、160V/mm、19.71μm。不同MgO:PPLN晶体的占空比下，电光偏振转换器偏振态旋转角与作用距离的关系如图7.7所示。由图7.7可知，偏振态旋转角度在0°到90°之间周期性连续变化。占空比小于0.5时，作用距离的周期随占空比增加而减小。占空比为0.5，作用距离周期为42.9mm。占空比大于0.5时，作用距离周期随占空比增加而增长。对比所有占空比下偏振态旋转角，发现占空比分为0.1和0.9、0.2和0.8、0.3和0.7、0.4和0.6共四组，每组内两个偏振态旋转角变化规律一致，也就是占空比和为1的两组偏振态旋转角完全吻合。因此，电光偏振转换器中MgO:PPLN晶体的占空比确定为0.5，长度确定为42.9mm。之所以选择上述参数是因为，既要保证偏振态旋转角周期性变化，使得旋转角可在0°到90°之间任意选取；又要确保晶体长度尽可能地短，降低晶体制造、极化周期制备的工艺要求。前者要求晶体长度选取整数个周期，后者则需要保证周期长度尽量短。

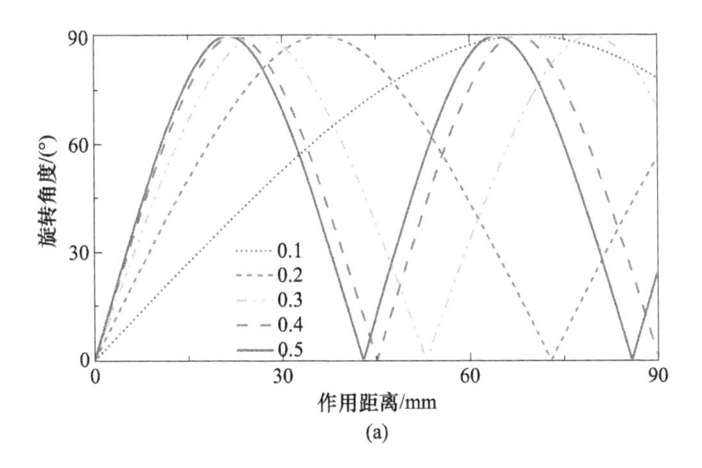

(a)

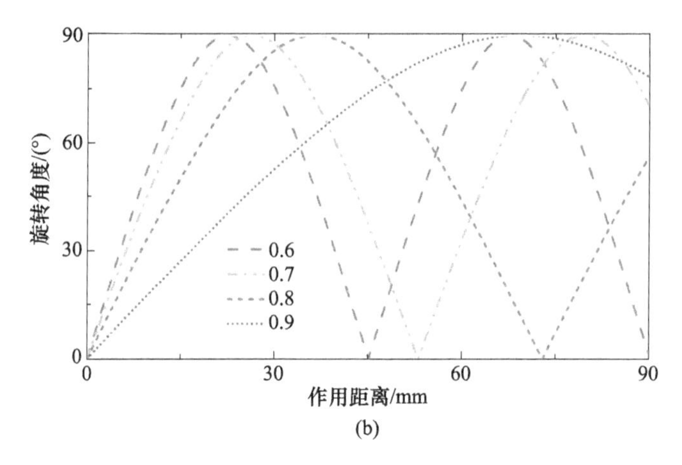

图 7.7　不同占空比下 1.47μm 电光偏振转换器偏振态旋转角

(a)占空比 0.1、0.2、0.3、0.4、0.5;(b)占空比 0.6、0.7、0.8、0.9。

经过上述优化过程,确定了 1.47μm 电光偏振转换器中 MgO:PPLN 晶体的极化周期、占空比和长度。接下来,要对 1.47μm 电光偏振转换器的电学特性、光谱特征进行模拟研究。图 7.8 为 1.47μm 电光偏振转换器偏振态旋转角随 MgO:PPLN 晶体加载电场强度的变化曲线。由图 7.8 可知,随电场强度增加,偏振态旋转角从 0°上升到 90°,又从 90°下降到 0°,如此往复呈周期性变化。角度每进行一次周期性变化,对应的电场强度增加 160V/mm。由此可确定,通过晶体加载电场强度可以改变电光偏振转换器偏振态旋转角,实现对 1.47μm 偏振态旋转角度的主动控制。在确保旋转角度处于极限的 0°与 90°之间,同时要降低电压源技术要求、避免晶体过压损坏,MgO:PPLN 晶体加载的电场强度应控制在 0~80V/mm 之间。

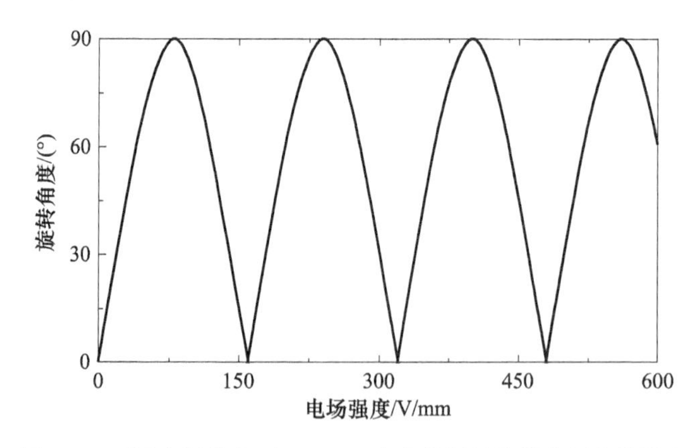

图 7.8　不同电场强度下 1.47μm 电光偏振转换器偏振态旋转角

下一步,研究不同电场强度下,电光偏振转换器偏振态旋转角随波长的变化规律。电场强度为 20V/mm、40V/mm、60V/mm 和 80V/mm,偏振态旋转角的光谱特征如图 7.9(a)和(b)所示。每个电场强度下,偏振态旋转角变化曲线是由主峰和旁边的小峰组成,且离主峰越远,小峰的峰值越低。不同电场强度下,每个波峰的位置几乎相同,但波峰的幅值随电场强度增加而增大。偏振态旋转角主峰峰值位于 1470nm 处,主峰宽度为 1.2nm。旁边小峰的宽度为 0.6nm。1.47μm 电光偏振转换器只对 1466~1474nm 的激光起到偏振态转换的作用。电场强度为 80V/mm、100V/mm、120V/mm 和 140V/mm 时,光谱特征如图 7.9(c)和(d)所示。偏振态旋转角变化曲线总体趋势与小电场强度下一致,皆为主峰与小峰的组合。只是主峰的峰值随电场强度增加而降低,小峰的峰值随电场强度增加而增大。主峰的宽度随电场强度增加而降低,小峰的宽度不随电场强度变化。1.47μm 电光偏振转换器只改变 1466~1474nm 间激光的偏振态。相对于多组参量光的光谱间隔,1.47μm 光电偏振转换器有效光谱宽度过窄,因而 1064nm 泵浦光,1.57μm、3.30μm 和 3.84μm 参量光经过 1.47μm 光电偏振转换器后,其偏振态不发生改变。

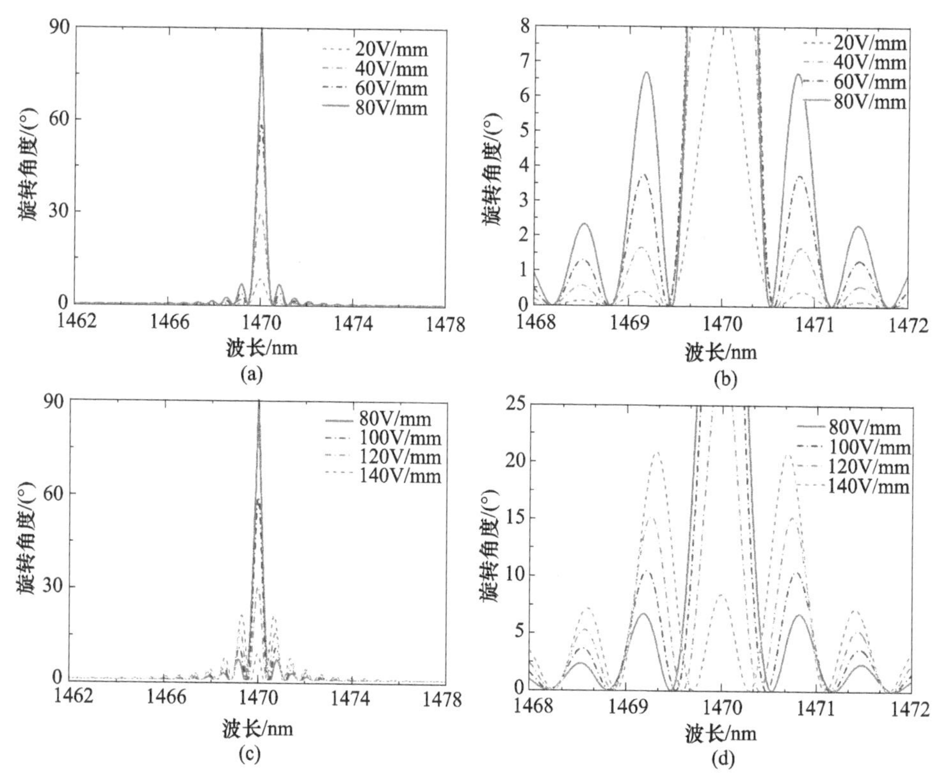

图 7.9 1.47μm 电光偏振转换器偏振态旋转角与波长

(a)低电场强度;(b)低电场强度;(c)高电场强度;(d)高电场强度。

2)3.30μm 电光偏振转换器

3.30μm 电光偏振转换器工作温度、加载电场强度、极化周期占空比设定为50℃、340V/mm 和0.5。不同极化周期下,3.30μm 电光偏振转换器偏振态旋转角随作用距离的变化曲线如图7.10所示。与1.47μm 电光偏振转换器相同,偏振态旋转角为多个连续的周期分布的对称脉冲波。当极化周期为51.53μm,即相位匹配时,偏振态旋转角在0°到90°间变化,对应的作用距离周期为49.2mm。相位不匹配的情况下,旋转角峰值和脉宽由大到小依次是51.60μm、51.44μm 和51.38μm。此顺序正好是位相差 $\Delta\beta$ 由小到大的排列顺序。再次证实了,偏振态旋转角峰值和脉宽皆与位相差 $\Delta\beta$ 呈反比。为实现3.30μm 激光偏振态在最大范围内旋转,MgO:PPLN 晶体极化周期确定为51.53μm。

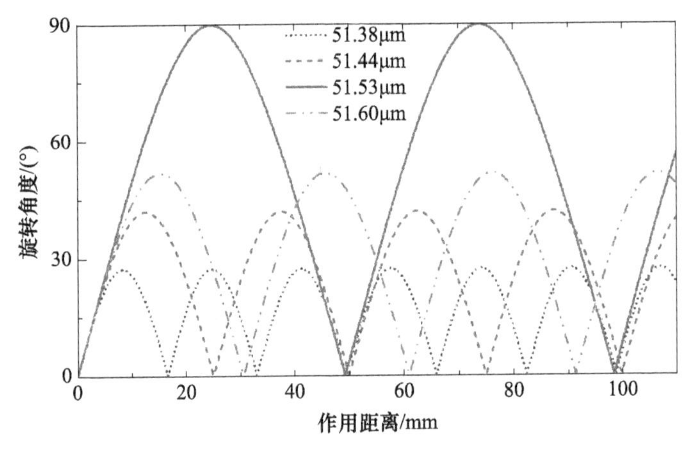

图7.10　不同极化周期下3.30μm 电光偏振转换器偏振态旋转角

3.30μm 电光偏振转换器的极化周期确定后,对极化周期的占空比进行模拟优化。不同占空比下,3.30μm 电光偏振转换器偏振态旋转角如图7.11所示。所有的偏振态旋转角度在0°到90°之间周期性连续变化。占空比为0.5,作用距离周期最小,仅为49.2mm。占空比可分为四组:0.1和0.9、0.2和0.8、0.3和0.7、0.4和0.6。每组内两个偏振态旋转角变化规律一致,且数值与0.5差值越大,作用距离周期越大。为实现旋转角在0°到90°之间选取,晶体长度尽可能地短,3.30μm 电光偏振转换器中 MgO:PPLN 晶体的占空比确定为0.5,长度确定为49.2mm。

依据上述优化过程,MgO:PPLN 晶体的极化周期、占空比、长度分别设定为51.53μm、0.5和49.2mm。仿照1.47μm 光电偏振转换器分析流程,继续对3.30μm 电光偏振转换器的电学特性、光谱特征进行研究。3.30μm 电光偏振转换器偏振态旋转角与电场强度的关系,如图7.12所示。由图可知,偏振态旋转角在0°和90°之间周期性变化,且电场强度的周期为340V/mm。在实际应用过程中,3. 30μm 光电偏振转换器加载的电场强度控制在 0 ~ 170V/mm 之间,就可保证旋转角度在0°至90°任意调节。

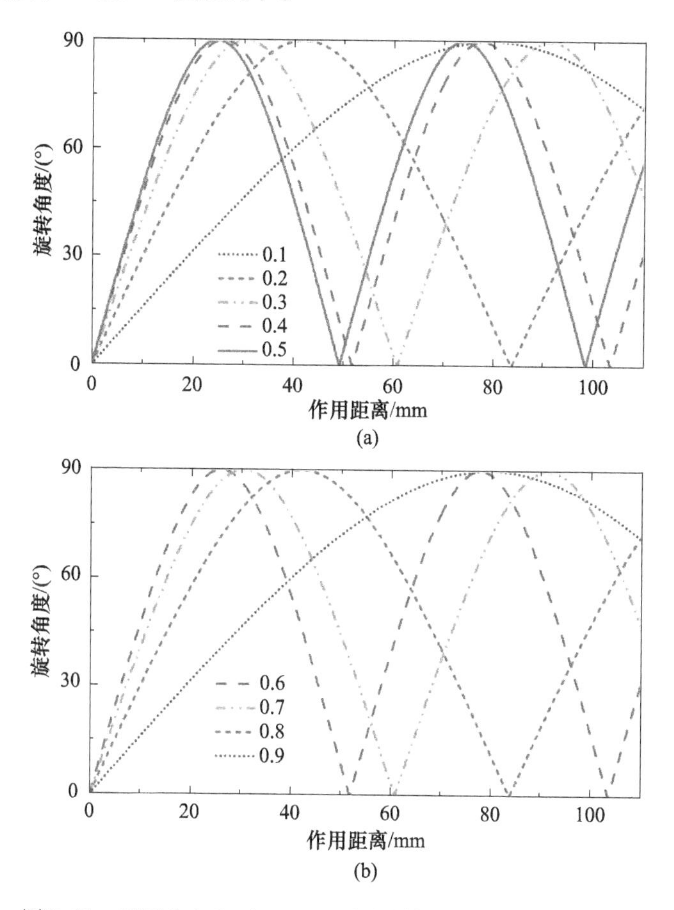

图 7. 11 不同占空比下 3. 30μm 光电偏振转换器偏振态旋转角

(a)占空比 0. 1、0. 2、0. 3、0. 4、0. 5;(b)占空比 0. 6、0. 7、0. 8、0. 9。

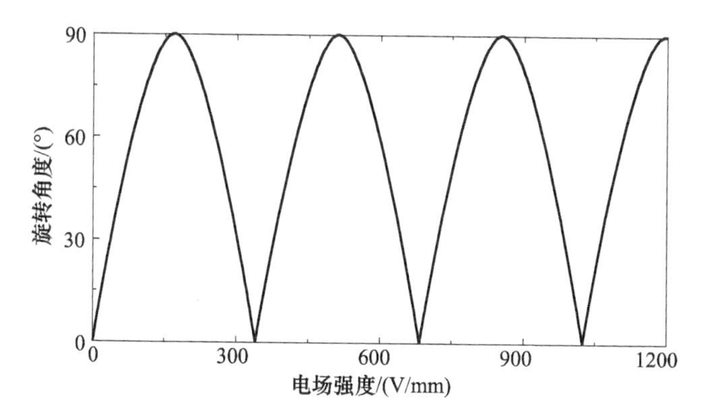

图 7. 12 不同电场强度下 3. 30μm 电光偏振转换器偏振态旋转角

3.30μm 电光偏振转换器偏振态旋转角随波长的变化规律，如图 7.13 所示。由图可以看出，偏振态旋转角变化曲线是由主峰和旁边的小峰组成。小峰的峰值与主峰距离成正比，即离主峰越近，小峰的峰值越高。图 7.13(a)和(b)为低电场强度下光电偏振转换器光谱特征。波峰的位置几乎相同，波峰的幅值随电场强度增加而增大。高电场强度下，如图 7.13(c)和(d)所示，随电场强度增加，主峰的峰值和宽度降低，小峰的峰值增大，小峰的宽度不变化。当加载电场强度为 170V/mm 时，主峰峰值位于 3300nm 处，主峰宽度为 4.3nm，小峰的宽度为 2.6nm。3.30μm 电光偏振转换器不会对波长小于 3290nm 或大于 3310nm 的激光起到偏振态旋转作用。与 1.47μm 电光偏振转换器相比，3.30μm 电光偏振转换器主峰宽度、小峰的宽度以及有效光谱宽度都显著增加，表明 MgO:PPLN 晶体内 3.30μm 的位相差更大。3.30μm 光电偏振转换器有效光谱宽度虽显著增加，但 3.30μm 光电偏振转换器仍无法改变 1064nm 泵浦光，1.47μm、1.57μm 和 3.84μm 参量光的偏振态。

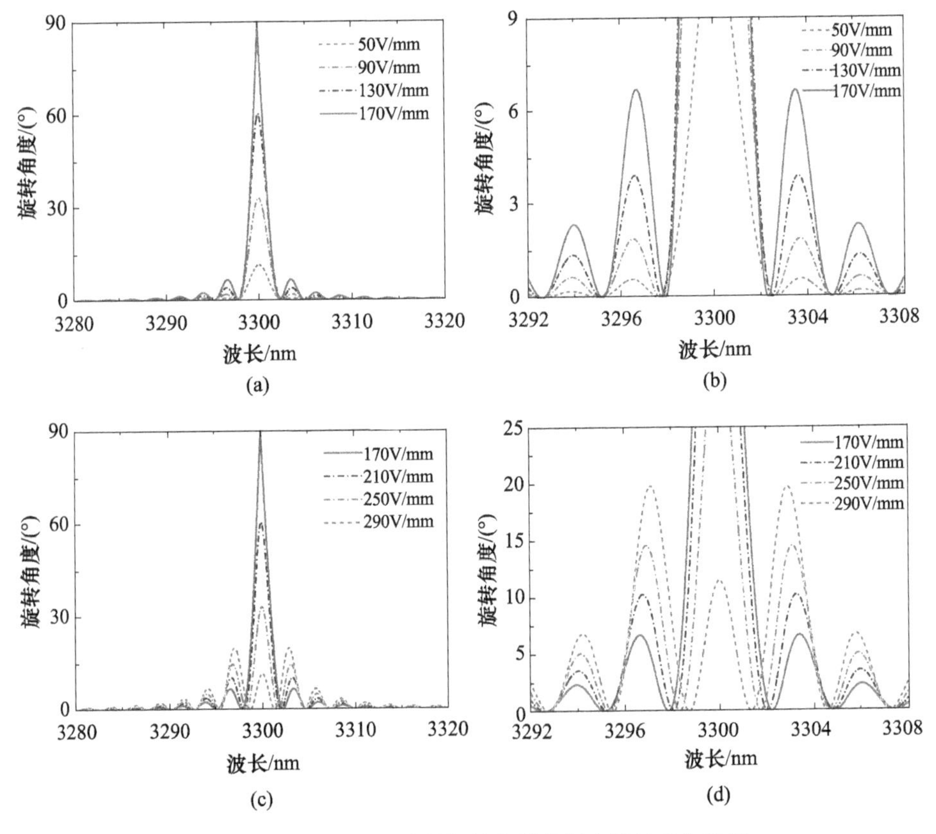

图 7.13　3.30μm 电光偏振转换器偏振态旋转角与波长

(a)低电场强度；(b)低电场强度；(c)高电场强度；(d)高电场强度。

7.1.3 电光偏振模态转换调控方法输出模拟

电光偏振模态转换调控结构中，泵浦光和参量光都会依次穿过两个电光偏振转换器，仅1.47μm和3.30μm的偏振态发生旋转。偏振态旋转后电场强度E_2与偏振态旋转前电场强度E_1的关系，

$$
\begin{aligned}
E_{2e} &= E_1 \cdot (\cos\theta_i)^{\frac{1}{2}} \\
E_{2o} &= E_1 \cdot (\sin\theta_i)^{\frac{1}{2}}
\end{aligned}
\tag{7-76}
$$

式中：e、o分别代表e光偏振和o光偏振。i取1和2，代表1.47μm或3.30μm参量光。e光偏振的E_{2e}继续参与多光参量振荡，而o光偏振的E_{2o}则不再参与振荡。

由于振荡腔内1.47μm和3.30μm参量光包含两个偏振态：e光偏振和o光偏振，则两个参量光的腔内总功率密度为两个偏振分量功率密度的总和。因此，两个参量光的输出功率密度为

$$
I_{out} = \frac{1}{2}\sqrt{\frac{\varepsilon}{\mu_0}}(E_{io}^2 + E_{ie}^2) \cdot T_i \tag{7-77}
$$

式中：μ_0为真空磁导率；ε为介电常数；i取1和2，代表1.47μm或3.30μm参量光；E_{io}和E_{ie}分别为o光和e光偏振的电场强度；T_i为腔镜的透过率。

基于多光参量振荡能量耦合模型，结合谐振腔反馈理论和电光偏振转换器的偏振特性，可模拟出电光偏振模态转换调控方法的输出功率。假设1064nm脉冲激光器作为泵浦源，重频为70kHz，脉冲波形为高斯型。图7.14为1.47μm光电偏振转换器加载电场强度为9.5V/mm，即1.47μm偏振态旋转15°时，3.30μm和3.84μm输出功率随3.30μm电光偏振转换器加载电场强度的变化规律。图中，E_1、E_2分别代表1.47μm和3.30μm电光偏振转换器加载电场的强度，单位为V/mm。3.30μm电光偏振转换器加载电场范围为0~43.0V/mm，对应3.30μm偏振态旋转角为0°~31.7°。总体上，3.30μm和3.84μm输出功率随1064nm泵浦功率密度的增加而增大，且3.30μm输出功率小于3.84μm输出功率。3.30μm输出功率随电场强度E_2的增加而小幅增长，这是因为3.30μm偏振态旋转角度增加，导致参与振荡的3.30μm功率密度降低，促进了1064nm泵浦光向1.57μm、3.30μm转换。电场强度E_2为32.5~43V/mm时，泵浦功率为9~12W或21~23W，3.30μm输出功率存在因逆转换而生成的凹陷。电场强度E_2为37V/mm-43V/mm，泵浦功率为14.5~16.5W或21~23W，3.84μm输出功率存在明显的凹陷。除了泵浦功率在21W与23W之间外，绝大部分3.30μm与3.84μm输出功率凹陷是不重合的，这表明多数情况下3.30μm与3.84μm的逆转换是不会同时发生。电场强度E_2为0时，3.3μm和3.84μm输出功率达到最高的1.54W和3.27W，输出功率比值

为0.47,且输出功率随泵浦功率显著增加,无明显拐点,说明此条件下两组参量光的增益配比均衡,为电场强度 E_1 为9.5V/mm下的最佳工作状态。

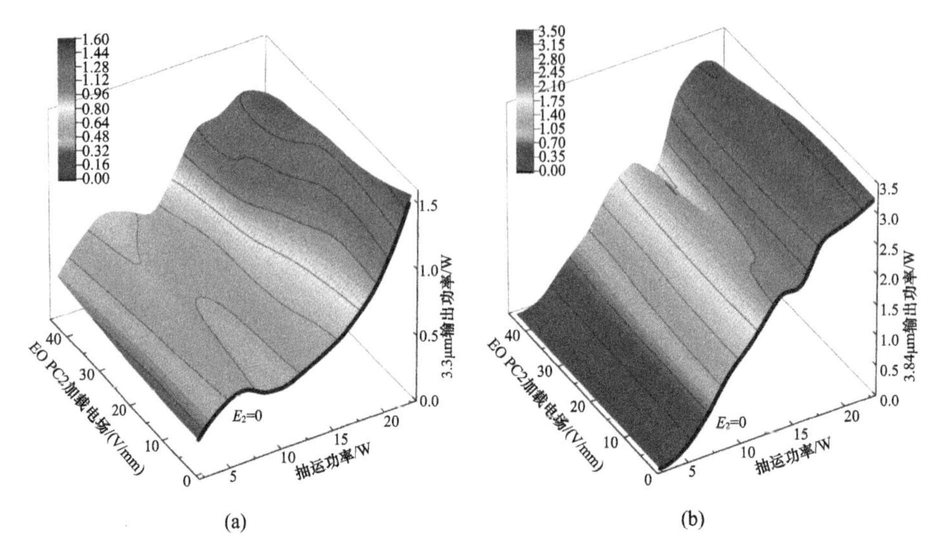

图7.14 E_1 为9.5V/mm时电光偏振模态转换调控方法输出功率
(a)3.30μm;(b)3.84μm。

电场强度 E_1 为16.3V/mm,即1.47μm偏振态旋转25.7°时,3.30μm和3.84μm输出功率随的电场强度 E_2 的变化规律如图7.15所示。与电场强度 E_2 为11.5V/mm时相比,3.30μm输出功率提高,3.84μm输出功率降低。同时,3.30μm输出功率随电场强度 E_2 的增幅显著增加。电场强度为 E_2 为40~43V/mm,泵浦功率为19~21W时,3.30μm输出功率发生凹陷。电场强度 E_2 为29~43V/mm,泵浦功率为14~16W,且电场强度 E_2 为34~43V/mm,泵浦功率为21~23W,两个区间内3.84μm输出功率存在明显的凹陷。对比不同电场强度 E_2 下输出功率,发现电场强度 E_2 为23.4V/mm是无逆转换现象下输出功率最高的情况,此时3.30μm、3.84μm输出功率为1.67W和2.73W,输出功率比值为0.61。

电场强度 E_1 为23.5V/mm,即1.47μm偏振态旋转36.7°时,3.30μm和3.84μm输出功率的变化规律如图7.16所示。与前两种情况(E_1 =11.5V/mm,E_1 =20.3V/mm)相比,3.30μm输出功率更高,3.84μm输出功率更低。同样,3.3 μm输出功率随电场强度 E_2 而增加。仅在电场强度 E_2 为0~5V/mm,泵浦功率为21~23W,这个小区域内3.3μm和3.84μm输出功率存在小凹陷。电场强度 E_2 为43.0V/mm,3.30μm和3.84μm输出功率最高,且无逆转换引起的凹陷。泵浦功率为23W时,3.30μm和3.84μm输出功率达到最大值2.78W和2.0W,输出功率比值1.39。

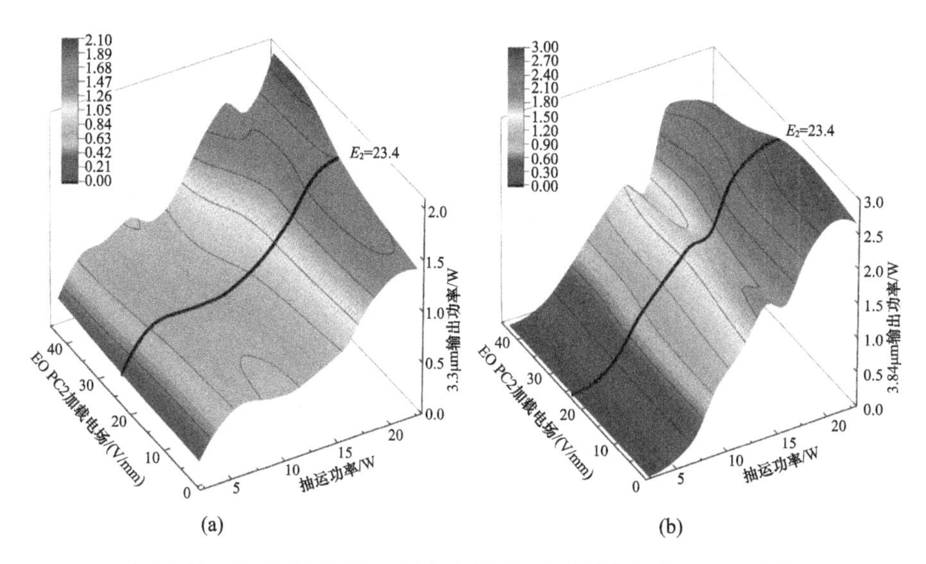

图7.15 E_1 为20.3V/mm时电光偏振模态转换调控方法输出功率

(a)3.30μm;(b)3.84μm。

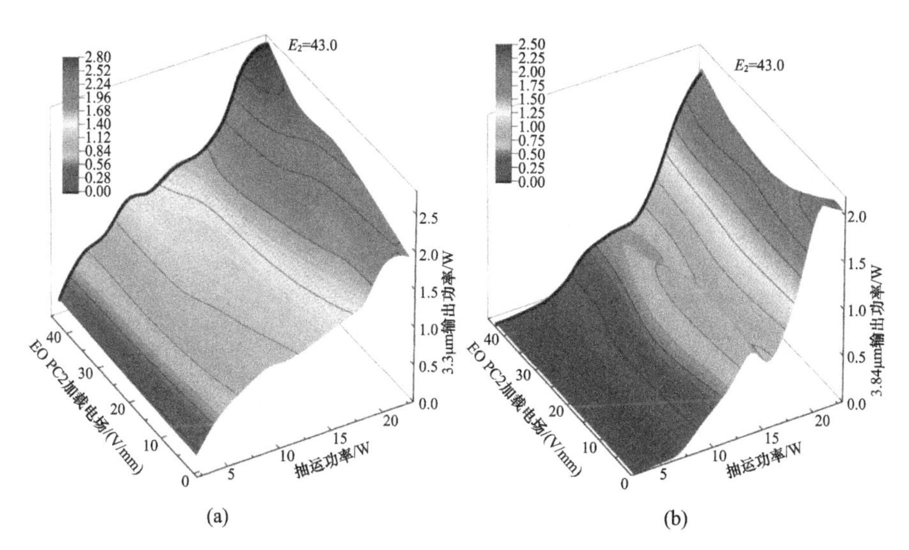

图7.16 E_1 为23.5V/mm时电光偏振模态转换调控方法输出功率

(a)3.30μm;(b)3.84μm。

对比图7.14~图7.16,即三种电场强度 E_1:9.5V/mm、20.3V/mm和23.5V/mm,发现提高1.47μm光电偏振转换器加载电场强度,可以增加3.30μm输出功率,降低3.84μm输出功率,这是因为提高加载电场强度后,1.47μm偏振态旋转角度增加,参与振荡的1.47μm功率密度降低,抑制本组参量振荡,同时促进另一组参量振荡。并且提高1.47μm光电偏振转换器加载电场强度还可以降低逆转换的发生概率。由此可知,电光偏振模态转换调控方法中,可通过改变两个光电偏振转换器的加载电场强度主动调控 3.30μm、3.84μm 的输出功率、抑制逆转换的发生。

7.2 电光偏振模态转换调控逆转换实验

在 7.1 节电光偏振模态转换调控方法研究基础上,本节针对此种调控方法开展实验研究,测量不同加载电场下双参量光的输出功率。

7.2.1 电光偏振转换器偏振态转换实验

电光偏振转换器由 MgO:PPLN 晶体、温控器件、电极以及直流电压源组成。其中,MgO:PPLN 晶体是电光偏振转换器的核心部件,加载 y 向电场后实现偏振态旋转。温控器件对 MgO:PPLN 晶体起到精准控温的作用。直流电压源和电极共同为 MgO:PPLN 晶体提供均匀电场。

电光偏振转换器测试装置如图 7.17 所示。双光参量振荡器作为光源,提供测试用单波长激光。腔镜 L1 有两块,分别镀有 1.47μm 高透膜和 3.30μm 高透膜,用于分离输出光中的 1.47μm 和 3.30μm 激光。电光偏振转换器放置于两个偏振片 P1 和 P2 之间,且偏振片 P1 和 P2 的偏振方向都与 e 光偏振方向平行。

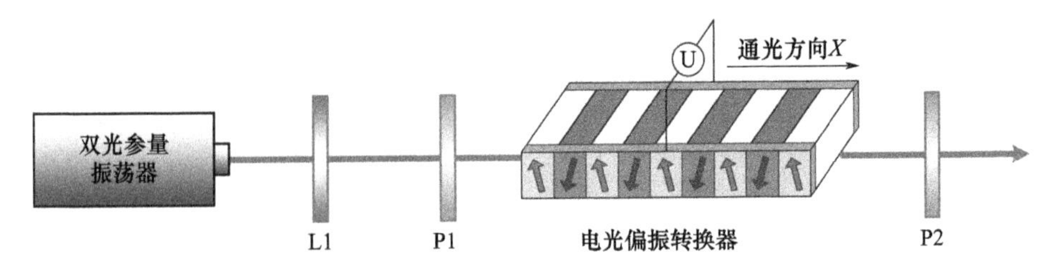

图 7.17 电光偏振转换器测试装置

首先测试 1.47μm 电光偏振转换器的偏振态转换特性。电光偏振转换器中 MgO:PPLN 晶体长度为 42.9mm,极化周期为 19.71μm,占空比为 0.5。工作温度设定在 50℃。双光参量振荡器生成的 1.47μm 激光作为测试光源,利用 OPHIR 公司产的 F150A - BB - 26 - PPS 型功率探头测量电光偏振转换器加载电场前后的输出功率,并借助式(4 - 75)计算出偏振态旋转角。不同电场强度下,1.47μm 电光偏振转换器偏振态旋转角变化规律如图 7.18 所示,由图可知,偏振态旋转角实验值呈向下的抛物线形,并在 0° ~ 90°之间变化。当电场强度小于 80V/mm 时,偏振态旋转角实验值略低于模拟值;电场强度大于 80V/mm 时,偏振态旋转角实验值略高于模拟值。

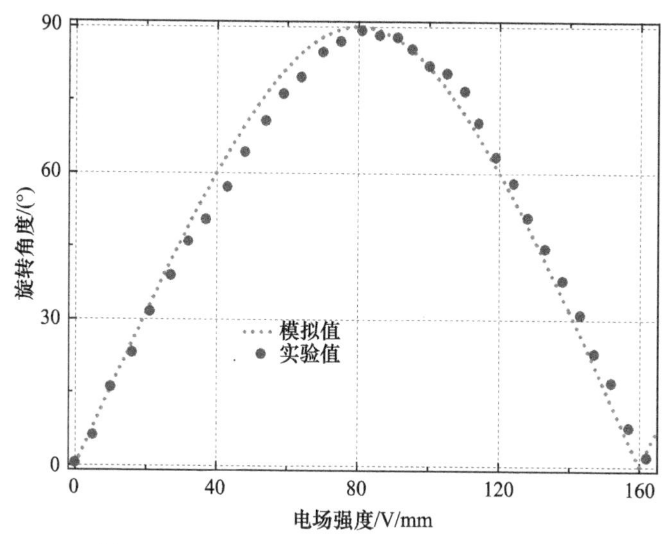

图7.18 1.47μm电光偏振转换器偏振态旋转角

之后，测试3.30μm电光偏振转换器的偏振态转换特性。其中，MgO:PPLN晶体长度为49.2mm，极化周期为51.53μm，占空比为0.5。3.84μm电光偏振转换器工作温度为50℃。图7.19为3.30μm偏振态旋转角随电场强度的变化曲线。3.30μm偏振态旋转角实验值与1.47μm偏振态旋转角实验值变化规律一致，都在0°~90°之间呈向下的抛物线形。当电场强度小于160V/mm时，偏振态旋转角实验值略高于模拟值；电场强度大于170V/mm时，偏振态旋转角实验值略低于模拟值。

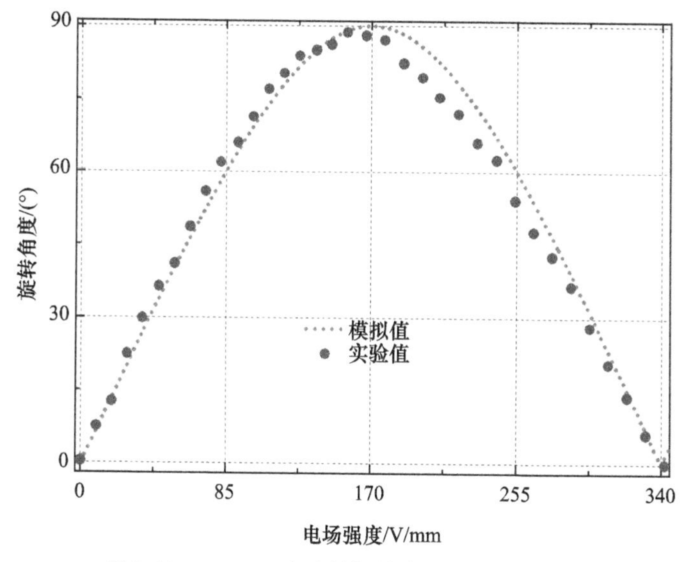

图7.19 3.84μm电光偏振转换器偏振态旋转角

1.47μm 电光偏振转换器和 3.30μm 电光偏振转换器实验结果表明，偏振态旋转角实验值与模拟值差值较小，因此，可认为理论模拟能反映偏振态旋转角随电场强度的真实变化情况。进而证实改变电光偏振转换器加载电场强度可主动调节 1.47μm 和 3.30μm 偏振态旋转角，为电光偏振模态转换调控实验提供器件保证。

7.2.2 电光偏振模态转换调控结构试验

电光偏振模态转换调控实验装置如图 7.20 所示。Nd:YVO_4 高重复频率声光调 Q 激光器作为泵浦源。腔镜 M1、M2 和 M3 组成了参量振荡腔。三个腔镜的膜系如表 7-2 所列。参量振荡腔三边分别放置 MgO:APLN 晶体、EO PC 1 和 EO PC 2。其中 EO PC 1 和 EO PC 2 分别代表 1.47μm 电光偏振转换器和 3.30μm 电光偏振转换器。

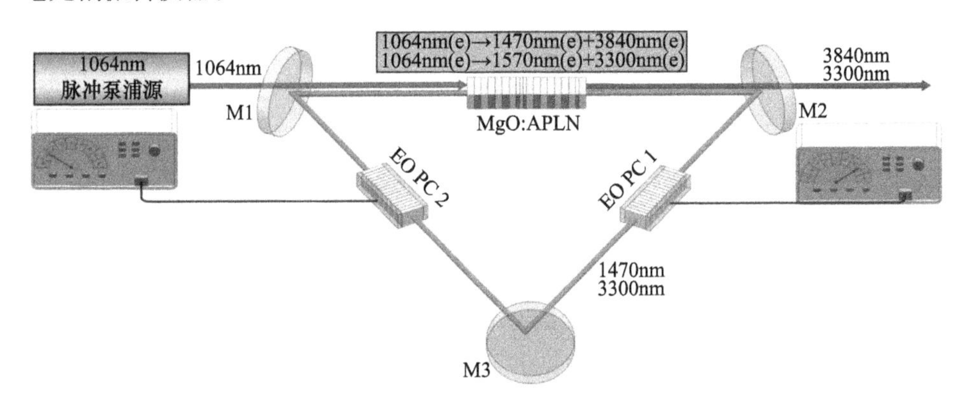

图 7.20 电光偏振模态转换调控实验装置示意图

表 7-2 电光偏振模态转换调控实验腔镜膜系参数

腔镜	膜系
腔镜 M1	HT@1064nm, HR@1.47μm/1.57μm/3.30μm/3.84μm
腔镜 M2	HR@1064 nm, T = 10% @1.47μm, T = 20% @1.57μm, T = 50% @3.30μm, HT@3.84μm
腔镜 M3	HR@1064nm/1.47μm/1.57μm/3.30μm/3.84μm
HR:高反膜,HT:高透膜。	

首先测试未加载电场下 3.30μm 和 3.84μm 的输出情况。1.47μm 电光偏振转换器和 3.30μm 电光偏振转换器未加载电场，则 1.47μm 和 3.30μm 偏振态没有发生偏转。当 1064nm 泵浦光重频为 70kHz 时，3.30μm 和 3.84μm 的输出功率以及 3.30μm 与 3.84μm 的输出功率比值如图 7.21 所示。随泵浦功率增加，

3.84μm 输出功率快速增长,3.30μm 输出功率几乎不变,这导致 3.30μm 与 3.84μm 的比值逐步下降。泵浦功率大于 21W,3.30μm 输出功率下降,说明此种情况下 3.30μm 发生逆转换现象。泵浦功率为 24.5W 时,3.30μm、3.84μm 输出功率为 0.3W 和 2.2W,输出功率比值为 0.17。上述实验结果表明,未加载电场下,只有 3.84μm 获得了高增益,实现输出功率快速增长,而 3.30μm 获得较低的增益,输出功率缓慢增加,且在高泵浦功率下,由于增益竞争激烈,导致逆转换现象。

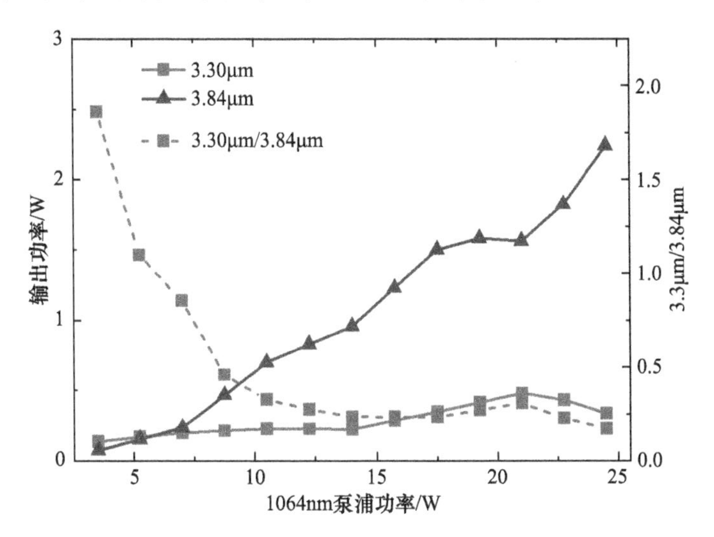

图 7.21 未加载电场时 3.30μm 和 3.84μm 的输出功率

利用以色列 OPHIR 公司的 Pyrocam III 型焦热电阵列相机观测最大泵浦功率时 3.30μm 和 3.84μm 光斑。采用 90/10 刀口法测量光斑尺寸,进而计算得到两个参量光的光束质量 M^2 因子,如图 7.22 所示。由图可知,最大泵浦功率下,3.30μm 和 3.84μm 光斑出现了明显的分瓣现象,且两个参量光在 x、y 方向上的 M^2 因子数值较高,分别达到 2.94、2.95 和 3.22、3.18。上述实验结果表明,未加载电场情况时两个参量光的光束质量较差。

然后开展电光偏振模态转换调控实验。测量不同电场组合下 3.30μm 和 3.84μm 的输出情况。1.47μm 电光偏振转换器加载电场强度 E_1、3.30μm 电光偏振转换器加载电场强度 E_2 分别为 23.6V/mm 和 85.1V/mm,对应 1.47μm 和 3.30μm 偏振态旋转角为 36.8°、60°。当泵浦光重频为 70kHz 时,3.30μm 和 3.84μm 的输出功率以及输出功率比值如图 7.23 所示。其中,输出功率模拟值由 7.1.3 节计算方法获得。由图 7.23 可知,3.30μm 与 3.84μm 输出功率模拟值与实验值相吻合。3.30μm 输出功率大于 3.84μm 输出功率。随着泵浦功率增加,3.30μm 输出功率快速增加,3.84μm 输出功率缓慢增加。泵浦功率 17.5W 附近,由于两组参量振荡的增益竞争,3.30μm 输出功率出现凹陷,3.84μm 输出功率呈现凸起。上述输出功率变化导致,3.30μm 与 3.84μm 输出功率比值在 2.0 与 6.5 之间随泵浦功率降低,且在泵浦功率 17.5W 处发生凹陷。泵浦功率为 24.5W 时,3.30μm、3.84μm 最大输出功率为 2.9W 和 1.4W,对应转换效率为 11.8% 和 5.7%,输出功率比值为 2.07。

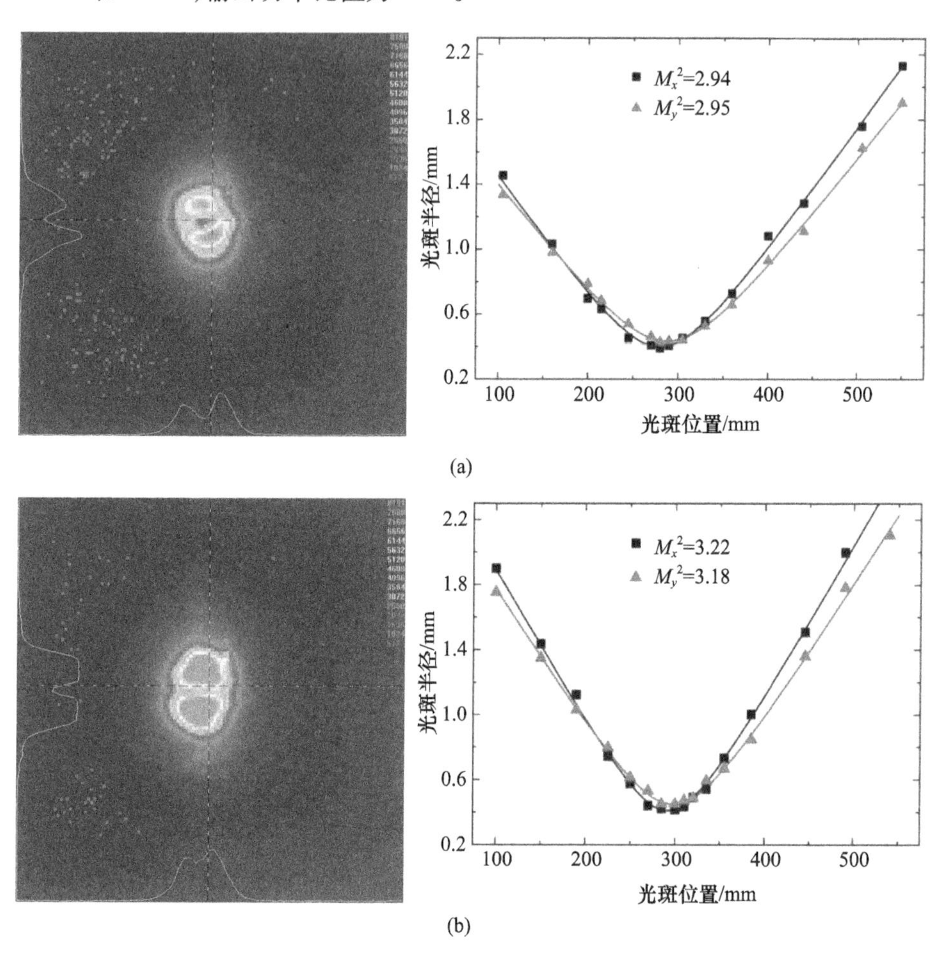

图 7.22 未加载电场时 3.30μm 和 3.84μm 的光束质量
(a)3.30μm;(b)3.84μm。

电场强度 E_2 降至 62.4V/mm,对应 3.30μm 偏振态旋转角降为 45.3°时,3.30μm 和 3.84μm 的输出功率如图 7.24 所示。由图 7.24 可知,3.30μm 输出功率仍高于 3.84μm 输出功率。输出功率比值随泵浦功率增加而降低。泵浦功率为 24.5W 时,3.30μm 输出功率略有下降,证实 3.30μm 振荡发生逆转换。此时,3.30μm 和 3.84μm 输出功率分别为 2.51W、1.21W,对应转换效率为 10.2% 和 4.9%,输出功率比值为 2.1。

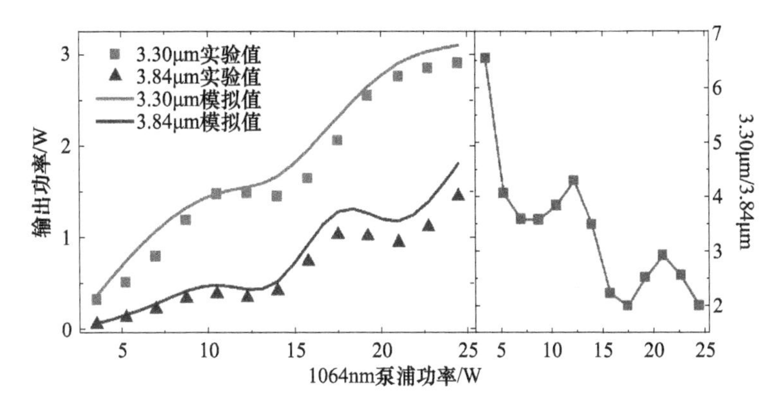

图7.23 E_1 为23.6V/mm,E_2 为85.1V/mm时3.30μm和3.84μm的输出功率及比值

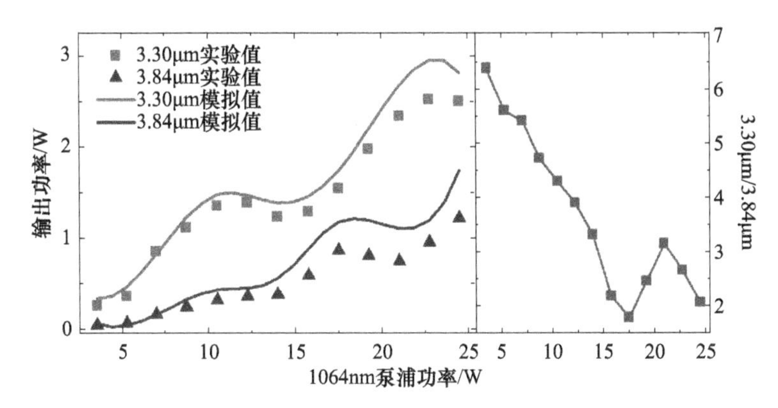

图7.24 E_1 为23.6V/mm,E_2 为62.4V/mm时3.30μm和3.84μm的输出功率及比值

进一步降低电场强度 E_2 至50.1V/mm,此时3.30μm偏振态旋转角降为36.8°。电光偏振模态转换调控实验输出情况如图7.25所示。高泵浦功率下,3.30μm输出功率下降的趋势更加明显,说明3.30μm振荡逆转换现象加剧了。泵浦功率为12.25W和21.0W时,由于增益竞争造成3.30μm和3.84μm输出功率变化趋势不一致,导致3.30μm和3.84μm输出功率比值发生突变。当泵浦功率24.5W时,3.30μm和3.84μm输出功率为1.93W、1.06W,对应转换效率为7.8%和10.6%,输出功率比值为1.8。

当加载电场强度 E_1、E_2 分别为23.6V/mm和34.9V/mm,即1.47μm和3.30μm偏振态旋转角为36.8°、25.9°时,3.30μm和3.84μm的输出功率以及输出功率比值如图7.26所示。总体上,3.30μm输出功率仍比3.84μm输出功率大,3.30μm和3.84μm输出功率随着泵浦功率增加而增加。泵浦功率为15.75W时,3.30μm和3.84μm输出功率非常接近,而且泵浦功率大于21W后,3.84μm输出功率下降。随着泵浦功率增加,3.30μm输出功率与3.84μm输出功率差值经历由大到小、再变大的过程，导致 3. 30μm 与 3. 84μm 输出功率比值变化趋势呈 U 形。泵浦功率为 24. 5W 时，3. 30μm、3. 84μm 输出功率为 1. 7W 和 0. 74W，对应转换效率为 6. 9% 和 3. 0%，输出功率比值为 2. 3。同时，如图 7. 26 右侧子图，输出功率比值处于 0. 7 ~1. 3 之间，即 3. 30μm 和 3. 84μm 输出功率相近时，泵浦功率范围已由绿色点线标识出。由图 7. 26 可知，泵浦功率在 12. 4W 与 19. 2W 之间时，3. 30μm 和 3. 84μm 输出功率相近。

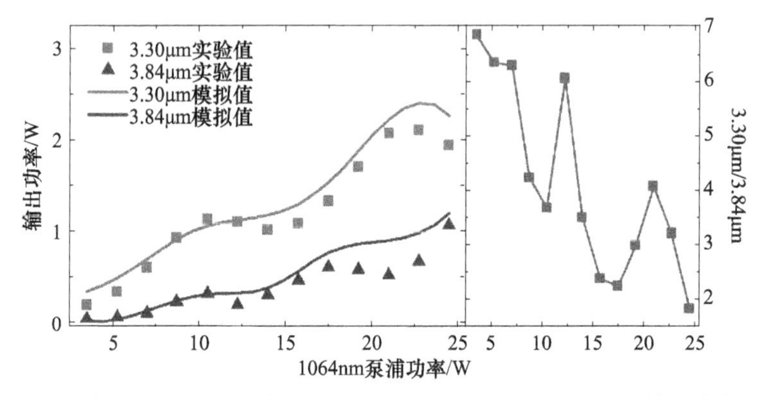

图 7. 25　E_1 为 23. 6V/mm，E_2 为 50. 1V/mm 时 3. 30μm 和 3. 84μm 的输出功率及比值

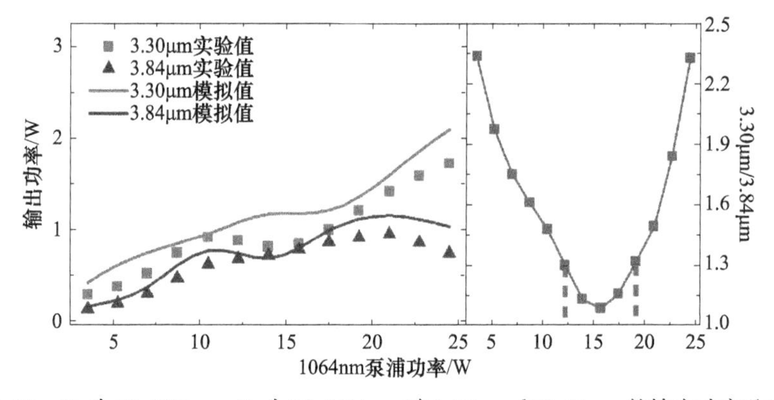

图 7. 26　E_1 为 23. 6V/mm，E_2 为 34. 9V/mm 时 3. 30μm 和 3. 84μm 的输出功率及比值

在其他条件不变的情况下，只降低电场强度 E_1 至 16. 5V/mm，则 1. 47μm 偏振态旋转角降至 26°。此时，3. 30μm 和 3. 84μm 的输出功率以及输出功率比值如图 7. 27 所示。当泵浦功率大于 22. 75W，3. 84μm 输出功率降低，使得 3. 30μm 输出功率比 3. 84μm 输出功率大。3. 30μm 与 3. 84μm 输出功率比值呈 U 形，是由 3. 84μm 和 3. 30μm 输出功率差值由小变大、再变小引起的。泵浦功率为 24. 5W 时，3. 30μm、3. 84μm 输出功率为 1. 75W 和 1. 60W，对应转换效率为 7. 1% 和 6. 5%，输出功率比值为 1. 1。如图 7. 27 右侧子图，在整个泵浦功率范围内，3. 30μm 和 3. 84μm 输出功率都很相近。

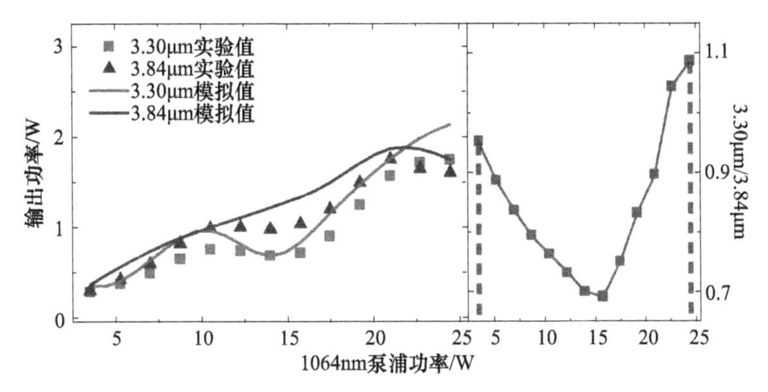

图 7.27 E_1 为 16.5V/mm,E_2 为 34.9V/mm 时 3.30μm 和 3.84μm 的输出功率及比值

降低电场强度 E_1 至 11.5V/mm,此时 1.47μm 偏振态旋转角为 18.2°。3.30μm 和 3.84μm 输出功率以及输出功率比值如图 7.28 所示。此时,3.30μm 和 3.84μm 输出功率随泵浦功率增加,说明此种条件下,两组参量振荡过程皆未发生逆转换现象。3.30μm 与 3.84μm 输出功率比值呈 U 形。泵浦功率为 24.5W 时,3.30μm、3.84μm 输出功率为 2.03W 和 2.25W,对应转换效率为 8.2% 和 9.2%,输出功率比值为 0.9。如图 7.28 右侧子图,3.30μm 和 3.84μm 输出功率相近区间分为两个部分:3.5 ~ 7.6W 和 17.5 ~ 24.5W。

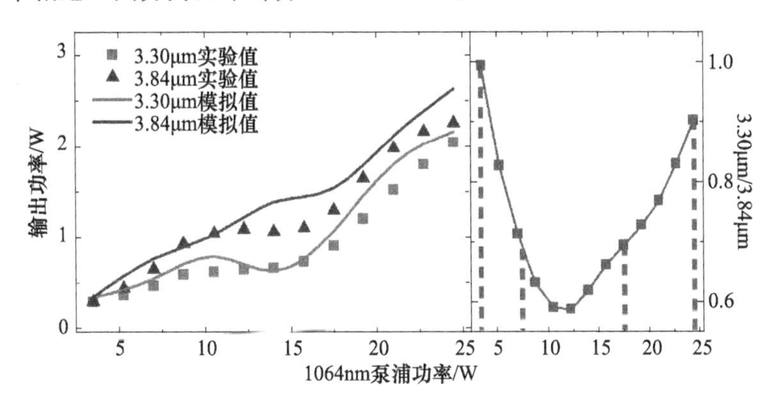

图 7.28 E_1 为 11.5V/mm,E_2 为 34.9V/mm 时 3.30μm 和 3.84μm 的输出功率及比值

进一步将电场强度 E_1 降至 10.1V,1.47μm 偏振态旋转角同时降为 16.0°。此时 3.30μm 和 3.84μm 输出情况如图 7.29 所示。泵浦功率小于 10.5W 时,3.30μm 输出功率大于 3.84μm 输出功率;泵浦功率大于 10.5W 时,3.30μm 输出功率小于 3.84μm 输出功率。这样导致 3.30μm 与 3.84μm 输出功率比值随泵浦功率下降。当泵浦功率为 24.5W 时,3.30μm 和 3.84μm 输出功率为 1.91W 和 2.6W,对应转换效率为 7.8% 和 10.6%,输出功率比值为 0.74。如图 7.29 右侧子图,3.30μm 和 3.84μm 输出功率相近区间为 8.5 ~ 12.9W 和 21.0 ~ 24.5W。

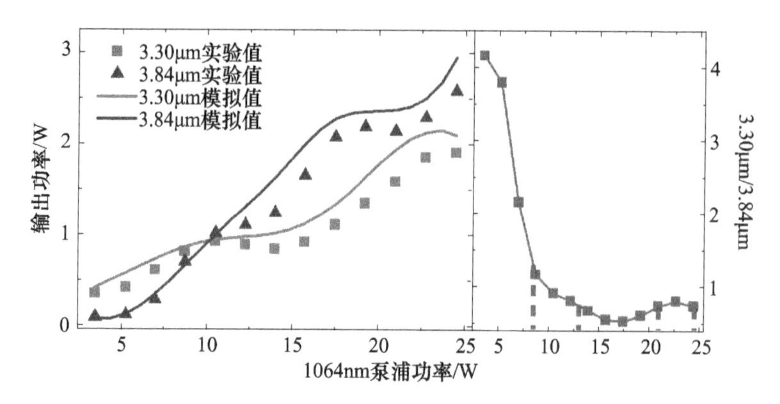

图 7.29 E_1 为 10.1V/mm,E_2 为 34.9V/mm 时 3.30μm 和 3.84μm 的输出功率及比值

与图 7.21 未加载电场情况相比,通过合理设置两个电光偏振转换器的加载电场可以抑制逆转换、调节增益配比。最高泵浦功率下,未加载电场时输出功率比值为 0.17,加载电场后输出功率比值在 0.74 ~ 2.1 之间变动。在加载电场情况下,3.30μm 和 3.84μm 输出功率实验值略低于模拟值,表明 7.1.3 节搭建的理论模型适合电光偏振模态转换调控实验,可以准确地模拟晶体内能量耦合过程。对比图 7.23 ~ 图 7.26,发现降低加载电场强度 E_2,使得 3.30μm 偏振态旋转角降低,参与振荡的 3.30μm 功率密度增加,抑制了 1064nm 泵浦光向 1.57μm 和 3.30μm 转换,导致 3.30μm 输出功率降低。对比图 7.26 ~ 图 7.29,发现降低加载电场强度 E_1 后,1.47μm 偏振态旋转角降低,3.84μm 输出功率得到提升,这是因为提高参与振荡的 1.47μm 功率密度,促进了 1064nm 泵浦光向 1.47μm 和 3.84μm 转换,提高了 3.84μm 输出功率;两组参量光间的功率密度配比不均衡得到改善,抑制 3.84μm 的逆转换现象。同时,又发现 3.30μm 和 3.84μm 输出功率相近区间与增益配比密切相关。当增益配比处于均衡状态时,3.30μm 和 3.84μm 输出功率相近区间才能覆盖整个泵浦功率范围。

最后对不同电场组合下 3.30μm 和 3.84μm 的光束质量进行测量。1.47μm 和 3.30μm 电光偏振转换器加载电场强度分别为 23.6V/mm 和 50.1V/mm 时,最大泵浦功率下 3.30μm 和 3.84μm 的光束质量如图 7.30 所示。由图 7.30 可知,3.30μm 和 3.84μm 光斑呈椭圆形,在 x、y 方向上的 M^2 因子分别为 2.49、2.45 和 2.37、2.38。图 7.31 为加载电场强度分别为 11.5V/mm 和 34.9V/mm 时,两个参量光的光束质量。3.30μm 和 3.84μm 光斑接近于 TEM_{00} 模,且 M^2 因子分别为 1.71、1.74 和 1.80、1.80。未调控、非最佳调控、最佳调控三种状态下 3.3μm 和 3.84μm 的光束质量,如图 7.22、图 7.30 和图 7.31 所示。对比三种状态下的双参量光光束质量发现改变两个电光偏振转换器加载电场强度,即实施逆转换调控后,两个参量光的光斑分瓣现象消失,光束质量得到改善。

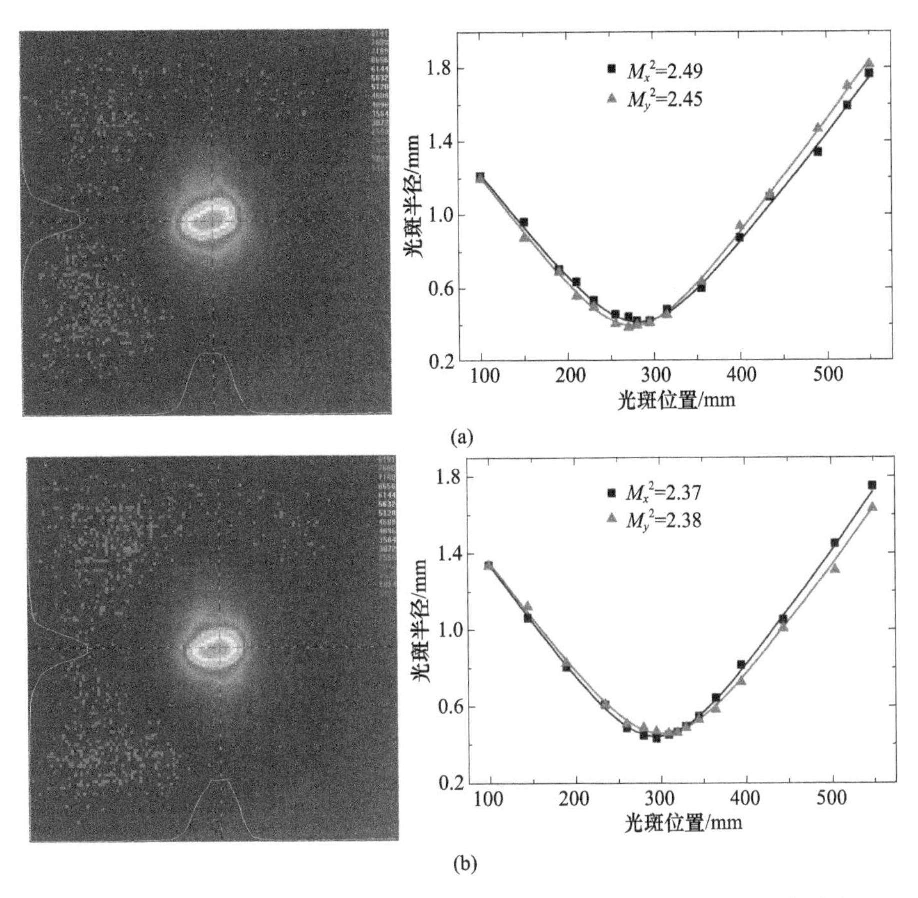

图 7.30 E_1 为 23.6V/mm,E_2 为 50.1V/mm 时 3.30μm 和 3.84μm 的光束质量
(a)3.30μm;(b)3.84μm。

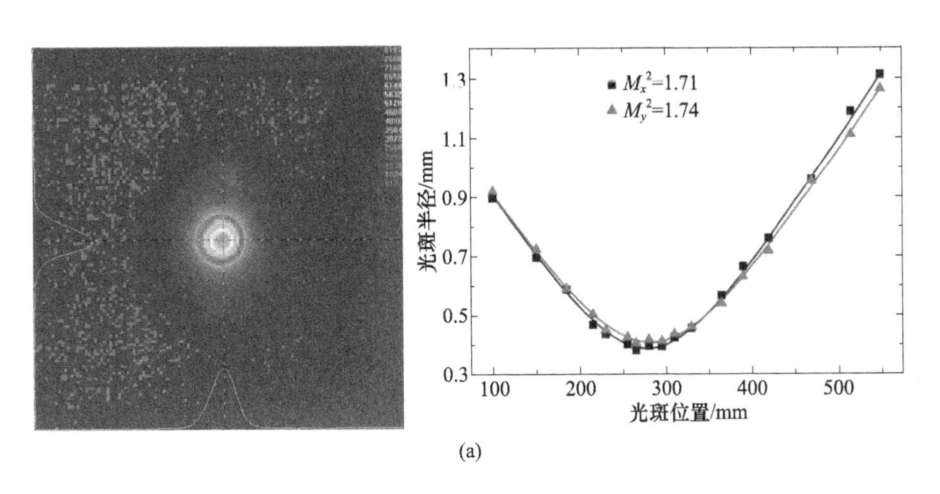

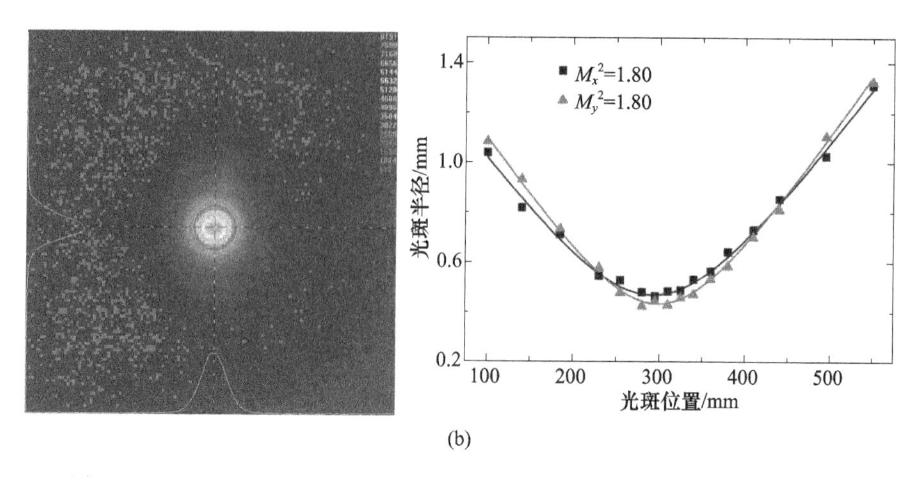

图 7.31　E_1 为 11.5V/mm，E_2 为 34.9V/mm 时 3.30μm 和 3.84μm 的光束质量
(a)3.30μm；(b)3.84μm。

上述实验结果表明，通过改变 1.47μm 电光偏振转换器和 3.30μm 电光偏振转换器加载电场强度可调控参与振荡的 1.47μm 和 3.30μm 功率密度，实现主动调控逆转换，达到抑制逆转换、调节增益和提高光束质量的效果。

参考文献

[1] Liu H, Yu Y, Wang Y, et al. Multi – optical parametric oscillator based on electro – optical polarization mode conversion at 3.3 μm and 3.84 μm[J]. Infrared Physics and Technology, 2021, 115: 103702.

[2] Liu H, Zhao R, Zhang Z, et al. Comparison of back conversion and power differential in extra – cavity multi – optical parametric oscillator using MgO: APLN[J]. Optics and Laser Technology, 2023, 157: 108781.

[3] Huang C Y, Lin C H, Chen Y H, et al. Electro – optic Ti: PPLN waveguide as efficient optical wavelength filter and polarization mode converter[J]. Optics Express, 2007, 15(5): 2548.

[4] Alferness R C, Buhl L L. Electro – optic waveguide TE↔TM mode converter with low drive voltage[J]. Optics Letters, 1980. 5, 473 – 475.

[5] Lu Y Q, Wan Z L, Wang Q, et al. Electro – optic effect of periodically poled optical superlattice $LiNbO_3$ and its applications[J]. Applied Physics Letters, 2000, 77(23): 3719 – 3721.

[6] Huo J, Liu K, Chen X. 1×2 precise electro – optic switch in periodically poled lithium niobate[J]. Optics Express, 2010, 18(15), 15603 – 15608.

[7] Wang J, Shi J, Zhou Z. Tunable multi – wavelength filter in periodically poled $LiNbO_3$ by a local –

temperature - control technique[J]. Optics Express,2007,15(4):1561 - 1566.

[8] 石顺祥,刘继芳,孙艳玲. 光电电磁理论 - 光波的传播与控制[M].2 版. 西安:西安电子科技大学出版社,2013.

[9] 石顺祥. 非线性光学[M].西安:西安电子科技大学出版社,2012.

[10] Yariv A,Yeh P. Optical waves in crystal:Propagation and control of laser radiation[M]. Los Angeles:John Wiley & Sons Inc. ,1984.